U0274410

航天科技图书出版基金资助出版

火箭导弹发射车设计

张胜三　著

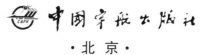

中国宇航出版社

·北京·

图书在版编目（CIP）数据

火箭导弹发射车设计／张胜三著．--北京：中国宇航出版社,2018.4

ISBN 978-7-5159-1457-2

Ⅰ.①火…　Ⅱ.①张…　Ⅲ.①导弹发射车－设计
Ⅳ.①TJ768.2

中国版本图书馆 CIP 数据核字（2018）第 065378 号

责任编辑　彭晨光	
责任校对　祝延萍	封面设计　宇星文化

出　版
发　行　　**中国宇航出版社**

社　址　北京市阜成路 8 号　　　　邮　编　100830
　　　　　（010）60286808　　　　　（010）68768548
网　址　www.caphbook.com
经　销　新华书店
发行部　（010）60286888　　　　　（010）68371900
　　　　　（010）60286887　　　　　（010）60286804（传真）
零售店　读者服务部
　　　　　（010）68371105
承　印　河北画中画印刷科技有限公司
版　次　2018 年 4 月第 1 版　　　2018 年 4 月第 1 次印刷
规　格　880×1230　　　　　　　开　本　1/32
印　张　11　　　　　　　　　　　字　数　306 千字
书　号　ISBN 978-7-5159-1457-2
定　价　88.00 元

航天科技图书出版基金简介

航天科技图书出版基金是由中国航天科技集团公司于2007年设立的，旨在鼓励航天科技人员著书立说，不断积累和传承航天科技知识，为航天事业提供知识储备和技术支持，繁荣航天科技图书出版工作，促进航天事业又好又快地发展。基金资助项目由航天科技图书出版基金评审委员会审定，由中国宇航出版社出版。

申请出版基金资助的项目包括航天基础理论著作，航天工程技术著作，航天科技工具书，航天型号管理经验与管理思想集萃，世界航天各学科前沿技术发展译著以及有代表性的科研生产、经营管理译著，向社会公众普及航天知识、宣传航天文化的优秀读物等。出版基金每年评审1～2次，资助20～30项。

欢迎广大作者积极申请航天科技图书出版基金。可以登录中国宇航出版社网站，点击"出版基金"专栏查询详情并下载基金申请表；也可以通过电话、信函索取申报指南和基金申请表。

网址：http：//www.caphbook.com

电话：(010) 68767205，68768904

前　言

　　火箭导弹发射技术是研究火箭导弹发射方式、发射原理、发射品质、发射可靠性、安全性以及有关装备设施的设计、制造、试验和使用的工程技术科学，是多学科、多专业知识的系统应用，是火箭导弹技术的分支学科。

　　火箭导弹发射技术水平的高低是衡量一个国家火箭导弹技术水平的重要标志。拥有火箭导弹武器的国家都在致力于提高火箭导弹发射技术的水平，推动火箭导弹发射技术朝着生存能力高、反应速度快、发射方式多、安全可靠性强的方向发展。

　　火箭导弹由地面固定点发射到地下井发射，再到当今的地下井、水下、空中与地面机动发射并存，纵观火箭导弹发射技术的发展历程，最突出的特点是紧紧围绕着提高其生存能力和快速反应能力。

　　火箭导弹陆基公路或越野机动发射的优势在于很难被对方定位，无法准确打击随时机动的火箭导弹发射车，其被摧毁只是一种概率。采用机动无依托快速发射技术已成为火箭导弹发射方式的重要发展方向。

　　本书遵循火箭导弹武器系统的研制程序，对火箭导弹发射车的总体和各分系统方案选择、工程设计作了论述。在介绍整车特点、系统组成、工作原理的基础上，重点分析了火箭导弹发射车总体及各系统和典型零部件的设计原则、计算方法及主要技术参数的选择。把发射车的系统组成与设计融为一体，全书图例详尽，内容丰富。

　　本书作者是北京航天发射技术研究所长期工作在火箭导弹发射设备设计第一线的科技人员，参加过多种型号火箭导弹发射系统的研制工作，将长期积累的设计经验与该领域最新的科研成果引入到本著作中。在内容取材和安排上力求理论与实际结合，学以致用，力图改变过去单纯讲授理论的教科书模式。

　　书中参阅了许多文献和插图，在此谨向文献的作者和图片提供者表示感谢。本书在编写过程中，得到了北京航天发射技术研究所的大力支持。中国运载火箭技术研究院刘宝镛院士、北京理工大学毕世华教授审阅了书稿。北京航天发射技术研究所刘相新研究员、卢卫建研究员对全书进行了仔细审校，提出了许多宝贵意见。李称赞同志为本书出版做了大量工作。在此表示衷心感谢。

　　由于作者水平有限，书中可能存在不妥之处和错误，敬请广大读者批评指正。

编者

2017 年 12 月

目　录

第 1 章　概论

1.1　火箭导弹发射技术

火箭导弹发射技术是研究导弹发射方式、发射原理、发射品质和相应发射系统的有关装备设施的研究、设计、制造、试验和使用的工程技术科学，是多学科、多专业知识的系统应用，是综合运用军事理论、武器设计理论和通用工程设计理论的一门特殊应用的系统工程，是导弹技术的分支学科。

导弹发射技术按照专业划分，包括发射总体技术、冷（热）发射技术、特种车辆技术、导弹运输技术、推进剂贮运及加注技术（液体发动机）、测发控技术、发射装置自动控制技术、供配气技术、供配电及电源技术、定位定向瞄准技术、发射系统仿真与虚拟试验技术、伪装与抗核电磁脉冲防护技术等多项专业技术。

导弹发射技术的发展水平在很大程度上决定着导弹武器系统的作战使用效能、生存能力、设备组成。新型火箭导弹孕育并催生了新的发射技术，新的发射技术提高了导弹的性能，发射技术与导弹之间存在着相辅相成和互相制约的关系。

1.2　火箭导弹发射技术的发展历程

火箭导弹发射技术的发展大体上经历了 4 个阶段。

第二次世界大战至 20 世纪 50 年代末期是火箭导弹发射技术发展的第一阶段。在这一阶段，液体导弹发动机及控制等方面取得了重大突破，研制出了第一代地-地液体战略弹道导弹。第一代战略弹道导弹的发射方式主要是地面固定发射和地下井贮存井口发射，发射前临时加注液体推进剂，准备时间长，生存能力低。

20 世纪 50 年代末期至 60 年代末期是战略弹道导弹发射技术发展的第二阶段。在这一阶段的发射方式主要是地下井自力发射和潜艇水下发射。第二代战略弹道导弹武器发射系统的战术技术指标有了一定的提高，采用潜艇发射有了一定的机动性，提高了生存能力。

20 世纪 60 年代末期至 70 年代末期是战略弹道导弹发射技术发展的第三阶段。在这一阶段中，研制出了三级固体洲际弹道导弹、两级液体洲际弹道导弹和两级固体中远程弹道导弹，其发射方式主要是地下井自力发射和外力发射、公路机动外力发射和潜艇水下发射。第三代战略导弹武器系统中，地下井抗力有了很大的提升，发射系统具有较高的生存能力、快速反应能力和较强的环境适应能力。

20 世纪 80 年代以后是战略弹道导弹发射技术发展的第四阶段。在这一阶段中，研制出了三级固体洲际弹道导弹和潜射三级固体远程与洲际弹道导弹。第四代战略弹道导弹的发射方式主要是公路机动外力发射、铁路机动外力发射、潜艇水下发射、地下井自力发射和外力发射等。第四代战略弹道导弹武器发射系统的主要特点是反应速度快，生存能力强。

美国、苏联/俄罗斯战略弹道导弹的发展见表 1.2－1。

表 1.2－1　美国、苏联/俄罗斯战略弹道导弹的发展

年代	1945—1954	1955—1961	1962—1969		1970 至今	
代		第一代	第二代	第三代	第四代	第五代
战略弹道导弹	苏联：正在研制 SS－4。美国：1954 年起加速发展洲际弹道导弹	苏联：SS－6，SS－7。美国：宇宙神 D、E；大力神 I	苏联：SS－8。美国：民兵 I、大力神 II	苏联：SS－9，SS－11，SS－13。美国：民兵 II	苏联：SS－16，SS－17、SS－18，SS－19。美国：民兵 III	苏联/俄罗斯：SS－24，SS－25，SS－27。美国：MX

续表

年代	1945—1954	1955—1961	1962—1969		1970 至今	
代		第一代	第二代	第三代	第四代	第五代
导弹武器系统特点		液体推进剂；起飞质量百吨以上，笨重；精度低，CEP≈2 km；生存能力低，地面发射；井下贮存、井口发射，或者井下发射	美国发展重点转向固体导弹，苏联于 1968 年部署 SS-13；用集束式多弹头（MRV）；生存能力提高，地下井发射		用分导式多弹头（MIRV），精度有很大提高；CEP<0.5 km；加固地下井，生存能力提高	机动发射；精度高，CEP≈0.1 km；突防能力提高；导弹总体性能，包括可靠性、操作性、维修性等有很大提高

1.3　火箭导弹陆基机动发射技术

纵观火箭导弹发射技术的发展历程可以看出，机动发射方式是提高未来战略火箭导弹生存能力的有效手段。

火箭导弹的发射方式按发射基点可分为陆基发射、空基发射和海基发射等。按发射动力，可分为自力发射（也称热发射）和外力发射（也称弹射）。按发射姿态，可分为倾斜发射、垂直发射等。按发射装置能否机动，可分为固定发射和机动发射。陆基机动发射是指利用机动发射装置，在路面运动中或到达某点快速进行导弹发射。

陆基机动发射可分为铁路、公路、越野机动发射。公路机动发射，又称有限机动发射，指利用运输工具和机动发射装置，在特定区域范围内或在一些预定发射点之间，沿公路机动，选择导弹发射位置，实施地面发射的一种发射方式。公路机动发射在进行导弹发射时发射装置通常需要停下来，利用液压支架等专门设备来进行严格的水平校准。由于有公路网资源可利用，因而对部署地域的选择余地较大，既可利用内陆腹地便于防护的优势，也可从便于隐蔽、伪装的角度选择地形复杂的地区，还可机动至战场前沿以扩大导弹的火力覆盖范围。机动发射的优势在于发射装置很难被定位，如果发射装置与隧道和掩体结合起来，导弹发射装置在多个预选的加固阵地中无规则地停留，敌方要摧毁所有阵地，耗弹量将会大大增加。

公路机动发射的不足也是明显的：一是导弹机动会受到诸如公路、桥梁承载能力、公路上的涵洞及其他设施的通过能力的限制；二是"特定区域范围"和"预定发射点"易被侦察和摧毁，一旦道路桥涵被破坏后，武器系统连预设阵地都到达不了，就更谈不上完成作战任务了。

越野机动发射是指将导弹装在轮式或履带式越野车辆上，在预定发射点或随机点进行发射准备和发射实施。美国的陆军战术导弹系统、俄罗斯的伊斯坎德尔战术导弹武器系统均采用这种发射方式。越野机动发射除具有公路机动发射的优点外，其火箭导弹发射车还可以在非公路或无路地区（泥泞地、松软地、沙漠、雪地等）实施越野机动和转移，因而可编配战区、集团军、机步师、装甲师，进行快速部署与机动作战，其灵活性较大、适应性较强。但采用这种发射方式的导弹多为质量不太大、尺寸亦较小的中近程导弹。

将运输、起竖、发射设备合并在一辆车上，简称"三用车"。将电源供电、测试、控制、发射等设备都集中在"三用车"上而成为"多功能发射车"。多功能发射车一般适用于固体导弹的机动发射，如图 1.3-1 和图 1.3-2 所示。

图 1.3 - 1 采用热发射方式的多功能导弹发射车

图 1.3 - 2 采用弹射发射方式的多功能导弹发射车

1.4 自力发射和弹射技术

按照发射导弹的动力,可分为自力发射(热发射)、外力发射
(弹射,也称冷发射)和复合发射(兼有自力和外力发射)。自力发
射指导弹起飞是靠本身发动机或助推器的推力飞离发射设备。外力
发射指利用导弹以外的力源将导弹发射出去。

自力发射多功能发射车(图 1.3 - 1)和弹射发射多功能发射车
(图 1.3 - 2),是两种发射方式陆基机动发射设备的代表。

1.4.1　自力发射

自力发射（热发射）是伴随着弹道导弹的出现而形成的一种发射技术。二次大战后期，导弹武器首先在德国研制成功。当时的 V - 2 弹道导弹就采用了自力发射。自力发射技术成熟，可靠性高，发射设备相对简单和造价低。时至今日，多种型号导弹和大型运载火箭都采用自力发射。

自力发射最大的问题是燃气流的排导。对于采用垂直发射的中远程弹道导弹，必须有一个燃气流的排导装置，通常称它为发射台。通过发射台承接垂直竖立的导弹，调整导弹的垂直度，配合瞄准系统对导弹进行方位瞄准，按规定方向排导火箭发动机点火后喷出的燃气流，避免导弹及相关设施遭到炽热火焰的冲刷而损坏。

由于中远程导弹发射台的体积和质量都比较大，难以与导弹发射车设计成一体，只能自成一体，与导弹发射车配套使用。这样一来，增加了发射准备时间和快速撤收时间，降低了快速反应能力。由于高温高速燃气流对发射阵地的冲刷、烧蚀，不适宜选择森林地带作为发射阵地，不利于人员及阵地设备的隐蔽，对提高其生存能力极为不利。由于自力发射存在上述问题，限制了其在中远程弹道导弹上的应用。

近程战术弹道导弹，弹重和燃气流的冲击力相对较小，将发射台设计成导弹发射车的一个组成部分，即发射车除了具有运输、起竖装置外，还携带一个发射台（图 1.4 - 1），提高了导弹武器系统的机动能力、快速反应能力和生存能力。

某些近程战术导弹采用倾斜发射，燃气流直接吹向地面（图 1.4 - 2、图 1.4 - 3），这种类型的导弹发射车不需要发射台。

同心筒发射装置（Concentric Canister Launcher，CCL）如图 1.4 - 4 所示，是一种新型导弹垂直发射系统。整个系统由同心筒发射装置、电器结构和武器系统组成。同心筒发射装置由两个同心圆筒构成，内筒起支撑导弹和导弹起飞导向作用，底部有推力增大器，

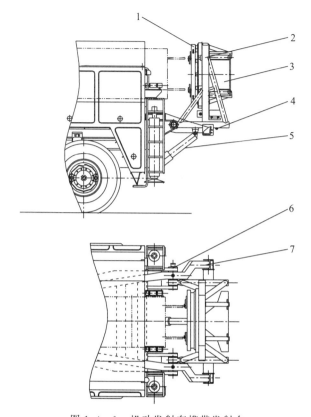

图 1.4 - 1　机动发射车携带发射台

1—回转部；2—台体；3—导流器；4—支承座；5—油缸；6—回转轴；7—起竖臂

内外筒之间的环形空间是燃气排导通道，外筒底部呈半球形，可安装导流锥，燃气通过半球形端盖反转 180° 向上，进入内外筒之间的环形空间向上排出。

较弹射技术而言，同心筒垂直热发射技术的主要优点是安全性高、过载小、无发动机再点火问题、可靠性高。但是垂直热发射技术也存在问题，发射时燃气对导弹的热效应高。

图 1.4 - 2　陆军战术导弹系统

图 1.4 - 3　火箭炮

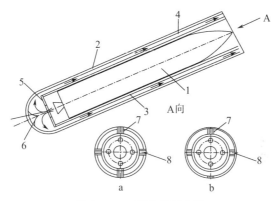

图 1.4 - 4　同心筒示意图

1—导弹；2—外筒；3—内筒；4—燃气排导通道；5—增压板；6—导流锥；

7—电缆、电器设备通道；8—喷射冷却水通道

1.4.2　弹射技术

弹射（也称冷发射）技术在最早的导弹上就曾得到应用。V - 1 飞航式导弹就是采用了弹射发射，它利用了过氧化氢的分解能量而工作的活塞式弹射装置，以 100 m/s 的滑离速度将导弹发射出去。早期导弹弹射的另一个实例是美国的天狮星导弹由舰面气动弹射车上弹射。总的说来，当时的弹射装置庞大而笨重，不便于实战使用。在战后十多年内，尽管出现了不少类型的战术战略导弹，而弹射技术却没有多少进展，绝大部分导弹均采用自力发射。从 20 世纪 50 年代末开始，随着固体火箭发动机技术的成熟，先后出现了以压缩空气、燃气、燃气加蒸汽等为工质的多种类型的弹射装置，弹射技术得到了越来越广泛的应用。近程地-空导弹，垂直发射的舰载导弹，战略导弹中地下井发射、陆基机动发射的中远程弹道导弹等都采用弹射技术。

弹射技术概括起来有以下优点：

1）使导弹获得大发射加速度以提高快速反应能力。快速反应能力是现代战争对导弹武器系统提出的重要要求之一。陆基机动发射

战略导弹、反弹道导弹都有提高快速反应能力的要求，采用弹射技术可获得大的发射加速度，有利于缩短反应时间。

2）简化导弹发射阵地，改善发射环境。弹道导弹的陆地机动发射，可免去燃气流的排导设备，在发射后可不必用水冲洗冷却。同时，由于避免了高温高速燃气流对发射阵地的冲刷、烧蚀，便于选择发射阵地，在森林地带不易引起火灾，有利于保证人员安全及阵地设备的隐蔽。

3）增大射程。根据对某些自力发射的战略导弹的分析结果，采用弹射可使导弹第一级发动机节省 10％以上的推进剂，从而提高运载能力，或者推进剂不变而提高熄火点速度，增加射程。

将弹射装置中产生弹射动力并将导弹发射出去的部分称为弹射器，尽管弹射器的结构形式各不相同，但它们的基本组成如下：

1）发射筒。弹射装置大多具有发射筒。因为发射筒不但可以密封气体以形成所需要的弹射力，而且可以兼作包装筒，起到贮存、运输和发射的作用。中远程弹道导弹的发射筒是弹射装置的主要设备之一，要求能防振、保温、抗核冲击波的影响，发射时要求能承受燃气流的压力及燃气高温；贮存、运输时，十几吨以至几十吨的导弹也由发射筒支承，运输过程中还有振动载荷，因此发射筒的结构比较复杂，对强度、刚度均有较高的要求。为减轻质量，机动发射的战略导弹的发射筒一般都采用轻质金属或复合材料制成。

2）高压室与低压室。以燃气、压缩空气为工质的弹射器具有高压、低压两个工作室，其原因是为了解决导弹纵向过载不允许太大与火药正常燃烧之间的矛盾。高压室（也称燃气发生器）保证火药在高温下正常燃烧，低压室保证导弹在低压推动下向前运动。

3）隔热装置与冷却装置。为防止高温燃气损伤导弹，需要在弹后采用隔热装置或燃气冷却装置。战略导弹的井态发射多用活动底座隔离高温燃气，还通过外圆上的密封措施密封燃气，承受传递弹射力。当战略导弹采用燃气降温的办法，使燃气温度降到足够低时，就可以不需要活动底座。只需要密封措施密封燃气蒸汽，承受并传递弹射力，这便是发射筒中的适配器。

适合于战略导弹的典型弹射装置如图 1.4 - 5 和图 1.4 - 6 所示。

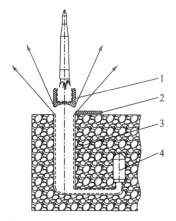

图 1.4 - 5　活动底座式弹射装置

1—活动底座；2—筒口顶盖；3—发射筒；4—高压室

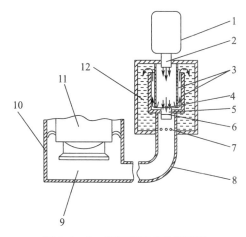

图 1.4 - 6　燃气蒸汽式弹射装置

1—高压室；2—第一喷管；3—分流圆筒；4—第二喷管；5—喷口膜片；

6—隔膜；7—径向小孔；8—弯管；9—低压室；10—发射筒；

11—导弹；12—水室

　　燃气蒸汽式弹射装置的工作过程为：高压室点火后，燃气由第一喷管喷出，一部分经分流圆筒分流，给水室水面加压，另一部分进入第二喷管冲破喷口膜片及隔膜而加速，在管 7 的径向小孔形成低压区，因而径向小孔的内外两面形成压差，水不断地喷入管 7，遇高速高温燃气流后汽化，燃气温度降低，与蒸汽混合后成为做工的工质，经弯管进入低压室后，弹射导弹出筒。

　　适合于战术导弹的典型弹射装置如图 1.4 - 7 所示。这种双缸提拉式弹射装置已用于防空导弹、巡航导弹等。

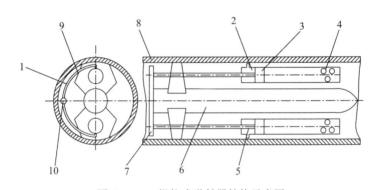

图 1.4 - 7　提拉式弹射器结构示意图

1—导气管；2—低压室（活塞筒）；3—活塞；4—排气孔；5—活塞杆；6—导弹；

7—托盘；8—储弹筒；9—导弹折叠尾翼；10—高压室

　　高压室点火工作后，燃气通过导管或喷口进入低压室，低压室建立起压力，推动活塞向前运动，从而带动活塞杆、托盘、导弹一起向上运动，将导弹弹射出发射筒。

　　弹射的缺点包括：一是必须具有发射筒、弹射动力装置、承受并传递弹射力的尾罩以及防止弹射用气体泄漏的密封装置等构件，因而发射设施结构复杂、质量较大；二是导弹被弹射出筒后还存在尾罩分离、发动机空中点火等动作，环节多，对可靠性要求更加严格。

1.5　展望

弹道导弹由地面固定发射到地下井发射，再到当今的地下井、水下与地面机动发射并存的时代，最突出的特点是紧紧围绕着提高其生存能力和快速反应能力。随着导弹威力和精度的不断提高，侦察和拦截技术的飞速发展，导弹武器装备的生存能力正面临着严峻的挑战。如何提高生存能力，已成为拥有和研制导弹特别是战略导弹的国家普遍关注的问题。

采用机动无依托快速发射技术已成为弹道导弹武器的重要发展方向。提高发射设备的自动化、智能化水平，是未来发展趋势。实现"一键操作"，远程控制。构建网络，实现信息收集与处理，智能决策与应对，将会极大提升发射设备的使用性能。

导弹武器系统"三化"发展，构建信息化的发射平台，已呈明显趋势。发射设备通用化、系列化、模块化设计与导弹武器系统共同约定和遵守"三化"设计原则，同类导弹发射设备系统或分系统之间能够互换，充分利用已有研究成果，采用积木式的设计思想，搭建新的发射设备，将提高导弹武器的可靠性，缩短研制周期并降低研制经费。

减少发射设备的车辆，将发射、测试、监控、供配电、瞄准所需的多种车辆，通过小型化和功能集成，由一个或几个综合性多功能车辆完成。减少车辆既便于隐蔽待机，又利于在狭小的场地实施发射。对于超重型车辆，在集成化设计的同时还要充分考虑产品的轻质化设计。

为实现战略导弹机动无依托发射，研制载重量大、越野性能好、续驶里程大、可靠性高的汽车底盘作为战略导弹的运载体，成为重要的研发内容。对于质心高的超重型发射车，行驶安全性成为重点关注的问题。将汽车防抱死制动系统、牵引力控制系统、电子制动力分配系统、动态稳定性控制系统等技术应用于超重型车辆的设计中，将大幅度提高发射车的整体安全性，为导弹发射车建立有效的保护屏障。

第 2 章 总体设计

火箭导弹发射车的设计是一项系统工程。它和导弹、测发控设备、定位定向设备、瞄准设备、加注设备（液体导弹）、吊装装填设备等相互配合，实现导弹武器系统的多方面性能。而发射车本身又由运输系统、起竖系统、发射系统、动力系统等组成。发射车的设计涉及到多种专业技术，包括机械设计、结构力学、流体力学、液压系统、电源系统、车控系统、材料学、制造工艺等。火箭导弹发射车的总体设计任务就是把这些不同的专业技术和系统创造性地综合在一起，使火箭导弹发射车性能优化，达到规定的战术技术要求。

设计火箭导弹发射车是以好的总体性能为最终追求目标。局部好不等于总体性能好，好的局部组合未必能达到总体性能的最优化，最优化的总体也未必要求每个局部都最优。由此可见，火箭导弹发射车的设计是一个复杂的矛盾统一体，通过总体设计，解决系统间的矛盾，实现总体性能最优的目标。

2.1 总体设计的程序

火箭导弹发射车是一个复杂的系统，具有研制周期长、研制经费高的特点，为了能够按预定的总目标交付，必须按发射车的研制程序一步一步扎扎实实地进行。前一阶段的工作任务没有完成，不应轻易决策转入下一个工作子程序。一个复杂的工程系统不能实现预期目标，或造成重大损失，大多是违反了科学行动程序造成的。火箭导弹发射车的类型即系统不同，复杂程度不同，研制程序也不完全相同。总结我国研制武器的经验，借鉴国外大型武器装备的成功研制经验，火箭导弹发射车从立项到交付使用，划分为方案论证、方案设计、工程研制（初样设计、试样设计）、定型（鉴定）四个阶段。

（1）方案论证阶段

参与武器系统发射方式的论证，确定采用自力发射（热发射）还是外力发射（弹射），公路机动发射还是越野机动发射，确定相应发射方式下的配套项目。

该阶段通常由使用方组织实施，主要任务是在立项的基础上，使用方进一步明确任务要求，形成总体技术方案设想和发射车系统的研制要求。论证研究的关键是武器系统的总要求的合理性和总体方案的先进性和可行性。

由用户提出武器系统使用的初步要求，以及研制周期与寿命周期费用等控制指标。研制方分析、研究、确认用户的要求，提出满足用户要求的总体技术方案（两个以上）设想、大型试验方案设想、寿命周期费用与研制周期的预测、重要保障条件和研制分工等建议，并对技术方案的先进性、合理性、可行性和经济性等进行全面论证，形成可行性论证报告和武器系统总要求。在此基础上按照国家相应法规签订研制合同。

（2）方案设计阶段

该阶段的主要任务是开展发射车总体方案设计。该阶段由研制方组织实施，经过对技术方案的多次设计综合，权衡与优化迭代过程，对关键技术组织攻关及新部件、分系统试制与试验验证，在确认关键技术已经解决、发射车的总体方案切实可行、研制工作的重要保障条件基本落实的情况下，由使用方组织方案设计评审，进行总体技术方案的决策。在此基础上完成《方案设计报告》，提出《工程研制任务书》并组织评审，签订工程阶段的《研制合同》。

（3）工程研制阶段

该阶段的主要任务是根据《工程研制任务书》的要求，进行发射车系统的设计、试制与试验验证。

工程研制阶段，包括初样和试样（正样）两个阶段。初样阶段包括初样设计、初样试制和初样试验。其主要任务是用工程初样对设计、工艺方案进行试验验证，进一步完善火箭导弹发射车总体和分系统技术方案，为正式试验样机（简称试样或正样）研制提供全面、准确的依据。完成《初样设计评审报告》和《初样产品质量分析报告》并通过评审。

试样研制阶段，包括试样设计、试样试制和试样试验三部分工作。该阶段是在初样研制的基础上，根据试制试验结果进行修改、补充与完善，全面检验发射车系统的性能、研制质量，完成《试样设计评审报告》和《试样产品质量分析报告》，并经评审确认。

（4）定型（鉴定）阶段

它是接受用户全面试验鉴定与试验验收的阶段。发射车性能得到全面评定，保障性能得到进一步验证，可靠性增长满足用户要求，投产风险得到全面控制。在符合武器装备要求的条件下，进行发射车的设计定型和工艺定型。

定型阶段的主要任务如下：

1）进行武器系统全面鉴定与使用验证试验，全面评价火箭导弹发射车系统性能与研制质量；

2）整理、鉴定设计文件，进行设计文件定型；

3）整理、鉴定工艺文件，进行工艺文件定型；

4）鉴定专用工装、设备，完成工装、设备定型；

5）参与外协产品定型；

6）提出《火箭导弹发射车系统定型报告》，经评审、审批手续，完成定型工作；

7）研制单位完成工作总结与资料归档工作。

该阶段从武器系统交付用户时开始，一直延续到型号退役为止，在整个使用过程中对用户给予技术支持、服务保障工作。

火箭导弹发射车研制流程图如图 2.1-1 所示。

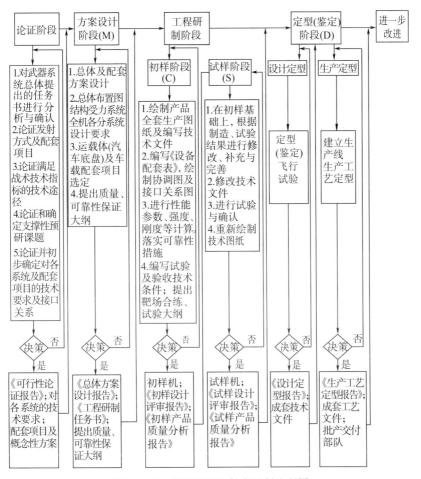

图 2.1-1　火箭导弹发射车研制流程图

2.2　总体设计的主要内容

　　火箭导弹发射车的总体设计，要满足武器系统总体提出的战术技术要求，要论证发射方式的配套项目，要协调各分系统与发射车的配合关系。要不仅在各专业技术上有所创新，而且在总体设计技术上也有创新性的思维，决不墨守成规，一定要敢于创新和善于创

新。设计出的新型发射车必须比现有的同类型发射车在某些特性上
有所提高或改进。在实现设计要求时必须尽量采用简便途径，不要
单纯追求技术先进，既要继承已成功的技术，又要有创新思想。要
重视外观设计，注意降低研制成本，缩短研制周期，还要了解制造
工艺。火箭导弹发射车的总体设计人员，既要具备火箭导弹发射车
设计的有关知识，又要具备导弹、瞄准、加注等系统的有关知识，
并且具有实际导弹发射方面的知识和体验。对于每一个发射车设计
者来说，设计前必须熟知同类型火箭导弹发射车的布局形式、技术
特点。要查阅大量国外相关资料，在大量积累资料的基础上，就会
形成设计新发射车的概念，正如名言"熟读唐诗三百首，不作吟诗
也会吟"，看多了火箭导弹发射车的图纸，设计发射车自然就有了
思路。

2.2.1　对武器系统总体提出的设计要求进行分析确认

　　产品设计和开发的输入是建立在与产品有关要求确定的基础上。
因此，必须高度重视设计要求，认真分析设计要求，才能在研制过
程中全面、完整、准确地落实设计要求。

　　有些要求虽然在设计要求中没有明示，但也必须考虑。如设备
间的接口、兼容、扩容，以及零件的通用性、互换性等。还有与产
品有关的法律法规要求也必须考虑，如环保、噪声、电器产品安全
要求等。

　　还要特别注意对用户提出的产品使用要求，进行认真的评审和
沟通。对于产品要求不当、过粗，设计要求模糊，设计要求过高，
设计要求不稳定、常变化，未明确使用环境要求等，都要一一落实，
严格界定，避免留下隐患。

　　若产品设计要求发生变更，应确保相关文件得到修改，并确保
相关人员知道已变更的要求。当产品要求变更影响到上一级设计要
求时，其相应文件的修改应征得上一级设计要求提出者的同意。

　　在以往的设计中，由于没有深入的分析、理解设计要求，没有

完整、准确地按设计要求设计，致使产品出来后不能全面满足设计要求。这样的设计实例为数不少。

2.2.2 运载体的选择

运载体（又称为武器系统的运载车辆底盘）是火箭导弹地面机动发射的基础，它的性能直接影响着发射车的机动性、生存能力、战斗力及经济性，是发射车总体方案设计时要选择的重要设备。

运载体的选择或设计，取决于导弹外形尺寸、质量等参数以及对发射车总体性能的要求和研制能力，要考虑环境适应性、弹车协调要求以及有关法规、专业标准、三化要求、车型发展规划及军用汽车发展型谱。

地面机动发射可供选择的运载体有三种：挂车（半挂、全挂）、轮式自行车辆和履带式车辆。挂车比较容易满足导弹起竖、发射等部分总体布置方面的要求，且成本低、生产周期短，但其机动性和越野性不如轮式自行车辆。轮式自行载重汽车底盘与履带车底盘相比，前者优点是机动性好、速度快、行程远，后者优点是通过性及稳定性好、转向灵活等。但履带车底盘的缺点是噪声大、成本高、寿命短，且不太适用于洲际弹道导弹的机动发射。

选择发射车底盘时要考虑下列要求：

1）车辆底盘的运载能力应满足技术要求，结构形式和尺寸应符合总体布置的需要，满足几何通过性和质量通过性等要求；

2）车体结构有足够的强度和刚度，能承受运输和发射时所受的载荷；

3）越野机动性能好，有需要的行驶速度和里程；

4）装上发射装置后，发射车质心要低，保证有良好的发射稳定性和行驶稳定性；

5）车内驾驶和操作人员有良好的工作环境，驾驶员有良好的视野；

6）有良好的减振措施，减小导弹运输过程受到的振动和冲击载荷；

　　7）要满足使用环境条件的要求。

　　改装汽车底盘作为发射车底盘，主要是选用二类汽车底盘。所谓二类汽车底盘，是指在基本型整车的基础上去掉货厢。采用二类汽车底盘进行改装设计的重点是整车总体布置和工作装置的设计。设计时，如果控制了整车总质量、轴荷分配、质心高度等，则基本上保持了原车型的主要性能。但是，要对改装后的整车重新进行性能分析和计算。

　　对于不能直接采用二类底盘进行改装的火箭导弹发射车，在设计专用底盘时，也要尽量选用定型的汽车总成和部件进行设计，以缩短产品的研发周期，提高产品的可靠性。

2.2.3　选择电源系统

　　电源是火箭导弹发射车的重要组成部分，导弹起竖、导弹测试与发射控制、温控系统、通信系统、瞄准系统等都需要用电。多功能火箭导弹发射车的电源大致有三种模式：柴油发电机，汽车底盘取力带动发电机，蓄电池和多种电源组合供电。

　　当导弹起竖系统采取由汽车底盘取力带动液压油泵驱动起竖油缸完成导弹起竖的条件下，电源功率减小，采用蓄电池组为其他系统供电，成为战术弹道导弹火箭多功能发射车的一种新选择。

2.2.4　选择定位定向瞄准方案

　　传统的定点发射，预先在发射场坪上设置好"大地北"的标志，通过架设瞄准仪器，瞄准弹上棱镜来确定导弹的射向。这既不适用于越野机动的任意点发射、也不利于提高导弹武器的反应速度。选择无依托全自动快速定位定向和瞄准系统，才能实现越野机动任意点发射并缩短反应时间。

　　采用对水平状态的导弹进行测试和定向瞄准，能缩短导弹发射准备时间，隐蔽性好，提高了导弹武器系统的生存能力。但由于弹体和起竖系统变形等因素，瞄准精度受到一定影响。

2.2.5　选择起竖机构和起竖臂的形式

　　火箭导弹发射车的功能之一是将水平运输状态的导弹起竖成垂直或倾斜发射状态，实现这一功能的机构称为起竖机构。火箭导弹发射车选择何种形式的起竖机构，对发射车的总体布局和技术性能将产生重大的影响。一般火箭导弹发射车均采用液压式的起竖机构，这是因为液压传动具有质量轻、结构紧凑、操作简单，能在很大范围内实现无级调速，以及易于实现过载保护和便于实现自动化控制等优点。

　　起竖臂是火箭导弹发射车的重要组成部分，合理地选择起竖臂的结构形式，对于减轻发射车的质量和减小其外形尺寸具有重要意义。对于自力发射的火箭导弹发射车，起竖臂的结构形式有梁式（工字形或箱形）和桁架式。一般情况下，当导弹尺寸小、质量轻时，多选用梁式起竖臂；而导弹形体大、质量大时，多选用桁架式起竖臂。对于采用弹射的发射车，发射筒就兼起竖臂的功能。

2.2.6　选择支撑和调平方法

　　对于自行式火箭导弹发射车而言，发射装置与车辆底盘之间的连接属于刚性连接，但是它们与地面之间存在着轮胎这一环节。随着导弹起竖，起竖载荷重心后移，车底盘后轴上的轮胎受力会越来越大，直至无法承受这种变化，因此必须设置相应支撑，保证后轴轮胎不会超载。同时为了调平的需要和减少对发射过程的影响，都需要在发射装置与地面之间加设支撑。

　　火箭导弹机动发射时，一般发射阵地都达不到导弹发射时所要求的水平精度。当发射车处于战斗状态，而弹上惯性组合安装基准面的水平精度达不到要求时，就会影响导弹的正常发射，为此，发射车本身一般都设有调平系统，通过调平系统调整发射车的相关水平基准面，使弹上惯性组合安装基准面的水平精度满足战术指标的要求。

对于垂直发射的弹道导弹，通过调平两条后支腿来调平导弹的横向水平精度，通过控制起竖油缸的伸缩来调平导弹前后方向的水平度。对于倾斜发射的战术导弹或无控火箭弹，一般采取导弹起竖前，通过调平 4 条支腿来调平导弹的水平精度。

调平系统可从不同角度进行分类，若按工作方式分，可分为手动调平和自动调平。若按系统采用的动力源分，又可分为机电自动调平（用机电执行机构）和电液自动调平。若按所采用的水平检测元件分，又可分为光电式自动调平和液体摆式自动调平等。

火箭导弹发射车，一般都设有自动和手动调平系统，为了缩短导弹机动发射的准备时间，通常采用自动调平，而手动调平仅作为自动调平发生故障时的一种应急手段。

2.2.7　可靠性分配

武器系统可靠性分配就是将使用方提出的或在《设计任务书》（或《研制合同》）中规定的可靠性指标逐级分配到各组成部分，即自上而下地分配到子系统，合理地提出对各子系统的可靠性要求。可靠性分配应遵循以下原则：

1）对复杂性高的分系统，应分配较低的可靠性指标。因为武器系统越复杂，组成单元越多，要达到高可靠性就越难，而且费用越高。

2）对发射车性能影响大的分系统，可靠性指标应提出较高的要求。

3）对于技术上不成熟的组成单元应分配较低的可靠性指标，因为对其提出高可靠性要求会延长研制时间，增加研制费用。

4）对结构组成简单、功能易实现、容易达到高可靠性的组成单元，对其可靠性指标提出较高的要求。

5）对不便于维修、更换但功能要求严格的组成单元，可靠性指标应提出较高的要求。

6）易受工作环境、条件变化影响的组成单元，可靠性指标应提得高一些。

总的可靠性指标分配原则为：对全系统可靠性影响显著、对保证系统性能起重要作用、对完成任务具有保障作用、容易实现高可靠性要求的组成单元，其可靠度应高；反之则低。同时要考虑在保证系统可靠性的前提下，使系统的研制周期短、费用低。

2.2.8 确定总体参数

在进行总体设计的过程中，要确定一系列总体参数，主要内容如下。

（1）确定火箭导弹发射车的外廓尺寸

外廓尺寸即指整车的长、宽、高，由所选用的运载体及承载的工作装置确定，外廓最大尺寸要满足相关法规的要求。国家强制性标准包括 GB1589—2004《道路车辆外廓尺寸、轴荷及质量限值》和 GB146.2—83《标准轨距铁路机车车辆限界》。

铁路运输时，货物装载的宽度与高度不得超过机车车辆限界。GB146.2—83《标准轨距铁路机车车辆限界》如图 2.2-1 所示。

铁路运输时，除货物装载的宽度与高度有限界外，货物的重心高度也有限界。《铁路货物装载加固规则》规定：

1）货物重心的投影应位于车底板的纵、横中心线的交叉点上，必须位移时，横向位移不得超过 100 mm，超过时，应采取配重措施；纵向位移时，每个转向架承受的货物质量不得超过货车容许载重量的二分之一，且两个转向架承受重量之差不得大于 10 t。

2）重心高度从钢轨面起，一般不得超过 2 000 mm，超过时可采取配重措施，以降低重心高度，否则应限速运行。限速运行的规定见表 2.2-1。

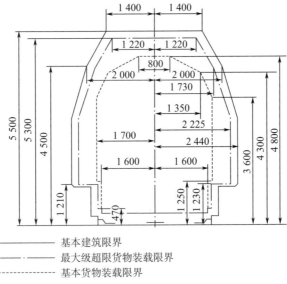

基本建筑限界
最大级超限货物装载限界
基本货物装载限界

图 2.2-1 超限货物装载限界参考图

表 2.2-1 重车重心高度与限速运行

重心高度/mm	区间限速/(km/h)	过侧向道岔限速/(km/h)
2 000~2 400	50	15
2 401~2 800	40	15
2 801~3 000	30	15

地面设备多采用平板车运输,常用平板车的技术参数见表 2.2-2。

表 2.2-2 常用平板车技术参数

车型	自重/t	载重/t	车底架长×宽	车体材质	构造速度/(km/h)	地板面至轨面高	重心高度/mm
N15	15.9	65	8 170×3 000	钢地板	100	1 490	682
N16	19.7	60	13 000×3 000	木地板	100	1 210	730
N17	20.4	60	13 000×2 980	木地板	100	1 209	690

（2）确定火箭导弹发射车的总质量

发射车的总质量（也称满载质量）是指整车的整备质量和装载质量，还要加上乘员的质量。整车整备质量（也称空载质量）是指专用汽车带有全部工作装置及底盘所有的附属设备，加满燃料和水，但没有装载导弹和乘员时的整车质量。

（3）确定轴荷分配

发射车的轴荷分配是指发射车在空载或满载状态下，各轴对支承平面的垂直载荷。轴荷分配直接影响轮胎寿命和发射车的使用性能。设计轴荷一般应不超过国家标准规定的车辆最大轴荷限制；从轮胎磨损均匀和使用寿命相近考虑，每个车轮的载荷相差不大；为了保证有良好的动力性和通过性，希望驱动桥应有足够大的载荷，从动轴的载荷可以适当减小；为了保证车辆的操纵稳定性，希望转向轴的载荷不要太小。

2.2.9　总体布置

总体布置一般是在总体方案和总体性能参数初步确定的基础上进行的。合理地布置起竖发射系统和附件，达到设计任务书提出的战术技术要求。在进行总体布置时应遵循以下原则：

1）尽量避免改动汽车底盘各总成的位置。总成部件位置的变动，不仅会增加成本，而且也会影响到整车性能。但有时为了满足起竖发射系统的特殊性能要求，也需要作一些改动，如截短原汽车底盘的后悬，燃油箱和备胎架的位置作适当调整。但改变的原则必须是不影响整车性能。

2）总体布置中，特别要重视导弹起竖机构的设置，合理地确定导弹起竖机构，对于减轻发射车的质量、缩短发射时间、提高发射车的可靠性和降低发射车的造价有着重要意义。

3）为满足汽车底盘或起竖机构承载能力和整车性能要求，在总体布置初步完成后应对某些参数进行必要的估算和校核，其中最主要的是装载质量的确定、起竖机构的受力和轴荷的分配，如果不能满足要求，就应该修改总体布置方案。

4）总体布置要考虑到相关系统的操作、检测和维护方便。

5）总体布置方案应符合有关法规的要求，如 GB1589—2004《道路车辆外廓尺寸、轴荷及质量限值》和 GB146.2—83《标准轨距铁路机车车辆限界》。

总体布置要根据各系统组成绘制总体布置草图，确定各系统的位置、主要协调尺寸、相互间的接口关系，各运动机构的极限位置和运动轨迹，起竖系统与导弹的配合关系、协调尺寸，发射系统与其他地面设备的配合关系和协调尺寸等。

在总体布置草图完成后，即可开展各组成系统的初步设计。随着各分系统设计的展开，相互间的矛盾会逐渐暴露，总体设计人员应该把握住总体性能，及时协调和解决各分系统与总体之间出现的新的协调问题，最终绘制出发射车的总体装配图。总体装配图除了更具体细致地表示出总体布置草图所表达的内容外，还要表示出发射车总体装配关系和总装技术要求。

第3章 发射车载荷分析

火箭导弹发射车是一种承载结构，按着不同的使用状态，其所受的载荷也不相同。合理地确定载荷值，对于进行发射车总体设计和零部件设计具有着重要意义。

3.1 载荷的种类

就载荷的性质和作用时间而言，作用在火箭导弹发射车的载荷可分为静载荷和动载荷。

3.1.1 静载荷

静载荷指对发射车作用的大小、方向和作用点均不随时间变化而变化，或变化很缓慢。属于这一类的载荷有结构自重，如机械、液压和电气设备的质量等（以上载荷也称为固定载荷）。起竖导弹的质量，有时也称为有效起竖载荷等。

3.1.2 动载荷

动载荷指对发射车作用的大小、方向和作用点是随时间而改变。在这种载荷的作用下，机构的加速度不可忽视。属于这一类的载荷有：风载荷，燃气气动载荷，起竖机构突然加速或突然停止运动引起的载荷，多级起竖油缸换级时的冲击等不稳定运动引起的惯性载荷，以及运输时的振动和冲击载荷等。

3.2　载荷计算

火箭导弹发射车的载荷需要在设计初期进行确定和计算。各种载荷值确定得是否合理准确，直接影响到总体和零部件的结构质量和它们的可靠性。因此，载荷计算是发射车设计中一个极为重要的问题。

下面介绍确定各种载荷的原则和计算方法。

3.2.1　固定载荷计算

固定载荷属于静载荷，主要是结构自重，如机械、液压、电气等设备的质量。结构自重在发射车的总受力中所占的比例很大，合理地确定固定载荷十分重要。

根据设计经验，有以下几种估算自重的方法：

1）参照现有类似结构的自重来确定；

2）利用手册或文献中类似结构的自重数据；

3）利用结构自重的计算公式来计算；

4）机械、液压和电气设备的质量，可根据所选用的设备型号，由《机电产品手册》中查寻。

对于桁架结构的自重，一般视为以集中载荷作用于桁架节点上。对于梁式结构及实体刚架的自重，则认为以均布载荷作用其上。机械、液压和电气设备的质量，可视为集中载荷，分别作用在相应安装部位。

3.2.2　工作载荷计算

工作载荷也称有效载荷，指有效起竖载荷或有效运输载荷。对于火箭导弹发射车，就是指起竖和运输状态下导弹的质量。它们通过上下支承点（即上下夹钳）以集中载荷的形式作用到发射车的起竖臂上。

3.2.3　动载荷计算

动载荷中的惯性载荷是由于机构的加速或减速运动引起的。其大小等于结构的质量乘以运动加速度，方向与加速度的方向相反。在很多情况下，发射车都有惯性载荷的作用。例如，在起竖导弹过程中，由于起竖速度的变化，如突然起动上升、突然停止下降、多级起竖油缸的换筒、发射车行驶在不平的路面上振动、行驶中的制动和转弯等都会产生惯性载荷。

惯性载荷常用过载系数（也称动荷系数）来计算。过载系数是作用于物体上除重力外所有外力的总和与其自重之比。即

$$n = \frac{\sum \boldsymbol{F}_i}{G} \tag{3.2-1}$$

式中　n ——过载系数；

$\sum \boldsymbol{F}_i$ ——作用在物体上除自重外所有外力之和；

G ——物体重力。

由于

$$\frac{G}{g} \boldsymbol{a} = \sum \boldsymbol{F}_i + \boldsymbol{G} \tag{3.2-2}$$

故过载系数又可表示成

$$n = \frac{\sum \boldsymbol{F}_i}{G} = \frac{\boldsymbol{a}}{g} - \frac{\boldsymbol{g}}{g} \tag{3.2-3}$$

式中　$\boldsymbol{a}$——物体惯性中心的加速度；

$\boldsymbol{g}$——重力加速度，g 为其模。

由于外载荷 $\sum \boldsymbol{F}_i$（或加速度 $\boldsymbol{a}$ ）是矢量，故过载系数也是矢量。在实际计算中，常计算在直角坐标系中各坐标轴方向上的过载系数。即

$$n_x = \frac{a_x}{g} - \frac{g_x}{g}$$

$$n_x = \frac{a_y}{g} - \frac{g_y}{g}$$

$$n_x = \frac{a_z}{g} - \frac{g_z}{g} \qquad (3.2-4)$$

3.2.3.1　起竖过程中的动载荷计算

　　火箭导弹发射车的起竖系统如图 3.2-1 所示。当起竖过程中，液压系统中的阀门突然打开、关闭或迅速换向时，都将使系统中的油液速度和结构的运动速度发生突然变化，从而产生压力冲击和起竖臂部分的动力冲击。过大的压力冲击，会造成液压系统的破坏；而过大的动力冲击，会造成导弹-起竖臂系统的破坏。因此，在设计发射车时，需要计算压力冲击和动力过载系数。

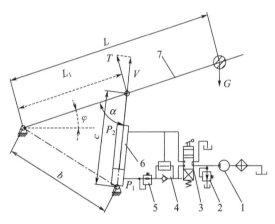

图 3.2-1　导弹起竖系统示意图

1—液压泵；2—溢流阀；3—换向阀；4—平衡阀；5—限速阀；6—升降油缸；7—起竖臂

　　起竖臂的下降速度超过某一回转角速度时，起竖系统中的限速阀便立即关闭，使回油通道突然闭死，以防止起竖臂下降速度过快或下降速度失控而造成重大事故。当回油通道突然闭死时，由于受到惯性作用，此瞬时起竖臂将继续运动，压缩回油腔内的油液，使起竖油缸回油腔内的压力急剧增加而造成压力冲击。

　　下面从突然开、闭液流通道即突然改变升降速度出发，推导液压冲击和过载系数的计算公式。

（1）回油通道突然关闭

①将起竖臂作为刚体的计算

回油通道突然闭死，此时出油量为零，流量连续方程为

$$\beta V_0 \frac{\mathrm{d}P_1}{\mathrm{d}t} + C_c(P_1 - P_2) - FV = 0 \qquad (3.2-5)$$

因

$$V = T\sin\alpha = \omega l_1 \sin\alpha = \omega l_a \qquad (3.2-6)$$

则

$$F\omega l_a = \beta V_0 \frac{\mathrm{d}P_1}{\mathrm{d}t} + C_c(P_1 - P_2) \qquad (3.2-7)$$

式中　V——油缸活塞瞬时速度；

　　　　ω——起竖臂瞬时角速度；

　　　　C_c——油缸的泄漏系数；

　　　　β——油液的压缩系数；

　　　　F——活塞正腔面积；

　　　　P_1——油缸正腔瞬时压力；

　　　　P_2——油缸反腔瞬时压力；

　　　　V_0——被闭死的油液体积。

将起竖臂作为刚体，起竖臂转动微分方程

$$J_0 \frac{\mathrm{d}^2\varphi}{\mathrm{d}t^2} = -\left(FP_1 l_a + C_f \frac{l_a \mathrm{d}\varphi}{\mathrm{d}t} - GL_\varphi - F_2 P_2 l_a\right) \quad (3.2-8)$$

式中　J_0——起竖臂部分（包括导弹）的转动惯量；

　　　　F_2——活塞杆腔有效作用面积；

　　　　C_f——活塞摩擦系数；

　　　　G——起竖臂部分的重力（包括导弹）。

式（3.2-8）中负号表示力矩与转角的计算方向相反。因 P_2 通

油箱，故 $P_2 = 0$，$C_f \approx 0$，并用 $\mathrm{d}\omega = \dfrac{\mathrm{d}\varphi}{\mathrm{d}t}$ 代入式（3.2-8）得

$$J_0 \frac{d\omega}{dt} + FP_1 l_a + GL_\varphi = 0 \qquad (3.2-9)$$

对式（3.2-7）微分，求角加速度，可得

$$\frac{d\omega}{dt} = \frac{C_c}{Fl_a} \cdot \frac{dP_1}{dt} + \frac{\beta V_0}{Fl_a} \cdot \frac{d^2 P_1}{dt^2} \qquad (3.2-10)$$

将式（3.2-10）代入式（3.2-9），且 $GL_\varphi = FP_0 l_a$，并令 $P_1 - P_0 = \Delta P$，P_0 为限速切断阀关闭前正腔的压力，ΔP 为冲击压力增加值，则得

$$\frac{J_0 \beta V_0}{Fl_a} \cdot \frac{d^2 \Delta P}{dt^2} + \frac{J_0 C_0}{Fl_a} \cdot \frac{dP_1}{dt} + Fl_a \Delta P = 0 \qquad (3.2-11)$$

公式（3.2-11）的解（振动形式）

$$\Delta P = e^{\frac{C_c}{2\beta V_0}t} (C_1 \cos \sqrt{\frac{F^2 l_a^2}{J_0 \beta V_0} - \frac{C_c^2}{4\beta^2 V_0^2}} \, t +$$

$$C_2 \sin \sqrt{\frac{F^2 l_a^2}{J_0 \beta V_0} - \frac{C_c^2}{4\beta^2 V_0^2}} \, t) \qquad (3.2-12)$$

当 $t=0$，$\Delta P = 0$ 代入式（3.2-12）得

$$C_1 = 0$$

由式（3.2-7）得

$$\frac{d\Delta P}{dt} = \frac{Fl_a \omega}{\beta V_0} - \frac{C_c P_1}{\beta V_0} \qquad (3.2-13)$$

对式（3.2-12）取导数，并取 $t=0$ 代入，经整理可得出

$$C_2 = \frac{Fl_a \omega - C_c P_1}{\beta V_0 \sqrt{\dfrac{F^2 l_a^2}{J_0 \beta V_0} - \dfrac{C_c^2}{4\beta^2 V_0^2}}} \qquad (3.2-14)$$

将 C_1、C_2 值代入式（3.2-12），并不考虑油缸泄漏的影响，即 $C_c = 0$，忽略闭死管路中的油液，即 $V_0 = Fh$ 时得

$$\Delta P = \frac{Fl_a \omega}{\beta V_0 \sqrt{\dfrac{F^2 l_a^2}{J_0 \beta V_0}}} \sin \sqrt{\frac{F^2 l_a^2}{J_0 \beta V_0}} \, t$$

$$= \frac{\omega}{F} \sqrt{\frac{J_0 F}{\beta h}} \sin \sqrt{\frac{F l_a^2}{J_0 \beta h}} t \qquad (3.2-15)$$

式中　　h ——闭死时，油缸的油腔长度。

冲击压力增量 ΔP 求出后，可利用刚体转动微分方程，求出起竖臂上各点的加速度，继而求出横向过载系数

$$J_0 \varepsilon = J_0 \frac{a_i}{l_i} = F \Delta P l_a = F \Delta P l_i \sin\alpha \qquad (3.2-16)$$

$$a_i = \frac{F \Delta P l_1 \sin\alpha l_i}{J_0} = \frac{F \Delta P l_1 l_i}{J_0} \sqrt{1 - (\frac{l_1^2 + c^2 - b^2}{2 l_1 c})^2} \qquad (3.2-17)$$

或

$$a_i = \frac{\omega l_a l_i}{g} \sqrt{\frac{K}{J_0}} \qquad (3.2-18)$$

$$K = \frac{F}{\beta h}$$

式中　　a_i ——起竖臂上距离回转轴长度为 l_i 点的切向加速度；

　　　　K ——油缸刚度。

横向过载系数

$$n = \cos\varphi + \frac{a_i}{g} \qquad (3.2-19)$$

当 $\varphi = 0$

$$n = 1 + \frac{a_i}{g}$$

②将起竖臂作为弹性体的计算

根据起竖臂刚度大小，如果刚度很大，可当作刚体计算，如果刚度较小，如用钢管焊成的桁架结构等，则必须考虑起竖臂的弹性变形，将起竖臂作为弹性体计算更符合实际情况。

为了简化计算，将桁架式起竖臂简化成一个等效梁，并把全部质量集中到距回转轴的半径 L 处。所谓等效梁，即用一根实体的等截面梁去代替桁架，令等效梁的长度与桁架长度相等，使等效梁上

的最大位移等于原桁架的最大位移，就可求得等效梁的 EJ。将油缸腔内的油液，看成具有刚度为 K 的一个弹簧，如图 3.2 - 2 所示。

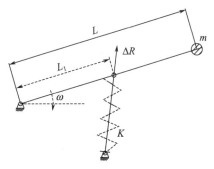

图 3.2 - 2　起竖臂为弹性体示意图

根据能量守恒原理

$$\frac{1}{2}J_0\omega^2 = U + T + F \qquad (3.2 - 20)$$

式中　J_0——起竖臂绕回转轴的转动惯量；

　　　ω——起竖臂瞬时转动角速度；

　　　U——起竖臂变形能；

　　　T——油腔内油液的变形能；

　　　F——油缸活塞克服摩擦力做的功。

根据起竖臂的弯矩图（图 3.2 - 3）可求出

$$U = \int_0^L \frac{M^2 \mathrm{d}x}{2EJ} = \int_0^{L_1} \frac{M_0^2 \dfrac{x^2}{L_1^2}}{2EJ} \mathrm{d}x + \int_0^{L-L_1} \frac{M_0^2 \dfrac{x^2}{(L-L_1)^2}}{2EJ} \mathrm{d}x$$

$$= \frac{M_0^2 L}{2 \times 3EJ} \qquad (3.2 - 21)$$

因

$$\Delta P_m L = \Delta R l_a$$

即

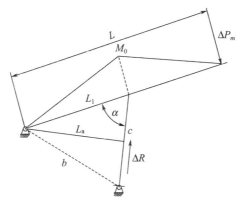

图 3.2 - 3　起竖臂弯矩图

$$\Delta P_m = \frac{\Delta R l_a}{L} \tag{3.2-22}$$

则

$$M_0 = \Delta P_m (L - L_1) = \frac{\Delta R l_a (L - L_1)}{L} \tag{3.2-23}$$

式中　ΔP_m ——回油通道突然闭死，起竖臂质点 m 处产生的惯性力；

ΔR ——油缸冲击力增量；

M_0 ——起竖臂弯矩。

$$l_a = L_1 \sin\alpha = L_1 \sqrt{1 - \left(\frac{L_1^2 + c^2 - b^2}{2 L_1 c}\right)^2} \tag{3.2-24}$$

将式（3.2 - 23）代入式（3.2 - 21）得

$$U = \frac{(L - L_1)^2 l_a^2}{3 \times 2 E J L} \Delta R^2 \tag{3.2-25}$$

求 T

$$T = \frac{1}{2} \Delta R \cdot \Delta x = \frac{1}{2} \Delta R \frac{\Delta R}{K} = \frac{\Delta R^2}{2K} \tag{3.2-26}$$

不考虑摩擦力的影响

$$F = 0$$

将式（3.2 - 25）、式（3.2 - 26）代入式（3.2 - 20）得

$$\frac{1}{2}J_0\omega^2 = \frac{(L-L_1)^2 l_a^2}{3 \times 2EJL}\Delta R^2 + \frac{\Delta R^2}{2K}$$

$$\Delta R = \omega\sqrt{\frac{J_0}{\dfrac{(L-L_1)^2 l_a^2}{3 \times 2EJL} + \dfrac{1}{K}}}$$

$$\Delta P = \frac{\omega}{F}\sqrt{\frac{J_0}{\dfrac{1}{C} + \dfrac{1}{K}}} \tag{3.2-27}$$

$$C = \frac{3EJL}{(L-L_1)^2 l_a^2}$$

$$K = \frac{F}{\beta h}$$

式中　C——起竖臂的刚度；

　　　　K——油缸刚度。

从式（3.2-27）中可看出，如果 EJ 很大，L 较小，则 $C \to \infty$，即起竖臂的刚度很大，可当作刚体。此时 $\dfrac{1}{C} = 0$，则式（3.2-27）为

$$\Delta P = \frac{\omega}{F}\sqrt{J_0 K} = \frac{\omega}{F}\sqrt{\frac{J_0 F}{\beta h}} \tag{3.2-28}$$

可见式（3.2-28）与前面将起竖臂作为刚体推导出的式（3.2-15），压力冲击的最大幅值完全一样。各计算式中的角速度 ω，也可用限速切断阀起作用时的流量 Q 表示

$$T_v = \omega l_1 = \frac{V}{\sin\alpha} = \frac{Q/F}{\sin\alpha}$$

$$\omega = \frac{Q}{Fl_1\sin\alpha} = \frac{Q}{Fl_1\sqrt{1 - \left(\dfrac{l_1^2 + c^2 - b^2}{2l_1 c}\right)^2}} \tag{3.2-29}$$

由此可知，减少限速切断阀起作用时的流量，液压冲击就会减小，继而冲击系数也会减小。求出 ΔP 后，可用上述同样的方法求得横向过载系数。

（2）突然打开液流通道

$$Q - C_p P_1 = FV + C_c(P_1 - P_2) + \beta V_0 \frac{\mathrm{d}P_1}{\mathrm{d}t} \quad (3.2-30)$$

式中　Q——油泵供油量；

　　　C_p——油泵泄漏系数。

起竖臂的转动微分方程

$$J_0 \frac{\mathrm{d}^2\varphi}{\mathrm{d}t^2} = l_a F P_1 - l_a \left(C_f \frac{\mathrm{d}\varphi}{\mathrm{d}t} l_a + F_2 P_2\right) - G l_a \quad (3.2-31)$$

一般情况下认为

$$C_f = 0, \ P_2 = 0, \ C_p = 0, \ C_c = 0$$

由初始条件知 $t = 0$ 时

$$\Delta P = 0$$

解联立方程式（3.2-30）和式（3.2-31）得

$$\Delta P = \frac{Q}{F l_a \sqrt{\dfrac{\beta V_0}{J_0}}} \sin \sqrt{\frac{F^2 l_a^2}{J_0 \beta V_0}} t$$

$$= \frac{\omega}{F} \sqrt{\frac{J_0 F}{\beta h}} \sin \sqrt{\frac{F l_a^2}{J_0 \beta h}} t \quad (3.2-32)$$

同理

$$n = \cos\varphi + \frac{\Delta P F l_a l_i}{J_0 g} \quad (3.2-33)$$

或

$$n = \cos\varphi + \frac{\omega l_a l_i}{g} \sqrt{\frac{K}{J_0}}$$

式（3.2-32）与式（3.2-15）完全一样，不同的仅是式（3.2-15）中的 ω 对应的是限速切断阀起作用的流量，式（3.2-32）中的 ω 对应的则是油泵的供油量。将起竖臂作弹性体，其推导结果完全与式（3.2-27）相同。

在计算起竖臂上各点的惯性加速度时，运用了刚体转动微分方程

$$J_0\varepsilon = \Delta P F l_a, \quad a = l_i\varepsilon \qquad (3.2-34)$$

当起竖臂刚度较大时，当作单自由度的刚体转动比较符合实际情况。但对于桁架结构的起竖臂，悬臂长，刚度弱，仍然把它当作单自由度的刚体转动，运用刚体转动微分方程，求解起竖臂上各点的惯性加速度，这就与实际情况有差距。因为这样的起竖臂，即使近似地把有关质量集中到相应的各节点上，也是一个多自由度体系。当受外力冲击时，成为多自由度的振动，各种振型同时出现，因而各点的加速度就不存在线性关系。接近实际的计算应该是建立多自由度的振动方程，求解这些联立方程组，得到起竖臂上各点的加速度值。当然，这样的计算要困难和复杂得多。从计算简单并具有一定的精度来讲，上述计算加速度的方法仍具有使用价值。

3.2.3.2　多级起竖油缸换级时的动载荷计算

多级油缸（通称伸缩式套筒油缸）与单级油缸相比，在油缸初始长度相同的情况下，具有长得多的工作行程。因此，多级油缸已普遍地用于各种火箭导弹发射车中。但是，多级油缸在换级时，由于突然地改变油缸的工作面积，引起升降系统振动，在提高油缸伸缩速度时表现得更为突出。下面推导出多级油缸换级时的动载荷计算。

我们把多级油缸最外面的一级叫第 1 级，最里面的一级叫第 n 级。上升过程伸出的顺序是 1，2，…，n，下降过程缩回的顺序是 n，$n-1$，…，1。

前面在起竖过程中的动载荷计算一节中，我们已对起竖臂由某一回转速度 w 突然停止时所产生的冲击压力进行了计算，得出了冲击压力的计算公式

$$\Delta P = \frac{\omega}{F}\sqrt{\frac{J_0}{\dfrac{1}{C}+\dfrac{1}{K}}} \qquad (3.2-35)$$

多级油缸换级过程，从本质上讲和上述过程并无区别，所不同的只是换级过程中起竖臂（或油缸）从一个速度 ω_i 突然变到另一个

速度 ω_{i-1}，而不是变到零。因而只有部分动能转换成了起竖臂的变形能和油液的变形能。部分动能的表达式为

$$\Delta V = \frac{1}{2} J_0 \omega_i^2 - \frac{1}{2} J_0 \omega_{i-1}^2 = \frac{1}{2} J_0 \omega_i^2 \left[1 - \left(\frac{A_i}{A_{i-1}} \right)^2 \right]$$

$$= \frac{1}{2} J_0 \omega_i^2 B_i \qquad (3.2-36)$$

于是可方便地得到第 i 级油缸换级时冲击压力的计算式

$$\Delta P_i = \frac{\omega_i}{A_{i-1}} \sqrt{\frac{B_i J_0}{\dfrac{1}{C_i} + \dfrac{1}{K_i}}} \qquad (3.2-37)$$

$$B_i = 1 - \left(\frac{A_i}{A_{i-1}} \right)^2$$

$$C_i = \frac{3EJL}{(L - L_1)^2 l_\alpha^2}$$

式中　ΔP_i ——第 i 级油缸换级时冲击压力最大的升高值；

　　　ω_i ——第 i 级油缸即将完全缩回时起竖臂的瞬时角速度；

　　　A_i ——第 i 级油缸活塞的有效工作面积；

　　　A_{i-1} ——第 $i-1$ 级油缸活塞的有效工作面积；

　　　J_0 ——起竖臂包括负载的转动惯量；

　　　B_i ——动能变化系数；

　　　C_i ——起竖臂的刚度；

　　　K_i ——第 i 级油缸换级时油腔液体刚度。

可根据换级时油腔内油液的体积计算得到 K_i 值

$$K_i = \frac{\Delta R_i}{\Delta x_i} = \frac{\Delta P_i A_{i-1}}{\dfrac{\Delta V}{A_{i-1}}} = \frac{\Delta P_i A_{i-1}^2}{\Delta P_i \beta (V_i + V_g)}$$

$$= \frac{A_{i-1}^2}{\beta (V_i + V_g)} \qquad (3.2-38)$$

式中　β ——油液的压缩系数。

如果管路的容积 V_g 比换级油腔容积 V_i 小得多，则可忽略不计。

如果起竖臂的惯矩 J 较大，长度 L 又较小，起竖臂当作刚体，即 $\dfrac{1}{C} \approx 0$，则

$$\Delta P_i = \frac{\omega_i}{A_{i-1}} \sqrt{B_i J_0 K_i}$$

$$= \omega_i \sqrt{\frac{B_i J_0}{\beta V_i}} \qquad (3.2-39)$$

冲击压力增量 ΔP_i 求出后，起竖臂上各点的切向加速度和横向过载系数计算，同前面的式（3.2-17）和式（3.2-18）。

另外，在多级油缸换级瞬变过程中，还会发生套筒与套筒的直接刚性碰撞。下降过程中的这一换级碰撞，只发生在套筒与支承环之间的局部地方，由于被冲击的套筒向下运动不受约束，因而被冲击的套筒内并不产生冲击力。但是，在上升过程的换级时，由于被撞击的套筒下端受到约束，因而被撞击的套筒内部便产生冲击力。其冲击力的计算如下。

根据能量守恒定律

$$\frac{1}{2} \times \frac{P_{di}}{K_c} = \frac{1}{2} \times \frac{W_i}{g} U_i^2$$

$$P_{di} = \sqrt{K_c \frac{W_i}{g}} U_i \qquad (3.2-40)$$

$$K_c = \frac{1}{\displaystyle\sum_{j=0}^{j-1} \frac{L_j}{EF_j}}$$

式中　P_{di} ——第 i 级油缸换级时被冲击套筒内的冲击力；

U_i ——第 i 级套筒的速度；

W_i ——第 i 级套筒的重力；

K_c ——被冲击套筒的刚度；

F_j ——被冲击各套筒的环形面积；

L_j ——被冲击各套筒的长度；

E ——油缸套筒材料的弹性模量。

一般来说，由于 W_i 只是一级空套筒的重力，只要换级速度 U_i 不太大，其冲击力 P_{di} 便不会太大，如果换级速度较高，此冲击力也不可忽视。

3.2.3.3　运输过程中的动载荷计算

发射车在运输过程中受路面的激励将产生振动。研究这种振动产生的加速度，计算发射车各部件的惯性载荷，对某些部件的强度计算具有重要意义。

发射车运输过程中的振动取决于行驶速度和路面状况。路面形状是任意的，所以发射车的振动是随机振动。从实用角度考虑，这里只研究在垂直平面内二自由度的振动情况。将前后轮与缓冲弹簧视为弹性体，刚度系数为 K_1、K_2，被缓冲部分视为刚体，只讨论无阻尼的自由振动。振动模型如图 3.2 - 4 所示。

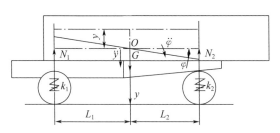

图 3.2 - 4　二自由度振动系统力学模型

（1）建立系统振动微分方程

发射车在垂直平面内的振动，不仅有车身质心的上下振动，而且有绕质心横轴的摆动。取静平衡位置为原点，质心相对平衡位置的位移为 y，转角为 φ。沿 y 方向运动方程为

$$\frac{G}{g}\ddot{y} + N_1 + N_2 - G = 0 \qquad (3.2 - 41)$$

式中　G——发射车被缓冲部分的重力；

　　　N_1, N_2——振动过程中前、后缓冲器的反力；

　　　$\ddot{y}$——振动加速度，沿 y 轴方向为正。

$$N_1 = K_1(y - L_1 \tan\varphi) + K_1 y_{s1}$$
$$N_2 = K_2(y + L_2 \tan\varphi) + K_2 y_{s2}$$
$$(3.2-42)$$

式中　　y_{s1}，y_{s2}——前后缓冲器的静压缩量。

将式（3.2-42）代入式（3.2-41）中，因 φ 很小，则认为 $\tan\varphi = \varphi$。得

$$\frac{G}{g}\ddot{y} + (K_1 + K_2)y + (K_2 L_2 - K_1 L_1)\varphi + (K_1 y_{s1} + K_2 y_{s2}) - G = 0$$
$$(3.2-43)$$

又因为

$$G = K_1 y_{s1} + K_2 y_{s2} \qquad (3.2-44)$$

则式（3.2-43）可写成

$$\frac{G}{g}\ddot{y} + (K_1 + K_2)y + (K_2 L_2 - K_1 L_1)\varphi = 0 \quad (3.2-45)$$

绕通过质心横轴转动的运动方程为

$$I\ddot{\varphi} + N_2 L_2 - N_1 L_1 = 0 \qquad (3.2-46)$$

$$I = \frac{G}{g}\rho^2$$

式中　I——被缓冲部分通过质心横轴的转动惯量；

　　　ρ——惯性半径。

将式（3.2-42）代入式（3.2-46）中，并注意静止时

$$K_1 y_{s1} L_1 = K_2 y_{s2} L_2 \qquad (3.2-47)$$

则得

$$\ddot{\varphi} + \frac{g}{G\rho^2}(K_2 L_2 - K_1 L_1)y + \frac{g}{G\rho^2}(K_1 L_1^2 + K_2 L_2^2)\varphi = 0$$
$$(3.2-48)$$

令

$$\rho^2 = \frac{g}{G}(K_1 + K_2) = \frac{g}{G}K$$

$$b = \frac{g}{G}(K_2 L_2 - K_1 L_1)$$

$$\omega^2 = \frac{g}{G}(K_2 L_2^2 + K_1 L_1^2) \tag{3.2-49}$$

代入式（3.2-45）及式（3.2-48）中，得

$$\ddot{y} + p^2 y + b\varphi = 0$$
$$\ddot{\varphi} + \frac{b}{\rho^2} y + \frac{\omega^2}{\rho^2} \varphi = 0 \tag{3.2-50}$$

从上述方程可以看出，垂直振动和转动振动是互相耦合的。一般情况下，缓冲部分作垂直运动的同时还伴有转动。但当 $K_1 L_1 = K_2 L_2$ 时，$b=0$，垂直振动与转动互不相关。此时方程为

$$\ddot{y} + p^2 y = 0 \tag{3.2-51}$$

$$\ddot{\varphi} + \frac{\omega^2}{\rho^2} \varphi = 0 \tag{3.2-52}$$

在发射车设计中，一般 $K_1 L_1$ 接近 $K_2 L_2$，所以，可以分别研究两种振动。新设计发射车时，要确定其转动惯量需要进行复杂的计算。实践证明，对于工程计算只考虑垂直振动，忽略角振动，这样的计算结果与试验值相近。因此，可以把发射车运输过程中的振动，看作是一个自由度即垂直路面方向的振动。

（2）发射车垂直振动载荷的计算

研究发射车垂直振动的载荷问题，实质上就是解微分方程（3.2-51）。式（3.2-51）是一般的二阶线性齐次微分方程，其通解为

$$y = A\sin(p + \alpha) \tag{3.2-53}$$

$$\tan\alpha = \frac{p y_0}{\dot{y}}$$

$$A = \sqrt{y_0^2 + \frac{p\dot{y}_0^2}{p}}$$

式中　p ——振动频率；

　　　α ——初始相位角；；

　　　A ——振幅；

　　　$\dot{y}_0$ ——初始速度。

当 $t=0$ 时，$y=y_0$，$\dot{y}_0=0$，故 $\alpha=90°$，$A=y_0$，故

$$y=y_0\cos pt \qquad (3.2-54)$$

由于路面条件是任意的，如果以解析式来确定障碍物的形状，不但使计算复杂，而且准确性也不能提高，所以当前都根据缓冲器性能来确定其最大位移量，而把此值看作是振动系统的初始位移量 y_0。

将式（3.2-54）对时间求两次导数，得

$$\ddot{y}=-y_0 p^2\cos pt \qquad (3.2-55)$$

当 $pt=0$ 时，加速度的值最大

$$\ddot{y}_{\max}=-y_0 p^2 \qquad (3.2-56)$$

将 p^2 值代入式（3.2-56），得

$$\ddot{y}_{\max}=-y_0 K\frac{g}{G}=-\frac{y_0}{y_s}g \qquad (3.2-57)$$

$$y_s=\frac{G}{K},\ K=K_1+K_2$$

式中　y_s——静平衡时的垂直位移；

　　　y_0——根据缓冲器性能决定的最大位移。

因此，垂直振动产生的惯性力为

$$F_d=\frac{G}{g}\ddot{y}_{\max}=-G\frac{y_0}{y_s} \qquad (3.2-58)$$

式中，负号表示惯性力的方向与加速度的方向相反。

作用在缓冲部分上的总力为

$$F=G+G\frac{y_0}{y_s}=(1+\frac{y_0}{y_s})G=n_y G \qquad (3.2-59)$$

式中　n_y——路面运输时的振动过载系数。

由上述计算可知，发射车路面运输时，作用在部件上的载荷不是重力，而是重力乘以过载系数。目前计算轮式钢板弹簧悬架的越野发射车时，一般取 $n_y=3\sim4$。

3.2.3.4　公路运输中的制动惯性力

发射车运输中制动时，各零部件都要产生惯性力。以完全制动

（急刹车）时的惯性力最大。所谓完全制动，是指全部车轮停转，车轮在路面上纯滑动。其受力如图 3.2-5 所示。

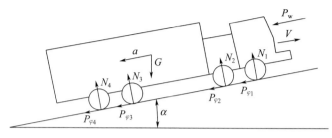

图 3.2-5　完全制动时受力图

由图 3.2-5 可知

$$\frac{G}{g}a_x = P_\varphi + G\sin\alpha + P_w = \varphi G\cos\alpha + G\sin\alpha + P_w$$

$$(3.2-60)$$

$$P_\varphi = P_{\varphi1} + P_{\varphi2} + P_{\varphi3} + P_{\varphi4} = (N_1 + N_2 + N_3 + N_4)\varphi = \varphi G\cos\alpha$$

式中　G ——发射车行军状态的重力；

　　　P_w ——空气阻力；

　　　α ——路面坡度角；

　　　P_φ ——陆面附着力；

　　　φ ——轮胎对路面的附着系数；

　　　a_x ——制动加速度。

一般情况下 P_w 很小，可认为 $P_w = 0$，于是得到制动加速度

$$a_x = (\varphi\cos\alpha + \sin\alpha)g \qquad (3.2-61)$$

上坡时 α 为正值，下坡时 α 为负值，故上坡时加速度 a 比下坡时大，因此不需考虑下坡时的情况。发射车只能行驶在坡度角 α 小于 $\arctan\varphi$ 的坡道上，否则它将倒滑。当 $\alpha = \arctan\varphi$ 时，由式（3.2-61）得

$$a_x = \frac{2\varphi}{\sqrt{1+\varphi^2}}g \qquad (3.2-62)$$

当 $\alpha = 0$，即在水平路面上行驶时，得

$$a_x = \varphi g \qquad (3.2-63)$$

在 $\alpha = 0 \sim \arctan\varphi$ 范围内，得

$$a_x = (\varphi \sim \frac{2\varphi}{\sqrt{1+\varphi^2}})g \qquad (3.2-64)$$

制动时的过载系数则为

$$n_x = \varphi \sim \frac{2\varphi}{\sqrt{1+\varphi^2}} \qquad (3.2-65)$$

附着系数与轮胎的花纹、气压和路面的情况等因素有关，一般以干燥的沥青和混凝土路面的附着系数最大，可达 $\varphi = 0.8$。取 φ 最大值代入式（3.2-65），得

$$n_x = 0.8 \sim 1.25 \qquad (3.2-66)$$

发射车上所研究的零部件的制动惯性力为

$$F_x = n_x m g \qquad (3.2-67)$$

式中　m ——所研究零部件的质量。

求得 a_x 后，很容易求得发射车在水平道路上的最小制动行程

$$s_{\max} = \frac{v_0^2}{2a_x} = \frac{v_0^2}{2\varphi g} \qquad (3.2-68)$$

3.2.3.5　公路运输中转弯时的离心惯性力

发射车公路运输转弯时各零部件都要产生离心惯性力。如果发射车以匀速 V 行驶在转弯半径为 R 的弯道上，则产生的离心惯性力为

$$F_R = \frac{mV^2}{R} \qquad (3.2-69)$$

式中　m ——所研究零部件的质量；

　　　F_R ——所研究零部件的离心力。

在急转弯时，一般不能高速行驶，否则会引起发射车绕外侧车轮接地点的侧向翻车。因此，必须保证不发生侧翻的条件下计算允许的行驶速度，并据此计算离心力的最大值。

发射车转弯时的受力如图 3.2 - 6 所示。由图 3.2 - 6 可知，要保证发射车不侧翻的条件为

$$(G\cos\beta + F_R\sin\beta)\frac{B}{2} \geqslant (F_R\cos\beta - G\sin\beta)h \quad (3.2-70)$$

即

$$F_R \leqslant \frac{\dfrac{B}{2h} + \tan\beta}{1 - \dfrac{B}{2h}\tan\beta}G \quad (3.2-71)$$

发射车转弯时允许的过载系数为

$$n_z = \frac{F_R}{G} \leqslant \frac{\dfrac{B}{2h} + \tan\beta}{1 - \dfrac{B}{2h}\tan\beta} \quad (3.2-72)$$

式中　F_R ——发射车系统的离心力；

　　　G ——发射车的重力；

　　　B ——发射车的轮距；

　　　h ——发射车的质心高度；

　　　β ——路面侧向倾角。

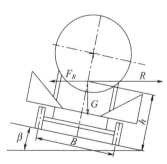

图 3.2 - 6　发射车转弯时的受力

3.2.3.6　风载荷的计算

（1）风载荷的基本分析

风对导弹起竖发射装置的作用可认为是两部分作用之和：一是

稳定风压（习惯上称空气静力作用）；二是脉动风压（习惯上称空气动力作用）。所谓稳定风压就是在给定的时间间隔内，把风对发射装置作用力的方向、大小及其他物理量都看作不随时间而变的量。除了稳定风压引起静力作用外，脉动风压还引起动力作用，我们称之为风振，对发射装置是一种随机作用力。在导弹发射装置的设计计算中，稳定风压和脉动风压均应考虑。

稳定风压就是我们常用的计算风压，实际上是由一定时间内风速的平均值而定的。如图 3.2 - 7 所示，在一个定点，某时刻 t_0，平均风速的表达式

$$\bar{V} = \frac{1}{T} \int_{t_0 - \frac{1}{2}T}^{t_0 + \frac{1}{2}T} V \mathrm{d}t \qquad (3.2 - 73)$$

式中　T——t_0 为中心的时距。

理论上 $T \to \infty$ 时，$\bar{V}$ 的作用才视为静止，但实际上只要 T 远大于结构的自振周期，$\bar{V}$ 的作用可近似静力。显然，T 取得长时，平均风速就变小。

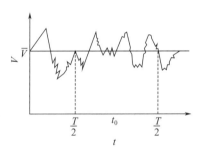

图 3.2 - 7　平均风速

我国的风速观测记录中，有瞬时的、2 min 平均值、10 min 平均值等时距。目前建筑结构规范中所用的是 10 min 时距，对发射装置来说，这个时距偏长。

一般建筑结构的质量较导弹发射装置大，因此惯性较大，总体刚度也大，故抗瞬时载荷的能力强。风是一个随时间不断变化的载

荷，它的峰值出现是短暂的。当峰值出现时，结构尚来不及反应，峰值载荷已消失。导弹起竖发射装置的体积和质量相对建筑结构要小得多，它的阻尼也小，对风脉动的动力反应较敏感，因此，采用 10 min 时距就过长。从阵风突发过程来看，它基本上是 2 min 左右，即 2 min 时距，不会遗漏大风记录。因此，对发射装置来说，采用 2 min 的平均风速较适宜。

不同时距风速的换算，可用下列回归方程

$$\overline{V}_2 = 0.79\overline{V}_0 - 0.45 \tag{3.2-74}$$

$$\overline{V}_2 = 1.36\overline{V}_{10} - 0.909 \tag{3.2-75}$$

式中　$\overline{V}_0$——瞬时风速；

　　　$\overline{V}_2$，$\overline{V}_{10}$——2 min、10 min 平均风速。

（2）风速风压的关系

根据流体力学理论，推导出的风速风压的关系式为

$$q = \frac{\rho}{2}V^2 \tag{3.2-76}$$

式中　ρ——空气密度。

式（3.2-76）中 $\frac{\rho}{2}$ 称风压系数，目前世界许多国家在起重机的风载荷计算标准中，都取风压系数为 $\frac{1}{1.6}$，即

$$q = \frac{V^2}{1.6} \tag{3.2-77}$$

风压系数因海拔高度、纬度不同而不同，我国不同地区的风压系数由气象台测得，大致为：东南沿海为 1/1.7（如上海、杭州等地），内陆海拔 500 m 以下大致为 1/1.6（如北京、长春等地），内陆 600 m 以上是随高度增加而减小，从 1/1.7～1/2.0（如昆明、贵阳等地）。

以前在计算起竖发射装置风压时，取 -40 ℃ 的空气密度，$\rho = 1.480 \text{ kg/m}^3$，则 $\frac{\rho}{2} = \frac{1}{1.35}$。因此认为我们在计算风压系数时，也

取 1/1.6 更为适宜。因为，取 $-40\ ℃$ 情况下的空气密度，只考虑了温度越低密度越大，风压系数也就越大。然而空气密度不仅与温度有关，同时也与气压、湿度等因素有关。空气密度的确定，应根据各地区的风速记录和出现大风时的气压、气温、湿度来定出空气的密度。风压系数 1/1.6 正是这样确定的。

过去一直要求，导弹起竖发射装置能在瞬时风速 $V_0 = 20\ \text{m/s}$、$2\ \text{min}$ 平均风速 $\overline{V}_2 = 15\ \text{m/s}$ 下安全工作。这相当于起竖发射装置能在七级大风下工作，七级大风的风速为 $13.9\ \text{m/s} \sim 17.1\ \text{m/s}$，这一风速是 $10\ \text{m}$ 高 $10\ \text{min}$ 的平均值，应用式（3.2 - 75）换算成 $2\ \text{min}$ 平均风速为 $14.88 \sim 18.52\ \text{m/s}$。

导弹发射装置并非经常在大风下工作，而经常工作下的风压值，称为工作状态下的正常风压值，正常风压值的确定是根据常年中风力等级出现的概率大小来定。据有关资料介绍，全年中四级风出现的概率占 80% 以上，因此，一般起重机采用四级风来计算正常风压值。四级风速上限 $\overline{V}_{10} = 7.9\ \text{m/s}$，换算成 $2\ \text{min}$ 平均值 $\overline{V}_2 = 8.07\ \text{m/s}$。

显然，正常风压值比最大风压值小得多。正常风压值，用于计算原动机的功率和零部件的寿命。

（3）风速风压高度变化系数

以往计算风载荷的合力作用点都取迎风面积的中心，这是不对的。因为没有考虑到风速风压沿高度的变化。在贴近地面气层范围内，气流因受地面摩擦的影响，消耗了一定的动能，使风速降低。这种动能的消耗是由于气流的扰动和黏滞作用逐层向上传递。高度越高受影响越小，所以上层风速比下层大。

根据流体力学分析和气象实测资料的研究，$100\ \text{m}$ 以下的风速是按对数变化的

$$V_n = V_1 \frac{\lg Z_n - \lg Z_0}{\lg Z_1 - \lg Z_0} \qquad (3.2 - 78)$$

式中　V_n——高度 Z_n 处的风速，m/s；

V_1——高度 Z_1 处的已知风速，m/s；

Z_0——地面粗糙度，一般空旷平原取 $Z_0 = 0.03$ m；

Z_1——标准高度，m；

Z_n——换算高度，m。

令

$$K_{zv} = \frac{\lg Z_n - \lg Z_0}{\lg Z_1 - \lg Z_0} \quad\quad (3.2-79)$$

K_{zv} 称为风速高度变化系数（100 m 高度以内）。

$$K_z = K_{zv}^2 \quad\quad (3.2-80)$$

K_z 称为风压高度变化系数。

（4）导弹发射装置风载荷计算

导弹发射装置的风载荷计算，采用下列公式

$$P_w = C_1 C_2 K_z q A \quad\quad (3.2-81)$$

式中　P_w——发射装置所受的风载荷，N；

C_1——风力系数；

C_2——空气动力系数；

K_z——风压高度变化系数；

q——基本风压，N/m²；

A——发射装置的迎风面积，m²。

由上面对风载荷的分析中可知，风压分为两部分：一部分是静力作用的基本风压；一部分是动力作用的脉动风压。用风力系数 C_1 来反映基本风压的效应，用空气动力系数 C_2 来反映脉动风压效应。

空气动力系数 C_2 的选取，本质上决定于风的脉动效应作用在结构上的动力反应，它与结构物的自振频率和阻尼大小有关。目前动力反应的研究还不成熟，一般以空气动力系数来考虑。

根据实测资料，离地面不同的高度处，风的脉动是不同的，一般由上而下逐渐减小。考虑到发射装置本身是一个弹性体，有一定的吸振性，故动力系数一般取 $C_2 = 1 \sim 1.2$ 即可。

风力系数 C_1 应根据结构的形状来选取。单根构件及单片格构式桁架、司机室等的风力系数可根据表 3.2-1 选取。单根构件的风力系数值，取决于空气动力学中的长细比，大型箱形断面的风力系数取决于断面比。空气动力学的长细比以及断面比如图 3.2-8 所示。风力系数也可由风洞试验或大型实物模型试验得到。

表 3.2-1　风力系数

类别	详细分类		空气动力学长细比 L/b 或 L/D					
			5	10	20	30	40	50
构件	型钢、角钢、空心型板、钢板		1.30	1.35	1.60	1.65	1.70	1.90
	圆形断面 $DV_s \leqslant 6\ \text{m}^2/\text{s}$		0.75	0.80	0.90	0.95	1.0	1.1
	$DV_s \geqslant 6\ \text{m}^2/\text{s}$		0.60	0.65	0.70	0.70	0.75	0.8
	360 mm² 以上正方形以及 254 mm × 457 mm以上矩形断面的箱形构件	$b/d \geqslant 2$	1.55	1.75	1.95	2.1	2.2	
		1	1.40	1.55	1.75	1.85	1.9	
		0.5	1.0	1.20	1.30	1.35	1.4	
		0.25	0.8	0.9	0.9	1.0	1.0	
单片桁架	侧面是平面时(桁架的构件是由平面侧面构成)		1.7					
	圆形断面 $DV_s \leqslant 6\ \text{m}^2/\text{s}$		1.2					
	$DV_s \geqslant 6\ \text{m}^2/\text{s}$		0.8					
司机室等	安装在地面上，或具有固定基础(下面与地面间无空隙)的长方体		1.1					

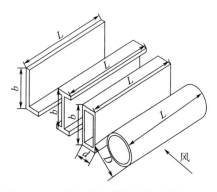

图 3.2-8　空气动力学的长细比和端面比

桁架的侧面可由平面或圆形断面构成，对于圆形断面桁架应分两种情况处理，$DV_s < 6\ \mathrm{m^2/s}$ 及 $DV_s \geqslant 6\ \mathrm{m^2/s}$（$D$ 为圆形断面直径，m；V_s 为计算风速，m/s）。

当桁架或构件平行地配置时，面对风向的桁架或构件，以及互不重叠的构件上的风力，可用相应的风力系数计算。对重叠部分的构件，风力系数应乘以表 3.2-2 给出的折减率 η。η 值是随着充实率和间隔率（如图 3.2-9～图 3.2-10 所示）变化而定的。

表 3.2-2 折减率（η）

间隔率 a/b	折减率 A/A_e					
	0.1	0.2	0.3	0.4	0.5	0.6
0.5	0.75	0.4	0.32	0.21	0.15	0.1
1.0	0.92	0.75	0.59	0.43	0.25	0.1
2.0	0.95	0.80	0.63	0.50	0.33	0.2
4.0	1.0	0.88	0.76	0.66	0.55	0.45
5.0	1.0	0.95	0.88	0.81	0.75	0.68
6.0	1.0	1.0	1.0	1.0	1.0	1.0

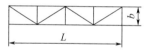

图 3.2-9 充实率

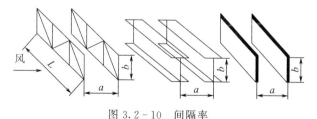

图 3.2-10 间隔率

充实率和间断率的计算公式如下

$$充实率 = \frac{A}{A_e} = \frac{构件实际面积(黑色部分)}{外框面积} = \frac{\sum A_n}{b \times L}$$

(3.2-82)

$$间隔率 = \frac{相邻两片桁架或构件间的距离}{前片桁架或构件的宽度} = \frac{a}{b} \quad (3.2-83)$$

n 片重合桁架总的风力系数可按下式计算，到 9 片为止时（$n \leqslant 9$）

$$C_{1总} = \left(\frac{1-\eta^n}{1-\eta}\right)C_1 \quad (3.2-84)$$

超过 9 片时（$n > 9$）

$$C_{1总} = \left[\frac{1-\eta^n}{1-\eta} + (n-9)\eta^8\right]C_1 \quad (3.2-85)$$

计算时，在式（3.2-83）中采用的第 η^n 项的数值小于 0.1 时，一般取 0.1。

根据图 3.2-8 得

$$空气动力学长细比 = \frac{构件长度}{迎风面积的宽度} = \frac{L}{b} \text{ 或 } \frac{L}{D}$$

$$(3.2-86)$$

$$断面比（箱形断面）= \frac{迎风面积的宽度}{与风向平行面的宽度} = \frac{b}{d}$$

$$(3.2-87)$$

3.2.3.7　导弹燃气流冲击力计算

导弹发动机的燃气流是一种高速高温的气体射流，属于轴对称圆形湍流射流。这种射流对发射系统有很大的冲击力，是发射系统一个重要的激励因素，能引起发射系统的振动和导弹的初始扰动。对于多联装导弹发射系统，当发射某一枚导弹的燃气流激起发射系统振动后，还能增大续射导弹的初始扰动，燃气流冲击力成为确定发射间隔和射序的重要因素。此外，导弹燃气流还会影响导弹发射系统的稳定性和零部件的强度，并且冲刷和烧蚀导弹发射系统表面的防护层。因此，确定燃气流冲击力的大小，对于火箭发射装置的设计至关重要。

（1）冲击力计算

轴对称燃气流的动压分布是沿射流轴线的距离 x、绕轴线的半径 r 和时间 t 的函数。它作用于发射系统的冲击力为

$$R(t) = \iint_A q(x, r, t) \mathrm{d}\sigma \qquad (3.2-88)$$

式中　A —— 发射装置迎气正面上动压作用的有效面积。

　　冲击力的数值和作用点均是时间的函数，与发动机的性能、喷口与发射装置迎气正面的距离、发射装置迎气面的形状和导弹的运动速度有关。

　　为了计算导弹燃气流对发射系统的影响（这里主要是计算对发射系统的冲击力），必须计算导弹燃气流场的各特性参数。

　　当燃气流的动压 $q(x, r)$ 分布求出后，对发射系统的冲击力可按下列步骤进行计算：

　　1）在射流轴线方向选择计算动压的横截面位置；

　　2）计算每一选定截面内的动压和温度。计算时可分割成若干层圆环，然后计算环内外圆上的动压 q_i 及 q_{i+1}（如图 3.2-11 所示）；

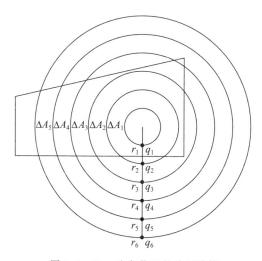

图 3.2-11　选定截面的动压计算

　　3）用下列近似公式计算冲击力

$$R(t) = \sum_{i=1}^{n} q_{\mathrm{av}i} \Delta A_i \qquad (3.2-89)$$

式中　　q_{avi}——每一圆环的内外圆上动压的平均值;

　　　　ΔA_i——对应圆环所包含发射装置迎气正面面积。

　　为了求出燃气流对发射系统的冲击力,需求出燃气流的动压 $q(x,r)$ 分布,即求出流场特性参数。许多专著中详细介绍了各种射流的流动结构和计算方法,可以参阅。

　　燃气流流场的数值计算,可利用计算流体流动和传热问题的程序 FLUENT 进行。FLUENT 软件的应用范围非常广泛,如气体、液体、超声速流动、亚声速流动、定常流动、非定常流动、层流流动、湍流流动等。

　　通过理论计算的方法来确定燃气流冲击力的大小,不仅计算复杂,而且受诸多因素的影响,计算结果的精度往往不高。本节介绍一种通过测量导弹发射时发射装置起竖油缸的受力变化,从而推算出受燃气流冲击力的大小的方法。

　　(2)由起竖油缸受力推算燃气流冲击力

　　导弹发射前,在发射车的起竖油缸下腔(无杆腔)内安装上压力传感器,导弹发射时,受燃气流的作用下,可测得起竖油缸下腔的压力变化曲线。实测的起竖油缸压力变化曲线如图 3.2-12 所示。

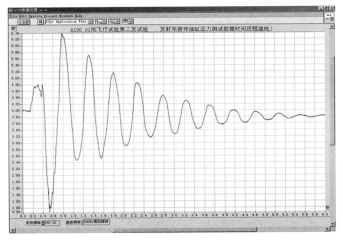

图 3.2-12　起竖油缸压力变化曲线

　　利用起竖油缸冲击力变化量，可导出起竖系统的扰动角速度，进而推算出燃气流的冲击力。起竖角速度计算如下。

　　根据图 3.2 - 13 起竖系统动力模型，由能量守恒原理得

$$\frac{1}{2}J\dot{\varphi}^2 = T + U + F \qquad (3.2 - 90)$$

式中　J ——起竖系统（弹、箱、架）绕耳轴的转动惯量；

　　　$\dot{\varphi}^2$ ——起竖系统受燃气流冲击下的角速度；

　　　T ——起竖油缸油腔内油液的变形能；

　　　U ——起竖系统弹性变形能，起竖系统视为刚体时，$U = 0$；

　　　F ——油缸活塞克服摩擦力做的功，$F \approx 0$。

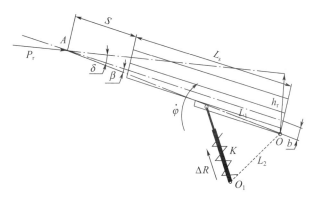

图 3.2 - 13　起竖系统动力模型

　　根据图 3.2 - 13 得

$$T = \frac{1}{2}\frac{\Delta R^2}{K} \qquad (3.2 - 91)$$

　　将式（3.2 - 91）代入式（3.2 - 90）得

$$\dot{\varphi} = \Delta R\sqrt{\frac{1}{JK}} \qquad (3.2 - 92)$$

　　采用双缸起竖时

$$\dot{\varphi} = \Delta R\sqrt{\frac{2}{JK}} \qquad (3.2 - 93)$$

$$K = K_1 + K_2$$

$$K_1 = \frac{EA_1}{L - L_0}$$

$$K_2 = \frac{EA_2}{2L_0 - L - C}$$

$$C = C_1 + C_2 + C_3$$

$$\Delta R = \Delta L(K_1 + K_2)$$

$$\Delta L K_1 = \Delta P A_1$$

$$\Delta L = \frac{\Delta P A_1}{K_1}$$

$$\Delta R = \Delta P A_1 \left(1 + \frac{K_2}{K_1}\right) \tag{3.2-94}$$

式中　ΔR ——单个起竖油缸受燃气流冲击引起的变化量，N；

ΔP ——起竖油缸无杆腔油液压力变化量，Pa；

K_1 ——油缸无杆腔油液的等效刚度，N/m；

K_2 ——油缸杆腔油液的等效刚度，N/m；

A_1 ——油缸无杆腔有效面积，m^2；

A_2 ——油缸杆腔有效面积，m^2；

L ——油缸伸出后的总长度，m；

L_0 ——油缸初始长度，mm；

E ——油液弹性模量，$E = 1.4 \times 10^9$ Pa；

C_1，C_2，C_3——油缸结构参数。

（3）推算燃气流冲击力

试验表明，导弹飞出发射箱前燃气流对起竖系统的冲击力较小，导弹出箱后逐渐增大，直到某一时间 t_1 时达到最大值，此后又逐渐减小，到时间 t_2 时燃气流作用力消失。燃气流对起竖系统的激励函数如图 3.2-14 所示，M 为燃气流冲击力对起竖系统的俯仰力矩。

上面我们已经求出了起竖系统在燃气流冲击下的响应角速度 $\dot{\varphi}$，只要知道系统的特性，我们就能求出上述激励下燃气流冲击力 P_r。

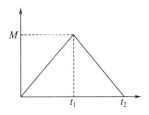

图 3.2 - 14 激励函数

将起竖系统的俯仰运动，看成是起竖系统相对于车体回转轴的俯仰转动。系统受到的激振是非周期性的任意干扰力，承受任意施力函数 $M(t')$ 时，一个自由度阻尼系统的运动微分方程为

$$J\ddot{\varphi} + c\dot{\varphi} + K\varphi = M$$

$$\ddot{\varphi} + 2n\dot{\varphi} + p^2\varphi = \frac{M}{J} = q = \frac{F(t')}{J} \quad (3.2-95)$$

由于干扰力的连续作用，引起的总位移为

$$\varphi = \frac{e^{-nt}}{p_d}\int_0^t e^{nt'}q\sin p_d(t-t')dt' \quad (3.2-96)$$

式（3.2-96）代表由于作用时间间隔在 0 至 t 的过程中，干扰力所产生的位移（包括稳态和瞬态）。

考虑到初始条件 $t=0$ 时，初始位移 $\varphi=0$ 和初始角速度 $\dot{\varphi}=0$，略去阻尼，即 $n=0$，$p_d=p$，则式（3.2-96）的解为

$$\varphi = \frac{1}{p}\int_0^t q\sin p(t-t')dt \quad (3.2-97)$$

由图 3.2-14 所示的激励函数得到的无阻尼响应为：当 $0 \leqslant t \leqslant t_1$ 时

$$\varphi = \frac{M}{\kappa}\left(\frac{t}{t_1} - \frac{\sin pt}{pt_1}\right)$$

$$\dot{\varphi} = \frac{M}{\kappa}\left(\frac{1-\cos pt}{t_1}\right) \quad (3.2-98)$$

则 $t = t_1$ 时

$$M = \kappa \frac{t_1}{1 - \cos p t_1} \dot{\varphi} \qquad (3.2-99)$$

$$\kappa = J p^2 \qquad p = 2\pi f$$

燃气流冲击力

$$P_r = \frac{M}{h_r} \qquad (3.2-100)$$

需要说明的是燃气流冲击力的方向沿导弹纵轴方向。力臂 h_r 的计算，不仅包含从耳轴到导弹纵轴线的距离 b，同时还考虑导弹飞行距离 S 后，燃气流冲击力才达到最大值。由于导弹的低头，弹纵轴线与发射箱纵轴线形成的夹角为 δ，未考虑导弹下沉角速度的影响，否则，δ 角会增大，h_r 随之增大，冲击力 P_r 变小。

根据图 3.2-13，h_r 计算如下

$$\beta = \arctan \frac{b}{L_s + S}$$

$$S = v t_1$$

$$OA = \frac{b}{\sin \beta}$$

$$h_r = OA \sin(\delta + \beta) \qquad (3.2-101)$$

式中　　f ——系统固有频率，Hz；

　　　　t_1——燃气流冲击力达到最大值的时间，s；

　　　　v ——导弹离箱速度，m/s；

　　　　δ ——导弹离箱时的低头角，(°)。

（4）计算举例

多联装火箭导弹发射车的起竖系统如图 3.2-13 所示，采用双缸起竖。射角 42°下实测的压力变化曲线如图 3.2-12 所示，最大冲击压力 $\Delta P = 2.8$ MPa，导弹从飞离箱口到最大冲击力的时间 $t_1 = 0.19$ s。其他参数如下：$J = 88\ 534$ kg·m²，$L_s = 6.754$ m，$b = 0.340$ m，$L_0 = 1.658$ m，$L = 2.436$ m，$C = 80$ mm，$A_1 = 1.539 \times 10^{-2}$ m²，$A_2 = 7.540 \times 10^{-3}$ m²，$E = 1.4 \times 10^9$ Pa，$\delta = 0.43°$，$v = 47$ m/s，$f = 1.5$ Hz。

将上述参数代入前面计算燃气流冲击力的相应公式，即可求得燃气流冲击力 $P_r = 85.648$ kN，$M_r = 38.423$ kN·m，$\dot{\varphi} = 1.84$ (°)/s，$\varphi = 0.13°$。

3.3　载荷组合

结构设计中同时使用的载荷称为载荷组合。通常根据设备的特点，考虑各种载荷实际出现的几率，按对结构作用最不利的情况，把可能同时出现的载荷组合起来进行结构设计。火箭导弹发射车结构设计的载荷组合情况如下。

3.3.1　Ⅰ类载荷

Ⅰ类载荷也称正常工作载荷，它所考虑的是发射车在正常工作情况下所产生的载荷。一般地，作用次数很少的减峰载荷（如急剧启动时的动载荷等），可以不考虑。Ⅰ类载荷是用来计算零件疲劳、磨损和发热的一种载荷。

3.3.2　Ⅱ类载荷

Ⅱ类载荷也是最大工作载荷，它所考虑的是发射车工作时最不利的载荷组合。如最大起竖载荷，工作时的最大风荷，急剧启动、急剧制动产生的载荷。这类载荷用来计算零部件的强度，构建局部稳定性和整体倾倒稳定性等。

第4章 总体计算

发射车主要性能参数的计算是总体设计的重要内容之一，目的是检验整车参数选择是否合理，使用性能是否满足设计要求。

4.1 发射车行军性能

发射车的行军性能，包括车辆的动力性、机动性、通过性、制动性和稳定性等。发射车的行军性能应满足战术技术要求，因此要合理地选择或设计车辆，计算它的总体性能是否合理，这也是发射车总体计算的重要环节。

本节主要讨论自行式发射车和牵引式（包括全挂和半挂式）发射车的行军性能。

4.1.1 驱动力和阻力

（1）轮式自行发射车行驶的驱动力和阻力

选择汽车的条件是保证发动机发出的最大驱动力大于发射车可能的最大运动阻力。为使驱动轮不发生打滑现象，应该使最大驱动力小于全部驱动轮同路面间的附着力。因此应满足下列不等式

$$P_f \leqslant P_{k\max} \leqslant P_\varphi \tag{4.1-1}$$

式中　P_f——汽车的最大运动阻力；

　　$P_{k\max}$——汽车能够发出的最大驱动力；

　　P_φ——全部驱动轮同路面间的附着力。

汽车发动机的扭矩经传动系统传至驱动轮，车轮对路面作用圆周力，而路面对驱动轮的反作用力则为汽车的驱动力。驱动力与发

动机输出的扭矩关系为

$$P_k = \frac{M_e i_k i_0 \eta \mu}{r_k} \qquad (4.1-2)$$

式中　P_k——汽车的驱动力；

　　　　M_e——汽车发动机输出的扭矩；

　　　　i_k——变速器某一挡的传动比；

　　　　i_0——主减速器速比；

　　　　η——传动系统某一挡的机械效率，$\eta = 0.85 \sim 0.95$；

　　　　μ——发动机外特性修正系数，按国标试验，$\mu = 0.85 \sim 0.91$；

　　　　r_k——车轮的滚动半径。

$$r_k = 0.93 \sim 0.95 r_0$$

式中　r_0——车轮自由半径，m。

　　汽车行驶时，汽车的驱动力和行驶阻力保持平衡，根据图 4.1-1 其平衡式为

$$P_k = P_f + P_w + P_i + P_a \qquad (4.1-3)$$

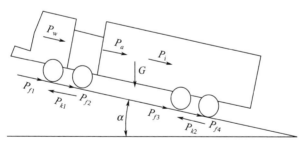

图 4.1-1　汽车驱动力与各项运动阻力

式中　P_k——驱动力，N；

　　　　P_f——车轮滚动阻力，N；

　　　　P_w——空气阻力，N；

　　　　P_i——坡道阻力，N；

　　　　P_a——加速阻力，N。

①车轮滚动阻力 P_f

发射车的滚动阻力 P_f 由下式计算

$$P_f = G f \cos\alpha \qquad (4.1-4)$$

式中　　G ——行军时发射车的重力，N；

　　　　α ——道路坡度角，（°）；

　　　　f ——滚动阻力系数。

滚动阻力系数是个无因次量，它的数值与轮胎内空气压力、轮胎的结构和材料以及路面的质量和状态有关。下面是几种路面上气压式轮胎滚动阻力系数值，见表 4.1-1。

表 4.1-1　气压式轮胎的滚动阻力系数

路面	f 值		路面	f 值	
	低压轮胎	高压轮胎		低压轮胎	高压轮胎
沥青路	0.015～0.020	0.014～0.018	雨后土路	0.035～0.060	0.050～0.150
铺石路	0.017～0.020	0.015～0.017	干沙路	0.100～0.150	0.250～0.300
圆石路	0.020～0.024	0.016～0.020	湿沙路	0.080	0.100
碎石路	0.020～0.030	0.018～0.030	雪路	0.025～0.030	0.030～0.035
干土路	0.025～0.035	0.040～0.100	水路	0.020	0.018

②空气阻力 P_w

空气阻力与发射车的正面投影面积有关，并且随行驶速度的加快而急剧增加，它们之间的关系为

$$P_w = \frac{K F v^2}{1.3} \qquad (4.1-5)$$

式中　　v ——发射车的行驶速度，m/s；

　　　　F ——发射车正面投影面积，m^2；

　　　　K ——空气阻力系数，$N \cdot s^2/m^4$。

对于载重量大于 5 t 的重型载重汽车，空气阻力系数 K 和正面投影面积 F 一般参考数据为：$K = 0.65 \sim 0.75 \, N \cdot s^2/m^4$，$F = 4.0 \sim 5.0 \, m^2$。

③坡道阻力 P_i

坡道阻力取决于发射车的重力 G 和道路的坡度 α

$$P_i = G\sin\alpha \qquad (4.1-6)$$

当 $\alpha < 0$ 时，即发射车下坡时，坡道阻力变成负值，也就是说此时，不仅不是阻力，反而成为发射车的驱动力。

④加速阻力 P_a

是发射车得到加速度 a 所需要的力，即为加速阻力。其计算式为

$$P_a = \frac{G}{g}\delta a \qquad (4.1-7)$$

式中　a——发射车加速度；

　　　δ——惯性阻力附加系数；

　　　g——重力加速度。

δ 的值用试验的方法确定，近似值可按下式确定

$$\delta = 1.03 + 0.05 i_k^2 \qquad (4.1-8)$$

式中　i_k——变速器某一挡的传动比。

附着力 P_φ 是轮胎与地面间所传递的最大力，它和轮胎与地面间的垂直作用力成正比，并且与轮胎和地面的状况有关。全部驱动轮与路面间的附着力由下式求得

$$P_\varphi = \varphi G_\varphi \qquad (4.1-9)$$

式中　G_φ——驱动轮与地面间的垂直作用力；

　　　φ——附着系数。

附着系数 φ 的数值用试验方法确定。现列举几种路面上气压式轮胎的附着系数，见表 4.1-2。

（2）牵引式发射车行驶的驱动力和阻力

所谓牵引式发射车是一种列车形式，也简称列车式。列车式发射车行驶所需要的牵引力，是由牵引车驱动轮上发出的。列车行驶时，在任何瞬时其牵引力等于其运动阻力。列车式发射车牵引力与各项阻力示意如图 4.1-2 所示。

表 4.1‑2　气压式轮胎的附着系数

路面	φ 值		路面	φ 值	
	低压轮胎	高压轮胎		低压轮胎	高压轮胎
干沥青路	0.70~0.80	0.50~0.70	干土路	0.50~0.60	0.30~0.40
湿沥青路	0.45~0.55	0.40~0.50	湿土路	0.40~0.50	0.60~0.70
干圆石路	0.50~0.55	0.50~0.60	雪路	0.20~0.25	0.15~0.25
湿圆石路	0.20~0.40	0.20~0.30	干沙路	0.70~0.80	0.60~0.70
干碎石路	0.60~0.70	0.30~0.40	湿沙路	0.60~0.65	0.50~0.60
湿碎石路	0.40~0.50	0.40~0.50	水路	0.20~0.30	0.15~0.25

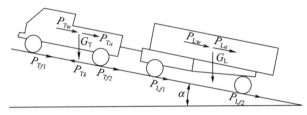

图 4.1‑2　列车式发射车牵引力与各项阻力示意图

$$P_{Tk} = P_f + P_w + P_i + P_a \qquad (4.1-10)$$

$$P_f = P_{Tf} + P_{Lf} = (f_t G_T + f_L G_L)\cos\alpha$$

$$P_i = P_{Ti} + P_{Li} = (G_T + G_L)\sin\alpha$$

$$P_a = P_{Ta} + P_{La} = \frac{G_T + G_L}{g}\delta a$$

$$P_w = P_{Tw} + P_{Lw} \approx P_{Tw} = \frac{kFv_T^2}{1.3}$$

式中　P_{Tk} ——牵引车驱动力，N；

　　　P_f ——列车车轮滚动阻力，N；

　　　P_w ——列车空气阻力，N；

　　　P_i ——列车坡道阻力，N；

　　　P_a ——列车加速阻力，N；

　　　k ——汽车列车的空气阻力系数。

汽车列车每节挂车 k 增加 25%，每节半挂车 k 增加 10%。

　　列车遇到的最大运动阻力是选择牵引车的条件，牵引车发出的最大牵引力必须满足大于运动阻力的要求。列车遇到的最大运动阻力，发生在上坡起步的情况下，在此情况下，由于车速较低，可以近似地认为 $P_w = 0$，并近似地认为 $f_T = f_L = f$。

　　由于起步时要比行驶时的滚动阻力系数大，所以

$$P_f = bf(G_T + G_L)\cos\alpha \tag{4.1-11}$$

式中　b——汽车起步时滚动阻力系数的附加系数。

　　b 的数值主要与大气温度和路面状况有关，根据试验数据，一般夏天为 1.5～2.5，冬天为 2.5～5.0。对于起步时的加速度，一般越大越好，载重汽车和汽车列车要求低一些，一般取 $a = 0.3 \sim 0.5 \ \text{m/s}^2$。

　　将上述有关数据代入列车牵引平衡方程式，便得到最大牵引阻力的力牵引平衡方程式

$$P_{Tk} = bf(G_T + G_L)\cos\alpha + (G_T + G_L)\sin\alpha + (G_T + G_L)\frac{\delta}{g}a + \frac{kFv^2}{1.3}$$

$$= (G_T + G_L)(bf\cos\alpha + \sin\alpha + \frac{\delta}{g}a) + \frac{kFv^2}{1.3} \tag{4.1-12}$$

　　选择的牵引车应满足下列条件

$$P_{Tk} \leqslant P_{Tk\max} \leqslant P_{T\varphi} \tag{4.1-13}$$

式中　P_{Tk}——列车最大运动阻力；

　　　　$P_{Tk\max}$——牵引车可能发出的最大牵引力；

　　　　$P_{T\varphi}$——牵引车驱动轮附着力。

4.1.2　动力性

　　发射车的动力特性，一般从加速性能、爬坡能力和最高车速等方面进行分析和评价。其评价指标常为水平良好的路面（混凝土或沥青混凝土路）上的最高车速、低速和高速范围内的加速时间或加速距离以及最大爬坡度等。上述指标都可实测。

　　动力特性可用各挡动力因数（又称单位重力的剩余驱动力）来

表示。动力因数为

$$D = \frac{P_k - P_w}{G} = \sin\alpha + f\cos\alpha + \frac{\delta}{g}a \qquad (4.1-14)$$

动力因数也可写成下式

$$D = \frac{M_e i_k i_0 \eta}{r_k G} - \frac{kFv^2}{1.3G} \qquad (4.1-15)$$

当爬最大坡度时，车速很低，加速度 $a = 0$。根据式（4.1-14），可得发射车的最大爬坡度角 $\alpha_{\max}$ 为

$$\alpha_{\max} = \arcsin\left(\frac{D_{\max} - f\sqrt{1 - D_{\max}^2 + f^2}}{1 + f^2}\right) \qquad (4.1-16)$$

发射车的最大加速度为

$$a_{\max} = \frac{g}{\delta}(D_{\max} - f) \qquad (4.1-17)$$

发射车的最大行驶速度为

$$v_{\max} = \frac{2\pi r_k n 3.6}{60 i_k i_0} = 0.377\frac{r_k n}{i_k i_0} \qquad (4.1-18)$$

列车式发射车的动力因数为

$$D_T = \frac{P_{Tk} - P_w}{G_0} = \frac{1}{G_0}(P_f + P_i + P_a) \qquad (4.1-19)$$

$$G_0 = G_T + G_L$$

式中　D_T ——列车动力因数；

　　　G_0 ——列车总重力。

因单辆牵引车的动力因数为

$$D = \frac{P_{Tk} - P_w}{G_T} = \frac{M_e i_k i_0 \eta}{r_k G_T} - \frac{kFv^2}{1.3G_T} \qquad (4.1-20)$$

如果列车的空气阻力比单辆牵引车的空气阻力稍有增加而忽略不计，列车的动力因数与单辆牵引车区别就仅在质量不同上。因此，列车的动力因数可写成

$$D_T = \frac{P_{Tk} - P_w}{G_0} = \frac{P_{Tk} - P_w}{G_T\dfrac{G_0}{G_T}} = \frac{D}{\dfrac{G_0}{G_T}} = \frac{D}{Z_{TL}} \qquad (4.1-21)$$

由式（4.1-21）可看出，列车的动力因数比单车动力因数减少 Z_{TL} 倍。

列车动力因数是根据列车牵引力平衡方程式转换而得的，该公式包括着列车滚动阻力、坡道阻力以及加速度阻力的关系。当列车在一定路面上行驶时，就可以确定在该路面条件下，列车的最大加速度、最大爬坡度以及最大速度。

4.1.3　机动性

发射车的机动性是指发射车在最小面积中的回转能力。例如转弯、调头、倒车等，有时又称为转向灵活性。

（1）自行式发射车的机动性

衡量发射车机动性的参数是最小转弯半径 R，以及对应最小转弯半径 R 时的总轮距 B_0。如果发射车的最小转弯半径和总轮距较小，就标志着它的机动性比较好。

发射车的最小转弯半径 R，取决于汽车的转向机构和其轴距。转向机构的作用是由驾驶员转动方向盘，带动转向梯形使其前轮产生转角，达到最大转向角时，发射车将以最小转弯半径行驶。根据转弯时的行驶情况（图 4.1-3），发射车外轮的最小转弯半径近似为

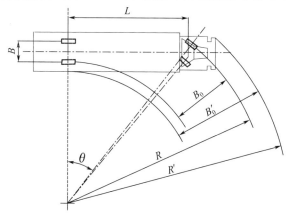

图 4.1-3　发射车转弯半径

$$R = \frac{L}{\sin\theta} \qquad\qquad (4.1-22)$$

式中　　L ——发射车的轴距；

　　　　θ ——发射车前轮的最大转向角。

发射车前外端（前保险杠或前轮挡泥板）转弯半径 R' 较 R 要大一些。发射车在最小转弯半径时的总轮距 B_0 的数值，主要取决于发射车的总体尺寸，其计算式为

$$B_0 = R - (R\cos\theta - B) = \frac{L}{\sin\theta}(1-\cos\theta) + B \quad (4.1-23)$$

在最小转弯半径时，发射车前外端与后内端在转弯半径方向上的距离叫做总外形宽度 B'_0，它要比 B_0 大一些。

发射车必须满足指定的行驶公路等级，保证发射车机动参数转弯半径 R 和总轮距 B_0 都应小于公路的最小转弯半径和转弯处的路面宽度。只有这样才能保证发射车的车轮不至于陷入路外的软土中。发射车前端的最小转弯半径 R' 和总外形宽度 B'_0 也都应该在公路允许的范围内，避免发射车外壳碰到路旁的障碍物（如树木等）。

（2）挂车的机动性

图 4.1-4 所示是挂车和半挂车在弯道上的转弯情况。在分析列车转弯运动时，假设牵引车和挂车的全部车轮轴线的延长线交于一点，即转弯中心，并且各车轮做纯粹的圆弧滚动。当然这个假设把转弯运动理想化了，它把牵引车转向轮的转向过程简化为一下就转到最大转向角而没有逐渐增加的过程，因此列车只作圆弧运动，车轮没有横向滑移，只作纯滚动。全部车轮只滚动不滑动，那只有全部车轮轴线延长线交于一点，而这个焦点必须是瞬时转动中心。

挂车转弯时，牵引车前端最外缘（距转弯中心最远的点）与后端最里缘组成的通道宽度 B_k 比牵引车的宽度要大。这样就要求路面有足够的宽度，如果需要的通道宽度比道路的宽度大，那么转弯时就会与路面的障碍物相碰。如果列车的总轮距比路面宽，转弯时车轮就会陷入路外的软土中或落入路旁的排水沟中。

列车最小转弯半径 R_1 是由牵引车外轮的最大转弯角所确定的

$$R_1 = \frac{L_T}{\sin\theta} \tag{4.1-24}$$

式中 L_T ——牵引车的轴距；

θ ——牵引车前轮的最大转向角。

将列车转弯时挂车后轴中点的运动轨迹与牵引车后轴中点的运动轨迹相偏离的距离，即 $R_2 - R_5$（如图 4.1-5 所示）之差，称为最小转弯半径时的转向偏离值 C_k。这个值实质上反映了列车转弯通道 B_k（图 4.1-4）和总轮距 B_0（图 4.1-5）。B_k 能用 B_0 来代表，因为 B_k 只是在 B_0 的基础上考虑了车身在车轮对称面外的悬伸量的结果。

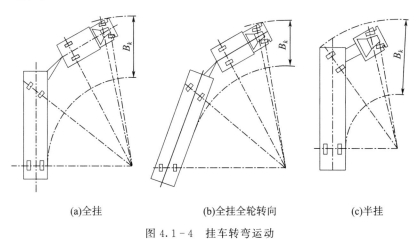

(a)全挂　　　　　　(b)全挂全轮转向　　　　　(c)半挂

图 4.1-4　挂车转弯运动

转弯时之所以要求路面宽度增加，是由于各轴中点的运动轨迹不重合。牵引车后轴中点 2 与前轴中点 1 有了偏移，挂车后轴中点 5 与牵引车后轴中点 2 也有了偏移。但是点 1 与点 2 之间的偏离是由牵引车所决定的，所以这一偏离是不可避免的。而点 5 与点 2 的偏离是由挂车所决定的，它可以通过运行车体的设计来改善，所以偏离值 C_k 能反映列车的机动性。

由图 4.1-5 得

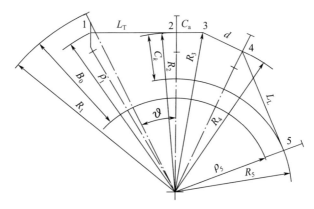

图 4.1 - 5 列车转弯半径

$$B_0 = R_1 - \sqrt{\left(R_1 - \frac{B_T}{2}\right)^2 - L_L^2} + \frac{B_L}{2} + C_k \quad (4.1-25)$$

式中 B_T ——牵引车轮距;

B_L ——挂车轮距。

当牵引车选定,即 R_1、L_T、B_T 为已知。一般设计成 $B_L = B_T$,则总轮距 B_0 决定于 C_k 值。双轴挂车的转向偏离值 C_k,可由下式表示

$$C_k = R_2 - \sqrt{R_2^2 + C_a^2 - d^2 - L_L^2} \quad (4.1-26)$$

式中 C_a ——牵引车挂钩中心到后轴轴线的距离;

d ——牵引杆前端牵引环中心到挂车前轮轴线距离。

分析式 (4.1 - 26) 可知,L_L、d 值越大,则 C_k 值越大,总轮距 B_0 就增大,从而使机动性下降。增大 C_a 值,可以减少 C_k 值,但受到牵引车本身结构的限制,而一般车的 C_a 值都差不多,因此提高列车机动性一般不从此着手。

减小 C_k 值的有效办法是采用挂车全轮转向,如图 4.1 - 4 (b) 所示。由于挂车前后轮转向机构保证前后轮以转角相等、方向相反的转动实现转弯,使挂车前轴中点的运动轨迹与后轴中点的运动轨迹重合,即 $R_4 = R_5$,所以挂车全轮转向时的转向偏离值 C_k 为

$$C_k = R_2 - \sqrt{R_2^2 + C_a^2 - d^2} \qquad (4.1-27)$$

比较式（4.1-27）与式 4.1-26）可发现，采用挂车全轮转向时的 C_k 值，不含由挂车轴距 L_L 一项，使 C_k 值大大减小，则总轮距 B_0 和转弯通道宽度 B_k 变小，从而提高了列车的机动性。

当 C_a 和 d 值为零时，便得到半挂车的 C_k 计算公式

$$C_k = R_2 - \sqrt{R_2^2 + L_L^2} \qquad (4.1-28)$$

由于一般情况下，d 值总是大于 C_a 值，所以相同轴距 L_L 时，半挂列车比全挂列车的机动性好。

4.1.4 通过性

发射车通过各种不同的道路、地带及超越各种障碍物的能力称为通过性。其主要数据有下列几项，如图 4.1-6 所示。

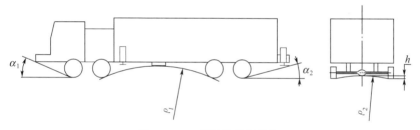

图 4.1-6 通过性几何参数

（1）离地间隙 h

发射车最低点与路面之间的距离，它表示发射车越过集结障碍物的能力和在松软土路上行驶的能力，对发射车一般取 $h = 300 \sim 400$ mm。

（2）驶入角 α_1 和离去角 α_2

它是发射车的前后突出点到前后轮的切线和支撑路面的夹角。这个角表示发射车克服障碍物的可能性，角度越大其通过性越好。

（3）纵向通过半径 ρ_1 和横向通过半径 ρ_2

纵向通过半径是切于前后轮及底盘最低点的圆弧曲率半径，横

向通过半径是切于两前轮或两后轮及前（后）桥最低点的曲率半径，它表示车轮在起伏地上通过的能力。ρ_1、ρ_2 越小越好，它与轴距轮距有关。对于轮式自行车，ρ_1 为 $5 \sim 6$ m。

（4）克服障碍物的高度 H

轮式自行发射车克服垂直障碍物的高度，平均为车轮自由半径的 $\dfrac{2}{3}$，即为 $\dfrac{2}{3}R_0$。它与车轮自由半径和地面附着系数有关，试验数据表明，在柏油路上行驶时

$$H = (0.75 \sim 1.00)R_0 \qquad (4.1-29)$$

在干土路上行驶时

$$H = (0.50 \sim 0.75)R_0 \qquad (4.1-30)$$

式中　R_0——车轮的自由半径。

（5）涉水深度 h_s

该值和发射车怕水且无防护部件的位置有关，对于轮式自行车辆一般 h_s 取 0.8 m。

4.1.5　制动性

发射车制动距离是评定制动性的主要指标。制动距离是指开始踏制动板到完全停车的距离。它的数值主要取决于在车轮上制动器所产生的制动力 F_t，制动力的最大值受制动轮的附着力的限制

$$F_t \leqslant P_\varphi$$

如果发射车全部车轮都装有制动器时，可根据能量平衡方程得到制动距离 S

$$\frac{1}{2}\frac{G}{g}v^2 = \varphi G S$$

$$S = \frac{v^2}{2g\varphi} = \frac{v^2}{254\varphi} \qquad (4.1-31)$$

式中　S——制动距离，m；

　　　v——发射车行驶速度，km/h；

　　　φ——附着系数。

4.2　起竖机构计算

火箭导弹发射车上，将导弹由水平状态起竖成倾斜或垂直发射状态的机构称之为起竖机构。合理地确定起竖机构，对于减轻发射车的质量、缩短发射准备时间、提高发射车的可靠性和降低发射车的造价有着重要意义。

4.2.1　三铰点式起竖机构

由发射车的起竖臂或发射筒、车架和起竖油缸组成的三铰点式起竖机构，已被广泛地应用于各种类型的火箭导弹发射车上。图 4.2 - 1 火箭导弹发射车就是采用了三铰点式的起竖机构。

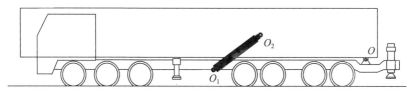

图 4.2 - 1　三铰点式起竖机构

起竖机构的三铰点（O，O_1，O_2），不仅影响到起竖臂（或发射筒）、车架和起竖油缸的结构形式和参数，而且也影响到发射车底盘轴负荷和行驶性能。因此起竖机构三铰点的设计水平，直接影响着发射车整车的技术性能。

起竖机构三铰点的设计方法，过去一直采用作图试凑法，它不仅有很大的局限性，而且其设计精度也取决于图面的工作精度，这既影响了设计质量也影响了设计周期。采用解析法代替作图法，能提高设计质量和设计效率，做到对各种不同的设计方案进行快速比较和选择。

（1）起竖臂回转铰点的确定

图 4.2 - 2 表示了三铰点式起竖机构（后支式），起竖油缸上下

铰点 O_1、O_2 和回转轴铰点 O 的相互位置。

起竖臂回转铰点 O 的确定，与多种因素有关。不同类型的火箭导弹发射车，考虑的因素也不相同，一般应考虑以下因素：

1）铰点 O 距地面的高度 h_0，影响到整车高度，在整车高度允许的范围内确定；

2）铰点 O 的高度与弹筒的后悬长度有关，应保证弹筒起竖成垂直状态时，尾端面距地面高度符合要求；

3）起竖油缸为前支式时，希望 O 点高一些，后支式时，希望 O 点低一些，这样能改善起竖机构的受力状况。

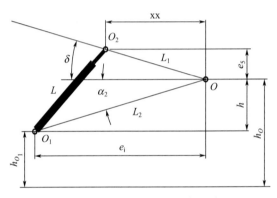

图 4.2-2　三铰点式起竖机构示意图

（2）起竖油缸铰点的确定

起竖油缸上铰点 O_2 布置在下铰点 O_1 的前方称为前支式，布置在下铰点 O_1 的后方称为后支式，布置在下铰点 O_1 的垂直上方称为垂直式。以上三种方式的布置，均已被不同类型的火箭导弹发射车所采用。

起竖油缸下铰点 O_1 的距地面高度 h_{o1}，受最小离地高度的限制，铰点 O_1 到回转铰点 O 的水平距离 e_i，受车底盘空间的限制。由图 4.2-2 可得

$$h = h_O - h_{O1} \qquad (4.2-1)$$

$$L_2 = \sqrt{h^2 + e_i^2} \qquad (4.2-2)$$

$$\alpha_0 = \tan^{-1}(h/e_i) \qquad (4.2-3)$$

确定铰点 O、O_1 的位置后，又求得 L_2、α_0 后，即可确定起竖油缸上铰点 O_2 和起竖油缸的初始长度和全部伸出后的长度。

e_5 是起竖油缸上铰点 O_2 到回转铰点 O 水平线的距离，本身有正负号，水平线上方为正，下方为负。设油缸的初始长度为 L_0，全部伸出后的长度为 L_m，则

$$L_0^2 = L_1^2 + L_2^2 - 2L_1 L_2 \cos(\alpha_0 + \delta_i) \qquad (4.2-4)$$

$$L_m^2 = L_1^2 + L_2^2 - 2L_1 L_2 \cos(\alpha_0 + \alpha_m + \delta_i) \qquad (4.2-5)$$

$$K = L_m / L_0 \qquad (4.2-6)$$

式中　K——起竖油缸的伸缩比。

单级油缸 $K = 1 + a$，$a = 0.65 \sim 0.75$，对于 n（$n \geqslant 2$）级油缸，根据经验一般取 $K = 1 + na$，$a = 0.5 \sim 0.65$。

对式（4.2-4）、式（4.2-5）和式（4.2-6）化简整理得

$$L_1^2 - \frac{2L_2}{K^2 - 1} \big[K^2 \cos(\alpha_0 + \delta_i) - \cos(\alpha_0 + \delta_i + \alpha_m) \big] L_1 + L_2^2 = 0$$

$$(4.2-7)$$

解公式（4.2-7），舍弃不合理的根，可求出满足起竖油缸伸缩比的上铰点 O_2 的位置

$$L_1 = (s \pm \sqrt{s^2 - 1}) L_2 \qquad (4.2-8)$$

$$s = \frac{K^2 \cos(\alpha_0 + \delta_i) - \cos(\alpha_0 + \delta_i + \alpha_m)}{K^2 - 1} \qquad (4.2-9)$$

式中　α_m——最大起竖角，垂直发射时，$\alpha_m = 90°$。

式（4.2-9）中，$s + \sqrt{s^2 - 1} > 1$ 为前支式；$s - \sqrt{s^2 - 1} < 1$ 为后支式。

求 L_1 必须先对 δ_i 角赋值，而求得 L_1 后，δ 又可由下式求出

$$\delta = \sin^{-1}(e_5 / L_1) \qquad (4.2-10)$$

一般情况下，先对 δ_i 角赋值，由式（4.2-8）求出 L_1，再由式（4.2-10）求出 δ，两者是不相等的。只要两者差值的绝对值小于给定的计算精度 ε，此时求出的 L_1 便是需要的 L_1，即

$$|\delta - \delta_i| \leqslant \varepsilon \qquad (4.2-11)$$

否则依次改变 δ_i 的值，再继续用上述方法重算。至此，便得到了三铰点的位置，从而确定了起竖油缸的初始长度和全部伸出后的长度

$$L_0^2 = L_1^2 + L_2^2 - 2L_1 L_2 \cos(\alpha_0 + \delta) \qquad (4.2-12)$$

$$L_m^2 = L_1^2 + L_2^2 - 2L_1 L_2 \cos(\alpha_0 + \alpha_m + \delta) \qquad (4.2-13)$$

求出 L_0、L_m 后，需要进一步检查起竖油缸的反腔工作行程是否满足设计要求，一般将起竖油缸的最末一级设计成反腔，因此，反腔工作行程 H_f 应小于最末一级筒的伸出长度 L_n，即

$$H_f \leqslant L_n \qquad (4.2-14)$$

$$H_f = L_m - \sqrt{L_1^2 + L_2^2 - 2L_1 L_2 \cos(\alpha_0 + \alpha_f + \delta)}$$

$$(4.2-15)$$

式中　α_f——反腔起作用时的起竖角，即起竖油缸在起竖部分的重力、风力共同作用下。

由受压变为受拉时的起竖角，其值可由式（4.2-16）求出

$$G(x_0 \cos\alpha_f - y_0 \sin\alpha_f) - P_w X_w \sin^2\alpha_f = 0 \qquad (4.2-16)$$

式中　G——起竖部分总重力；

　　　x_0, y_0——起竖部分水平状态时质心坐标；

　　　P_w——垂直状态时的风荷；

　　　X_w——垂直状态风荷作用中心坐标。

（3）起竖油缸受力分析

三铰点位置确定后，起竖机构不仅满足上述运动学条件，还要满足下述动力学条件。即在最大起竖载荷下，起竖油缸和回转轴处的受力不要过大，避免给油缸、液压系统和车架的设计造成困难。

计算起竖油缸受力时，考虑突然启动上升或突然停止下降引起的惯性力，将起竖部分的重力乘以过载系数作为起竖载荷 G，即 $G = nG_0$，G_0 为起竖部分的重力，n 为过载系数，一般取 $n = 1.1 \sim$ 1.3 [或根据实际要求用式（3.2-18）计算]。回转耳周处的摩擦阻

力矩相对较小，可略去不计。

由图 4.2 - 3 可求得起竖油缸的受力

$$\sum m_0(F) = 0$$

$$mT \times H = G(x_0 \cos\alpha - y_0 \sin\alpha) \pm P_w X_w \sin^2\alpha$$

$$H = \frac{L_1 L_2 \sin(\alpha + \alpha_0 + \delta)}{L}$$

$$T = \frac{L[G(x_0 \cos\alpha - y_0 \sin\alpha) \pm P_w X_w \sin^2\alpha]}{mL_1 L_2 \sin(\alpha + \alpha_0 + \delta)} \quad (4.2 - 17)$$

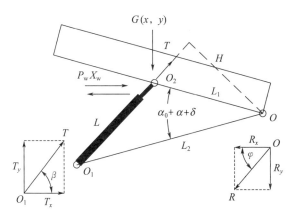

图 4.2 - 3　起竖机构受力示意图

式中　H——O 点到起竖油缸的垂直距离；

　　　T——每个起竖油缸的受力；

　　　m——起竖油缸的数量。

当开始起竖时，即 $\alpha = 0$ 时，起竖阻力矩最大，故油缸的推力也最大，即

$$T_{max} = \frac{L_0 G x_0}{mL_1 L_2 \sin(\alpha_0 + \delta)} \quad (4.2 - 18)$$

对于垂直发射，起竖油缸可能由受压转变成受拉。当 $\alpha_m \geqslant 90°$ 时，起竖部分形成的翻倒力矩最大，故起竖油缸的拉力也最大，即

$$T_m = \frac{L\left[G(x_0\cos\alpha_m - y_0\sin\alpha_m) - P_w X_w \sin^2\alpha_m\right]}{mL_1 L_2 \sin(\alpha_m + \alpha_0 + \delta)}$$

$$(4.2-19)$$

起竖油缸的受力求出后，可方便地可求出铰点 O 处的受力

$$R_x = \frac{mT\cos\beta + P_w}{2} \qquad (4.2-20)$$

$$R_y = \frac{mT\sin\beta - G}{2} \qquad (4.2-21)$$

$$R = \sqrt{R_x^2 + R_y^2} \qquad (4.2-22)$$

$$\beta = \sin^{-1}\{[h + L_1\sin(\alpha + \delta)]/L\} \qquad (4.2-23)$$

式中　T ——每个起竖油缸受力；

　　　L ——起竖油缸的长度；

　　　R ——一边铰点 O 的受力。

　　　β ——起竖油缸与水平线的夹角。

求得起竖油缸的受力后，便可求得起竖油缸的活塞直径或油缸的压力

$$d = \sqrt{\frac{4T}{\eta\pi P}} \qquad (4.2-24)$$

$$P = \frac{4T}{\eta\pi d^2} \qquad (4.2-25)$$

当起竖到一定角度后，起竖油缸由受压变为受拉，油缸反压腔工作，油缸反压腔的工作压力由式（4.2-26）求出

$$P = \frac{4T}{\eta\pi(d_1^2 - d_2^2)} \qquad (4.2-26)$$

式中　P —— 起竖油缸工作压力；

　　　d ——油缸活塞直径；

　　　d_1——最末一级油缸活塞直径；

　　　d_2——最末一级油缸活塞杆直径；

　　　η ——油缸和三铰点的机械效率，一般取 $0.85 \sim 0.90$。

（4）后支扁担式起竖机构

当被起竖的发射箱（筒）沿着发射车的纵向中心线对称安装时，一种将起竖油缸布置在纵向中心对称线上的后支扁担式起竖机构如图 4.2-4 所示。

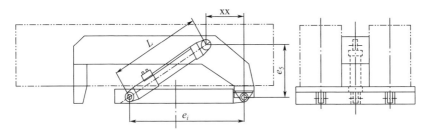

图 4.2-4　后支扁担式起竖机构示意图

上述样式的起竖机构，最突出的优点是能有效地降低发射车的高度，很好地解决发射车的超限问题。同时也能有效地改善起竖油缸的受力，为实现单缸起竖创造了有利条件。单缸起竖可从根本上解决双缸起竖下，两缸伸缩不同步的问题。

（5）编制分析程序并举例计算

按三铰点起竖机构建立的函数关系式，编制起竖机构的分析程序并举例计算。程序流程图如图 4.2-5（a）所示。

举例计算如下。

例 1：火箭导弹发射车起竖机构的形式如图 4.2-2 所示。已知 $m=2$，$n=4$，$a=0.65$，$\alpha_m=92°$，$h=660$ mm，$e_i=7\,000$ mm，$e_5=900$ mm，$G=387.2$ kN，$x_0=5\,958$ mm，$y_0=1\,250$ mm，$d=180$ mm，$d_1=120$ mm，$d_2=60$ mm，$P_w=0$。

例 2：火箭导弹发射车起竖机构的形式如图 4.2-4 所示。已知 $h=0$，$e_5=1\,800$ mm，其他已知数据如例 1。

经计算，两种起竖油缸的受力分别如图 4.2-5（b）中的曲线 1、曲线 2 所示。其他主要特征参数见表 4.2-1。

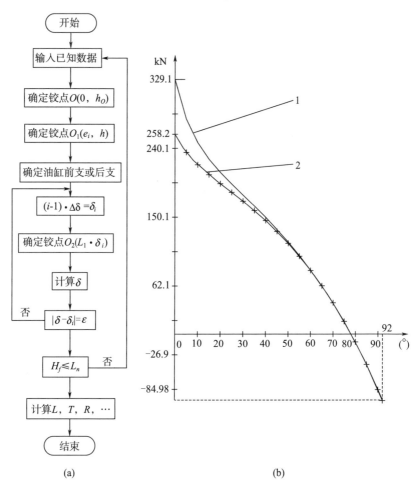

(a)　　　　　　　　　　(b)

图 4.2 - 5　程序流程图与起竖油缸受力曲线

表 4.2 - 1　两种起竖机构的主要特征参数

参数 \ 举例	例 1	例 2
L_0 /mm	2 699.80	2 820.37
L_m /mm	9 719.27	10 153.34

续表

举例 参数	例 1	例 2
T_0 /kN	329.100	258.249
T_m /kN	−84.031	−85.917
R_0 /kN	268.621	200.888
R_m /kN	−250.385	−245.900
P_0 /MPa	12.93	10.15
P_m /MPa	−9.91	−10.13
L_1 /mm	4 879.86	5 152.84

4.2.2　起竖机构精度分析

起竖机构(高低机)的精度应满足战术技术要求,即起竖机构通过控制系统能够达到的最小伸缩增量对应起竖机构(高低机)的高低角的最小增量满足对高低角精度的要求,如图 4.2 - 6 所示。

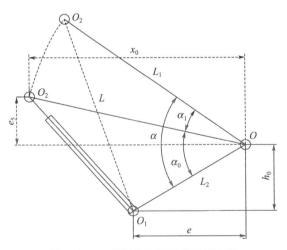

图 4.2 - 6　起竖机构精度分析示意图

4.2.2.1　起竖油缸与高低角的关系

起竖油缸与高低角的关系式为

$$L^2 = L_1^2 + L_2^2 - 2L_1 L_2 \cos\alpha \qquad (4.2-27)$$

两边微分得

$$2L\,\mathrm{d}L = 2L_1 L_2 \sin\alpha\,\mathrm{d}\alpha$$

$$\mathrm{d}L = \frac{L_1 L_2 \sin\alpha}{L}\mathrm{d}\alpha = \frac{L_1 L_2 \sin\alpha}{(L_1^2 + L_2^2 - 2L_1 L_2 \cos\alpha)^{\frac{1}{2}}}\mathrm{d}\alpha$$

$$(4.2-28)$$

$$\alpha = \alpha_0 + \alpha_1$$

式中　$\mathrm{d}L$ ——起竖油缸增量；

　　　$\mathrm{d}\alpha$ ——高低角最小增量。

　　　α_0 ——起竖机构水平状态时的初始高低角；

　　　α_1 ——起竖高低角。

4.2.2.2　高低角的最小增量引起起竖油缸增量的极值

（1）求起竖油缸增量的极值

$$\left[\frac{L_1 L_2 \sin\alpha}{(L_1^2 + L_2^2 - 2L_1 L_2 \cos\alpha)^{\frac{1}{2}}}\right]' = 0 \qquad (4.2-29)$$

$$\frac{(L_1^2 + L_2^2 - 2L_1 L_2 \cos\alpha)^{\frac{1}{2}} L_1 L_2 \cos\alpha}{L_1^2 + L_2^2 - 2L_1 L_2 \cos\alpha} -$$

$$\frac{L_1 L_2 \sin\alpha\,(L_1^2 + L_2^2 - 2L_1 L_2 \cos\alpha)^{-\frac{1}{2}} L_1 L_2 \sin\alpha}{L_1^2 + L_2^2 - 2L_1 L_2 \cos\alpha} = 0$$

$$(4.2-30)$$

$$\frac{(L_1^2 + L_2^2 - 2L_1 L_2 \cos\alpha)L_1 L_2 \cos\alpha - L_1^2 L_2^2 \sin^2\alpha}{(L_1^2 + L_2^2 - 2L_1 L_2 \cos\alpha)^{\frac{3}{2}}} = 0$$

$$(4.2-31)$$

$$(L_1^2 + L_2^2)L_1 L_2 \cos\alpha - 2L_1^2 L_2^2 \cos^2\alpha - L_1^2 L_2^2 + L_1^2 L_2^2 \cos^2\alpha = 0$$

$$(4.2-32)$$

$$L_1 L_2 \cos^2\alpha - (L_1^2 + L_2^2)\cos\alpha + L_1 L_2 = 0 \qquad (4.2-33)$$

$$\cos\alpha = \frac{L_1^2 + L_2^2 \pm \sqrt{(L_1^2 + L_2^2)^2 - 4L_1^2 L_2^2}}{2L_1 L_2}$$

$$\cos\alpha = \frac{L_1^2 + L_2^2 \pm \sqrt{(L_1^2 - L_2^2)^2}}{2L_1 L_2}$$

$$\cos\alpha = \frac{L_1}{L_2}$$

$$\cos\alpha = \frac{L_2}{L_1}$$

若 $L_1 > L_2$ 或 $L_2 > L_1$

$$\cos\alpha = \frac{L_1}{L_2} > 1 \qquad \cos\alpha = \frac{L_2}{L_1} > 1 \qquad 不成立$$

若 $L_1 = L_2$

$$\cos\alpha = 1 \qquad \alpha = 0 \qquad 不可能出现$$

则

$$\cos\alpha = \frac{L_2}{L_1} \qquad （或 \cos\alpha = \frac{L_1}{L_2}）$$

（2）判断极值的属性

$$\left[\frac{L_1 L_2 \sin\alpha}{(L_1^2 + L_2^2 - 2L_1 L_2 \cos\alpha)^{\frac{1}{2}}} \right]'' = \left[\frac{\cos^2\alpha - \dfrac{L_1^2 + L_2^2}{L_1 L_2}\cos\alpha + 1}{(L_1^2 + L_2^2 - 2L_1 L_2 \cos\alpha)^{\frac{3}{2}}} \right]'$$

$$= \frac{-2\cos\alpha\sin\alpha + \dfrac{L_1^2 + L_2^2}{L_1 L_2}\sin\alpha}{(L_1^2 + L_2^2 - 2L_1 L_2 \cos\alpha)^{\frac{3}{2}}} = \frac{\left(\dfrac{L_1^2 + L_2^2}{L_1 L_2} - 2\dfrac{L_2}{L_1}\right)\left[1 - \left(\dfrac{L_2}{L_1}\right)^2\right]}{(L_1^2 + L_2^2 - 2L_1 L_2 \dfrac{L_2}{L_1})^{\frac{3}{2}}}$$

$$= \frac{(L_1^2 - L_2^2)^{\frac{1}{2}}}{L_1^3 L_2} > 0 \qquad\qquad (4.2-34)$$

则 $\alpha = \arccos\dfrac{L_2}{L_1}$ 或 $\alpha = \arccos\dfrac{L_1}{L_2}$ 时，dL 为极大值。

举例：已知 $h_0 = 479$，$e = 1\,000$，$e_5 = 0.0$，$x_0 = 2\,587$，求当 $d\alpha = 0.06°(3.6')$ 时，不同高低角时 dL 的数值及最大值。

计算结果如下（见表 4.2-2 和图 4.2-7）

$$\alpha = 64.62° \quad \alpha_0 = 25.59° \quad \alpha_1 = 39.03° \quad \Delta L_m = 1.161\ 137$$

表 4.2-2 计算结果

α_1	ΔL
0.000 000	0.782 803
5.000 000	0.885 083
10.000 000	0.968 787
15.000 000	1.035 107
20.000 000	1.085 587
25.000 000	1.121 876
30.000 000	1.145 578
35.000 000	1.158 172
39.030 000	1.161 137
40.000 000	1.160 971
45.000 000	1.155 125
50.000 000	1.141 628
55.000 000	1.121 334
60.000 000	1.094 978
65.000 000	1.063 195
70.000 000	1.026 538
75.000 000	0.985 489
80.000 000	0.940 475
85.000 000	0.891 878
90.000 000	0.840 042

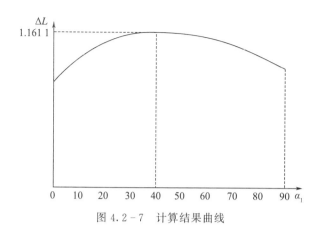

图 4.2 - 7　计算结果曲线

4.3　稳定性计算

　　火箭导弹发射车稳定性是指发射车在自重和外载荷的作用下抵抗翻倒（倾覆）的能力。发射车的稳定性是保证导弹可靠发射的重要性能。火箭导弹发射车稳定性计算，包括起竖状态的稳定性和行军状态的稳定性。对于倾斜发射的火箭导弹发射车，还有发射状态的稳定性。

4.3.1　垂直状态的稳定性

　　一般认为发射车的车架、行走系统等在起竖过程中不运动部分的质量是发射车的稳定因素，而起竖过程中运动部分的质量如导弹、起竖臂质量以及风载荷等是导致发射车倾覆的因素。设不运动部分绕倾覆线形成的稳定力矩 M_s，运动部分（包括风载荷）形成的倾覆力矩 M_q，当 $M_s > M_q$ 时，发射车处于稳定状态；当 $M_s < M_q$ 时，发射车会发生倾覆；当 $M_s = M_q$ 时，发射车处于临界稳定状态。

　　在计算发射车稳定性时，假设地面和和车体为刚体，分别计算导弹起竖成垂直状态时的纵向（车的前后方向）和横向（车的侧向）的稳定性。

（1）纵向稳定性

根据图 4.3-1，稳定公式为

$$\frac{G_0 x_0}{P_w y_w - Q_0 x - G_1 x_1} \geqslant K \qquad (4.3-1)$$

式中　G_0——车架、行走系统等不动部分的合成总重力；

　　　　Q_0——导弹重力；

　　　　G_1——起竖臂重力；

　　　　P_w——导弹垂直状态时，导弹、起竖臂、车架所受的风载荷的合力；

　　　　y_w——导弹成垂直状态时，风载荷合力作用中心到地面的距离；

　　　　K——稳定系数，一般取 $K = 1.4$。

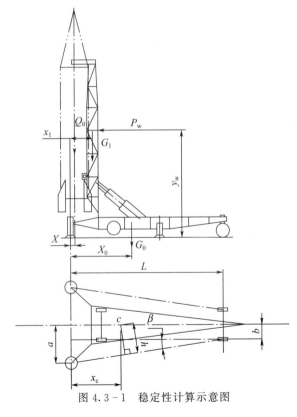

图 4.3-1　稳定性计算示意图

（2）横向稳定性

火箭导弹发射车左右对称，根据图 4.3－1 可得

$$\frac{Gh}{P_{wz}y_{wz}} \geqslant K \qquad (4.3－2)$$

$$h = b\cos\beta + (L - x_c)\sin\beta \qquad (4.3－3)$$

$$\beta = \arctan(\frac{a-b}{L})$$

$$G = G_0 + G_1 + Q_0$$

式中 G ——全车的重力；

P_{wz} ——导弹成垂直状态时，导弹、起竖臂、车架等所受的侧向风载荷的合力；

y_{wz} ——导弹成垂直状态时，侧向风载荷合力作用中心到地面的距离。

4.3.2 倾斜发射的稳定性

实现倾斜发射的火箭导弹发射车，稳定性计算要复杂一些，因为倾斜发射方式通常要进行高低角瞄准和方向角瞄准，要在不同的高低角和方位角下发射导弹。导弹发射时，发射车要受到燃气流的冲击。因而根据其工作状态，可分为瞄准状态下的稳定性和发射状态下的稳定性。

由于发射车支腿的横向间距比纵向间距小得多，最危险的倾翻状态为横向翻倒，因此通常只进行横向稳定性的计算。发射车的载荷情况如图 4.3－2 所示。

4.3.2.1 瞄准状态的稳定性

（1）稳定力矩计算

地面不平角为 γ 时（如图 4.3－3 所示），会使稳定力矩减小，这一点往往被人们忽视。

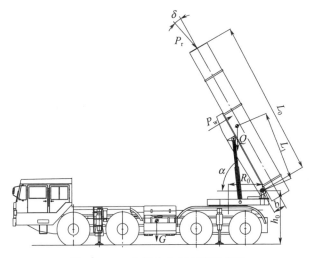

图 4.3 - 2　发射车载荷状况示意图

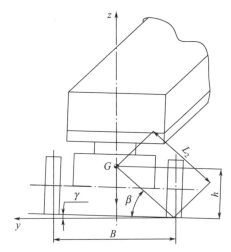

图 4.3 - 3　地面不平下的发射车

稳定力矩为

$$M_{nx} = G\cos\gamma\,\frac{B}{2} - G\sin\gamma h = G\cos\gamma L_2\cos\beta - G\sin\gamma L_2\sin\beta$$

$$= GL_2\cos(\beta + \gamma) \tag{4.3-4}$$

式中　G——发射车除去俯仰部分的总重力。

增大横向间距 B 或减少重心高度 h 都会增大发射车的横向稳定性。

（2）倾覆力矩计算

外载荷作用下的倾覆力矩计算是通过外载荷对回转中心取矩，再转换成对倾覆线的翻倒力矩来实现的。

① 起竖载荷引起的倾覆力矩

$$M_{Qx} = Q\left[(L_1\cos\alpha - R_0)\sin\varphi - \frac{B}{2}\right] \tag{4.3-5}$$

② 惯性载荷引起的倾覆力矩

• 俯仰运动的惯性力引起的横向倾覆力矩

通常情况下，发射车的俯仰运动是在垂直平面（$X - Z$）内进行，因此俯仰运动的惯性力不会形成横向倾覆力矩。发射车的俯仰运动若不在垂直平面（$X - Z$）内进行时，加速上升或减速下降，俯仰运动的惯性力引起的横向倾覆力矩计算如下。

由图 4.3 - 4 可知，俯仰运动时法向惯性力 F_n 和切向惯性力

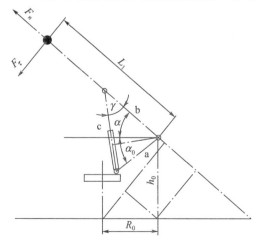

图 4.3 - 4　俯仰运动惯性力示意图

F_τ 为

$$F_n = \frac{Q}{g}\omega^2 L_1 \qquad (4.3-6)$$

$$F_\tau = \frac{Q}{g}\frac{\Delta\omega}{\Delta t}L_1 \qquad (4.3-7)$$

$$\omega = \frac{Q_L}{nAb\sin\lambda} \qquad (4.3-8)$$

惯性力产生的倾覆力矩 M_{nx} 和 $M_{\tau x}$

$$M_{nx} = F_n(R_0\sin\alpha + h_0\cos\alpha)\sin\varphi + F_n\sin\alpha\frac{B}{2} \quad (4.3-9)$$

$$M_{\tau x} = F_\tau(L_1 + h_0\sin\alpha - R_0\cos\alpha)\sin\varphi - F_\tau\cos\alpha\frac{B}{2}$$

$$(4.3-10)$$

式中　ω ——俯仰角速度，rad/s；

　　　Q ——俯仰部分的重力，N；

　　　Q_L ——供入起竖油缸中的油液流量，m^3/s；

　　　n ——俯仰油缸的数量；

　　　A ——俯仰油缸活塞有效面积，m^2；

　　　φ ——回转角，rad。

• 回转运动的惯性力引起的横向倾覆力矩

由图 4.3-5 可知，回转运动的惯性力为 F_{nh} 和 $F_{\tau h}$

$$F_{nh} = \frac{Q}{g}\omega_h^2(L_1\cos\alpha - R_0) \qquad (4.3-11)$$

$$F_{\tau h} = \frac{Q}{g}\frac{\Delta\omega_h}{\Delta t}(L_1\cos\alpha - R_0) \qquad (4.3-12)$$

$$\omega_h = \frac{2\pi n_h}{60i} \qquad (4.3-13)$$

惯性力产生的倾覆力矩 M_{nhx} 和 $M_{\tau hx}$

$$M_{nhx} = F_{nh}(L_1\sin\alpha + h_0)\sin\varphi \qquad (4.3-14)$$

$$M_{\tau hx} = F_{\tau h}(L_1\sin\alpha + h_0)\cos\varphi \qquad (4.3-15)$$

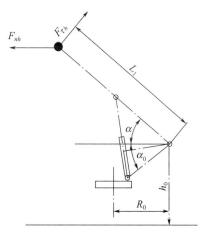

图 4.3 - 5　回转运动惯性力示意图

式中　ω ——方向机回转角速度，rad/s；

　　　n_h ——马达转速，r/min；

　　　i ——方向机总传动比。

③风荷引起的横向倾覆力矩

在计算发射车横向稳定性时，风载荷的作用方向始终与发射车横向垂直，即受横向风荷作用。

风荷计算推荐采用下列公式

$$P_w = C_1 C_2 K_z q A \qquad (4.3-16)$$

$$q = \frac{V^2}{1.6} \qquad (4.3-17)$$

式中　q ——风压，N/m²；

　　　V ——风速，m/s；

　　　C_1 ——风力系数，根据物体的形状来选取，矩形箱形构件，

　　　　　$C_1 = 1.4$；

　　　C_2 ——空气动力系数，$C_2 = 1 \sim 1.2$；

　　　K_z ——风压高度变化系数，高度小于 10 m 时，$K_z = 1$；

　　　A ——构件迎风面积，m。

风荷引起的横向倾覆力矩 M_{wx} 由两部分组成，一部分是车体受风荷引起的横向倾覆力矩 M_{wx1}，另一部分是俯仰部分的横向倾覆力矩 M_{wx2}

$$M_{wx} = M_{wx1} + M_{wx2} = P_{w1}Z_{w1} + P_{w2}(h_0 + L_w \sin\alpha)\cos\varphi$$

$$(4.3-18)$$

式中　　P_{w1}——车体部分风荷，N；

　　　　Z_{w1}——车体部分风荷作用中心离地面的高度，m；

　　　　P_{w2}——俯仰部分风荷，N；

　　　　L_w——俯仰部分风荷作用中心到回转轴的距离，m。

综上所述，发射车瞄准状态的稳定性安全系数 K 为

$$K = \frac{M_{nx}}{M_{Qx} + M_{tx} + M_{rx} + M_{nhx} + M_{rhx} + M_{wx}} \geqslant 1.4 \qquad (4.3-19)$$

如果计算出的 K 为负值，表明此种状态下由外载荷产生的倾翻力矩之和为负值，倾翻力矩的方向与设定的方向相反，即倾翻力矩变成稳定力矩，发射车不存在倾翻问题。

4.3.2.2　发射状态的稳定性

发射状态时，已停止了瞄准操作，因而不存在惯性力，但却有了燃气流的作用力 P_r。考虑到火箭弹出管后发生低头现象，燃气流作用力与发射管纵轴线有一夹角 δ（如图 4.3-2 所示）。

燃气流产生的倾覆力矩 M_{rx} 为

$$M_{rx} = P_r \cos\delta\left\{\left[(R_0 \sin\alpha + h_0 \cos\alpha) + b\right]\sin\varphi - \sin\alpha\left(\frac{B}{2} - B_y \cos\varphi\right)\right\} +$$

$$P_r \sin\delta\left[(L_0 + h_0 \sin\alpha - R_0 \cos\alpha)\sin\varphi + \cos\alpha\left(\frac{B}{2} + B_y \cos\varphi\right)\right]$$

$$(4.3-20)$$

燃气流力引起发射车向后倾翻，而此时起竖载荷起稳定作用，其稳定力矩为

$$M_{Qyx} = Q_y\left[(L_y \cos\alpha - R_0)\sin\varphi + \frac{B}{2}\right] \qquad (4.3-21)$$

发射车发射状态的稳定性安全系数为

$$K = \frac{M_{nx}}{M_{\tau x} - M_{Qyx} + M_{wx}} \qquad (4.3-22)$$

式中　Q_y——空弹时的起竖载荷，N；

　　　L_y——Q_y作用点到回转轴的距离，m；

　　　B_y——最外侧导弹纵轴线距回转中心的距离，m。

发射车支腿的横向间距是保证横向稳定性的重要参数，通常通过增大支腿的横向间距来满足稳定性的要求。有时将支腿设计成横向抽拉式，发射时横向展开，行军时收拢。

降低发射车的质心高度，限制发射时的最大方向转角，通过结构设计减小燃气流的作用面积来减小其作用力，通过调平减小发射车的不平度，保证运动的平稳性等，都会提高发射车的稳定性。

4.3.3　行驶稳定性

火箭导弹发射车的行驶稳定性，指发射车行军时抵抗翻倒和打滑的能力。它分为纵向稳定性和横向稳定性。自行式发射车和列车式发射车的稳定性计算也不完全相同。

4.3.3.1　自行式发射车稳定性

（1）纵向稳定性

发射车处于上坡行驶时，若转向轮或驱动轮支反力等于零时，将造成发射车转向失灵或无法驱动发射车继续行驶，称这种状态为发射车纵向失稳。

发射车上坡并以匀速行驶（图 4.3-6），略去惯性力和风阻力，作用在发射车上的力有自重力和支反力 Z_1 和 Z_2。

对后轮支点取矩得

$$Z_1 L + Gh\sin\alpha - GL_2\cos\alpha = 0 \qquad (4.3-23)$$

若 $Z_1 = 0$，转向失控，则有

$$Gh\sin\alpha - GL_2\cos\alpha = 0$$

$$\tan\alpha = \frac{L_2}{h}$$

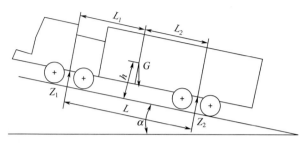

图 4.3 - 6　发射车纵向稳定性

$$\alpha_h \leqslant \arctan \frac{L_2}{h} \qquad (4.3-24)$$

式中　α_h ——转向失灵的坡度角。

上坡时，若发射车的下滑力大于驱动轮上的附着力，驱动轮打滑，发射车就不能上坡。若是全轮驱动，则有

$$G \sin\alpha \geqslant \varphi(Z_1 + Z_2) = \varphi G \cos\alpha$$

$$\tan\alpha \geqslant \varphi$$

$$\alpha_\varphi \geqslant \arctan\varphi \qquad (4.3-25)$$

式中　α_φ ——全轮驱动时，上坡打滑的极限角；

　　　φ ——附着系数，一般取 $\varphi = 0.7 \sim 0.8$。

为了行驶安全，应使 $\alpha_h > \alpha_\varphi$，即宁可上不去坡，也不要上去而转向失灵，故有纵向行驶的稳定条件为

$$\frac{L_2}{h} > \varphi \qquad (4.3-26)$$

（2）横向稳定性

发射车在横向坡度的曲线路面上行驶时，承受的侧向力有离心力、自重分力和横向风力等。在侧向力的作用下，发射车会发生横向翻倒或打滑。在横向坡道上等速行驶时，略去风力的作用，发射车的受力如图 4.3 - 7 所示。

当 $Z_1 = 0$ 时，发射车会发生横向翻倒。发生横向翻倒的条件为

$$Gh \sin\beta + P_j h \cos\beta + P_j \frac{B}{2} \sin\beta \geqslant G \frac{B}{2} \cos\beta$$

$$\tan\beta \geqslant \frac{G\dfrac{B}{2} - P_j h}{Gh + P_j \dfrac{B}{2}}$$

$$P_j = \frac{GV^2}{gR} \tag{4.3 - 27}$$

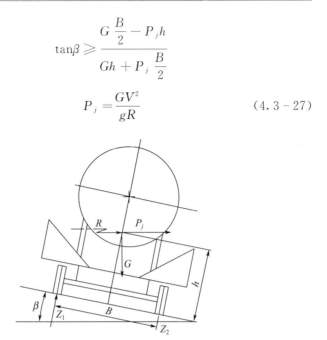

图 4.3 - 7 发射车横向稳定性

则

$$\tan\beta \geqslant \frac{\dfrac{B}{2} - \dfrac{V^2}{gR}h}{h + \dfrac{V^2}{gR}\dfrac{B}{2}} \tag{4.3 - 28}$$

发射车在弯道上行驶,坡度角不得大于 β,否则将导致侧翻。不发生横向倾覆,允许的最大车速为

$$V_{\max} = \sqrt{\frac{gR\left(\dfrac{B}{2} - h\tan\beta\right)}{\dfrac{B}{2}\tan\beta + h}} \tag{4.3 - 29}$$

在水平路面上($\beta = 0$),转弯半径为 R 时,发射车允许的最大转弯行驶速度为

$$V_{f\max} = \sqrt{\frac{gRB}{2h}} \qquad (4.3-30)$$

式中　R——转弯半径，m；

　　　V——转弯时的车速，m/s；

　　　B——轮距，m。

发射车在坡道上等速转弯行驶时，发射车发生侧滑的条件是侧向力大于或等于车轮上的侧向附着力

$$P_j \cos\beta + G\sin\beta \geqslant (G\cos\beta - P_j\sin\beta)\varphi$$

$$\tan\beta \geqslant \frac{\varphi - \dfrac{P_j}{G}}{1 + \dfrac{P_j}{G}\varphi} = \frac{\varphi - \dfrac{V^2}{gR}}{1 + \dfrac{V^2}{gR}\varphi} \qquad (4.3-31)$$

不发生侧滑的允许的最大速度为

$$V_{\max} = \sqrt{\frac{(\varphi - \tan\beta)gR}{\varphi\tan\beta + 1}} \qquad (4.3-32)$$

在水平路面上（$\beta = 0$），转弯半径为 R 时，发射车不发生侧滑允许的最大转弯行驶速度为

$$V_{\varphi\max} = \sqrt{gR\varphi} \qquad (4.3-33)$$

为了行驶安全，横向滑移应发生在侧翻之前，则有

$$V_{\varphi\max} < V_{f\max}，即 \sqrt{gR\varphi} < \sqrt{\frac{gRB}{2h}} \qquad (4.3-34)$$

故有横向稳定的基本条件

$$\frac{B}{2h} > \varphi \qquad (4.3-35)$$

式中　φ——轮胎附着系数，一般取 $\varphi = 0.7 \sim 0.8$。

4.3.3.2　挂车纵向稳定性

挂车纵向稳定性情况如图 4.3-8 所示。

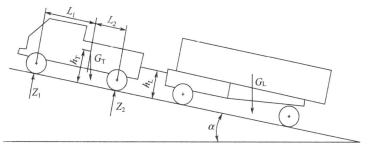

图 4.3 - 8　挂车纵向稳定性

列车行驶在上坡路面上，挂车所产生的一个沿着路面的重力分力，通过牵引杆作用到牵引车的挂钩上，这个力使列车纵向稳定性降低。牵引车发生纵向翻倒的条件是前轮与地面的支反力等于零，对后轮支点取矩得

$$G_T h_T \sin\alpha + G_L h_L \sin\alpha \geqslant G_T L_2 \cos\alpha$$

$$\tan\alpha \geqslant \frac{G_T L_2}{G_T h_T + G_L h_L} \tag{4.3 - 36}$$

列车的最小纵翻坡度角 α_f 为

$$\alpha_f = \arctan\left(\frac{G_T L_2}{G_T h_T + G_L h_L}\right) \tag{4.3 - 37}$$

式中　G_T——牵引车的重力；

　　　G_L——挂车的重力；

　　　h_T——牵引车的中心高度；

　　　h_T——挂车牵引杆离地面高度；

　　　L_2——牵引车中心至后轴的距离。

由上式可看出，当 $G_L = 0$ 时

$$\tan\alpha \geqslant \frac{L_2}{h_T}$$

由此可见，自行式发射车的稳定性比发射列车的稳定性要好。列车上坡时，牵引车驱动轮打滑，列车就不能上坡。全轮驱动时，驱动轮打滑的条件是

$$(G_{\mathrm{T}} + G_{\mathrm{L}})\sin\alpha \geqslant \varphi G_{\mathrm{T}}\cos\alpha$$

$$\tan\alpha \geqslant \frac{G_{\mathrm{T}}}{G_{\mathrm{T}} + G_{\mathrm{L}}}\varphi \qquad (4.3-38)$$

列车的最小打滑坡度角 α_φ 为

$$\alpha_\varphi = \arctan\left(\frac{G_{\mathrm{T}}}{G_{\mathrm{T}} + G_{\mathrm{L}}}\varphi\right) \qquad (4.3-39)$$

列车设计时应使 $\alpha_f > \alpha_\varphi$，即宁可上不去坡道也不要发生纵向翻车。列车行驶的横向稳定性，一般分开单车计算。

4.4 支腿受力计算

为了提高发射车的起竖能力，保证起竖状态的稳定性，在发射车的车架上装有可收放的支腿，支腿的跨距应保证发射车起竖状态下有合理的稳定性。如果跨距小，为了保证稳定性，必须加装配重，这样将增加车重。如果跨度过大，虽然发射车的稳定性能够保证，但支腿传给车架的弯矩将增大，使车架受力变坏。因此，计算支腿的受力对于设计车架和支腿油缸有着密切的关系。

4.4.1 机动式发射车支腿受力计算

4.4.1.1 准备起竖状态

发射车开始起竖导弹前，前支腿伸出着地并升到一定高度，然后进行前梁横向调平，如图 4.4-1 所示。这样一方面能使起竖成垂直状态的导弹顺利地下放到一定高度的发射台上，另一方面使前轮组离地，解除起竖导弹时前轮组的受力。

前支腿和后轮组受力按四点支撑计算，根据图 4.4-1 可得

$$\sum m_A(F) = 0$$

$$2R_2 L - G(x_c + L_1) - G_0(x_0 + L_1) = 0$$

$$R_2 = \frac{G(x_c + L_1) + G_0(x_0 + L_1)}{2L} \qquad (4.4-1)$$

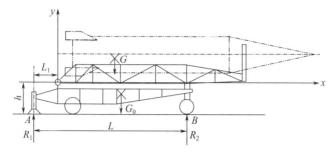

图 4.4 - 1 准备起竖导弹状态支腿的受力

$$R_1 = \frac{G + G_0}{2} - R_2 \qquad (4.4 - 2)$$

式中 R_1——前支腿受力；

R_2——后轮胎受力；

G_0——车底盘重力；

x_0——车底盘质心距回转轴的距离；

G——起竖部分（弹、起竖臂等）合成总重力；

x_c，y_c——水平状态，起竖部分质心坐标（坐标原点为回转轴）。

4.4.1.2 起竖状态

导弹起竖过程中，随着起竖部分质量质心的位置改变，前支腿和后轮组的受力也在不断改变。根据图 4.4 - 2 可得

$$2R_2L - G_0(x_0 + L_1) - G[L_1 + (x_c\cos\alpha - y_c\sin\alpha)] \pm$$
$$P_w\sin\alpha(x_w\sin\alpha + h) = 0$$

$$R_2 = \frac{G_0(x_0 + L_1) + G[L_1 + (x_c\cos\alpha - y_c\sin\alpha)] \mp P_w\sin\alpha(x_w\sin\alpha + h)}{2L}$$

$$(4.4 - 3)$$

$$R_1 = \frac{G_0 + G}{2} - R_2 \qquad (4.4 - 4)$$

式中 P_w——导弹呈垂直状态时，起竖部分受的风载荷；

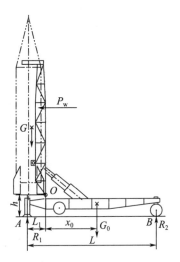

图 4.4 - 2　起竖成垂直状态支腿受力

x_w——导弹呈垂直状态时，起竖部分风载荷作用点到回转轴 O 的距离。

当导弹起竖成垂直状态，即 $\alpha = 90°$，且顺风起竖（风载荷的方向与起竖方向一致），前支腿受力为

$$R_1 = \frac{G_0 + G}{2} - \frac{G_0(L_1 + x_0) + G(L_1 - y_c) - P_w(x_w + h)}{2L}$$

$$(4.4 - 5)$$

4.4.2　倾斜式发射车支腿受力计算

倾斜式发射车（如图 4.3 - 3 所示），为了增强抗倾覆能力和提高瞄准及发射精度，一般都设有支腿。考虑到起竖和发射状态下，前后轮组仍受一定支撑力和车架刚度对支腿反力的影响，发射车支腿反力计算如下。

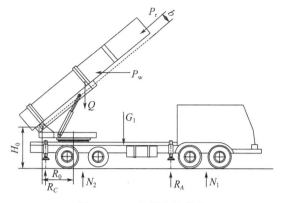

图 4.4 - 3　发射车的载荷

4.4.2.1　支腿受力计算模型

为了减小车大梁的变形，支腿伸出到位后，前后轮并非完全离地，仍保持适当的支撑力。由于仅限于研究支腿的竖向反力，所以支腿的计算模型如图 4.4 - 4 所示。

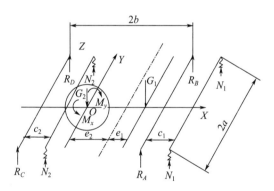

图 4.4 - 4　支腿受力计算示意图

图 4.4 - 4 中 $2a$ 为横向跨距，$2b$ 为纵向跨距，O 为回转中心，e_1 为下车自重质心至 4 支腿几何中心的距离，e_2 为回转中心至 4 支腿几何中心的距离，c_1 为前轮轴至前支腿的距离，c_2 为后轮轴至后支腿的距离，J 为车架的扭转惯性矩。

车架所承受的载荷有下车的自重 G_1，上车（弹、架）重 Q，轮胎的支反力 N_1、N_2，燃气流的作用力 P_r，风力 P_w 以及它们对回转中心产生的翻转力矩 M。

考虑到轮胎及悬挂系统的竖向刚度比支腿的竖向刚度小得多，只要各支腿反力大于零，轮胎的支反力恒定不变

$$G_2 = Q + P_r \sin\alpha \qquad (4.4-6)$$

$$M = M_Q + M_{P_r} + M_{P_w} \qquad (4.4-7)$$

式中　α ——发射架的俯仰角；

　　　M_Q，M_{P_r}，M_{P_w} ——上车 Q、燃气流作用力 P_r、风力 P_w 对
　　　　　　　　　　　　　回转中心产生的翻转力矩。

为了计算方便，可将力矩 M 分解成绕 X 轴和 Y 轴的两个分量 M_x、M_y，即

$$M_x = M\sin\varphi$$

$$M_y = M\cos\varphi \qquad (4.4-8)$$

式中　φ ——发射架的方位角；

　　　α ——发射架的高低角。

4.4.2.2　支腿受力计算

假设地面是水平的，车架处于 8 个支点支承，轮胎的 4 支承反力 N_1、N_2 是按要求设定的，是已知的不变量，则 4 个支腿的支反力是 R_A、R_B、R_C、R_D。这是一次超静定问题，可按一般的超静定空间结构理论计算。

现采用力法计算，任取一支腿反力如 R_C 作为基本未知数 X_1。根据 4 个支腿着地的假设，系统在该点（C 点）沿 X_1 方向（即竖直方向）的位移等于零，故力法方程式为

$$\delta_{11}X_1 + \Delta_{1P} = 0 \qquad (4.4-9)$$

式中　δ_{11} ——C 点沿 X_1 方向由 $X_1 = 1$ 所产生的位移；

　　　Δ_{1P} ——C 点沿 X_1 方向由载荷所产生的位移。

由于大梁扭转变形对支腿反力影响最大，所以计算时可近似只考虑扭转变形，而忽略大梁及支腿弯曲变形对支腿反力的影响，因

此有

$$\delta_{11} = \sum \int \frac{T_1^2}{GJ} \mathrm{d}s \qquad (4.4-10)$$

$$\Delta_{1P} = \sum \int \frac{T_1 T_P}{GJ} \mathrm{d}s \qquad (4.4-11)$$

式中　T_1——体系结构内由 $X_1 = 1$ 所产生的扭矩；

T_P——体系结构内由载荷所产生的扭矩；

G——材料的剪切弹性模量；

J——材料的扭转惯性矩。

若将车架看成是左右对称的，根据对称结构在对称载荷作用下，只产生对称反力的原理，则在 G_1、G_2、N_1、N_2、M_y 作用下，左右支腿的支反力是对称的，即

$$R_{A1} = R_{B1}$$
$$R_{C1} = R_{D1} \qquad (4.4-12)$$

因此，可由静定平衡方程求出 G_1、G_2、N_1、N_2、M_y 作用下各支腿的支反力。由力的平衡方程得

$$\sum m_{CD}(F) = 0$$

$$R_{A1} = \frac{G_1}{4}(1 + \frac{e_1}{b}) + \frac{G_2}{4}(1 - \frac{e_2}{b}) - \frac{N_1}{2}(2 + \frac{c_1}{b}) - \frac{N_2 c_2}{2b} + \frac{M_y}{4b}$$

$$R_{B1} = R_{A1}$$

$$\sum m_{AB}(F) = 0$$

$$R_{C1} = \frac{G_1}{4}(1 - \frac{e_1}{b}) + \frac{G_2}{4}(1 + \frac{e_2}{b}) - \frac{N_2}{2}(2 - \frac{c_2}{b}) + \frac{N_1 c_1}{2b} - \frac{M_y}{4b}$$

$$R_{D1} = R_{C1} \qquad (4.4-13)$$

可由一次超静定力法方程求出在 M_x 作用下，各支腿的支反力。分别作出体系在 $X_1 = 1$ 及 M_x 作用下的扭矩图，如图 4.4-5、图 4.4-6 所示。

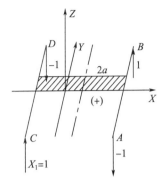

图 4.4 - 5　单位力扭矩 T_1 图

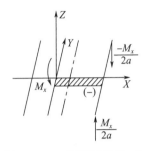

图 4.4 - 6　载荷扭矩 T_{Mx} 图

$$\delta_{11} = \sum \int \frac{T_1^2}{GJ} \mathrm{d}s = \frac{8a^2 b}{GJ}$$

$$\Delta_{1P} = \sum \int \frac{T_1 T_P}{GJ} \mathrm{d}s = -\frac{2M_x a}{GJ}(b + e_2)$$

$$R_{C2} = X_1 = \frac{\Delta_{1P}}{\delta_{11}} = \frac{M_x}{4a}\left(1 + \frac{e_2}{b}\right) \qquad (4.4 - 14)$$

由 $\sum m_{DB}(F) = 0$，得

$$R_{A2} = \frac{M_x}{4a}\left(1 - \frac{e_2}{b}\right) \qquad (4.4 - 15)$$

由 $\sum m_{AB}(F) = 0$，得

$$R_{D2} = -\frac{M_x}{4a}\left(1 + \frac{e_2}{b}\right) \qquad (4.4 - 16)$$

由 $\sum m_{CD}(F) = 0$，得

$$R_{B2} = -\frac{M_x}{4a}\left(1 - \frac{e_2}{b}\right) \qquad (4.4 - 17)$$

各支腿的全部支反力等于上述两部分的代数和，可得 4 支腿支反力的计算公式如下

$$R_A = \frac{G_1}{4}(1 + \frac{e_1}{b}) + \frac{G_2}{4}(1 - \frac{e_2}{b}) - \frac{N_1}{2}(2 + \frac{c_1}{b}) -$$

$$\frac{N_2 c_2}{2b} + \frac{M_y}{4b} + \frac{M_x}{4a}(1 - \frac{e_2}{b})$$

$$R_B = \frac{G_1}{4}(1 + \frac{e_1}{b}) + \frac{G_2}{4}(1 - \frac{e_2}{b}) - \frac{N_1}{2}(2 + \frac{c_1}{b}) - \frac{N_2 c_2}{2b} +$$

$$\frac{M_y}{4b} - \frac{M_x}{4a}(1 - \frac{e_2}{b}) \qquad\qquad (4.4-18)$$

$$R_C = \frac{G_1}{4}(1 - \frac{e_1}{b}) + \frac{G_2}{4}(1 + \frac{e_2}{b}) - \frac{N_2}{2}(2 - \frac{c_2}{b}) + \frac{N_1 c_1}{2b} -$$

$$\frac{M_y}{4b} + \frac{M_x}{4a}(1 + \frac{e_2}{b})$$

$$R_D = \frac{G_1}{4}(1 - \frac{e_1}{b}) + \frac{G_2}{4}(1 + \frac{e_2}{b}) - \frac{N_2}{2}(2 - \frac{c_2}{b}) + \frac{N_1 c_1}{2b} -$$

$$\frac{M_y}{4b} - \frac{M_x}{4a}(1 + \frac{e_2}{b})$$

各支腿受力求出后，可以校核发射状态下，发射车是否会发生横向移动。不发生横向移动的条件为

$$(R_A + R_B + R_C + R_D)f_1 + 2(N_1 + N_2)f_2 > P_f + P_r \cos\alpha \sin\varphi$$

$$(4.4-19)$$

式中　f_1——支腿底座对地面的摩擦系数，钢对水泥地面取 $f_1 =$
　　　　0.2~0.3；

　　　f_2——轮胎对地面的摩擦系数，橡胶轮胎与干燥水泥地面取
　　　　$f_2 = 0.7$。

4.5　导弹垂直弹射计算

导弹弹射也称冷发射或外力发射。无论陆基机动发射的战略导弹还是大型战术导弹（地空、舰空等）采用弹射方案确定后，核心问题便是燃气发生器的设计与内弹道计算。

4.5.1 弹射器的构成及工作原理

（1）弹射器组成

适合于战略导弹的典型弹射装置如图 4.5-1、图 4.5-2 所示，适合于战术导弹的典型弹射装置如图 4.5-3 所示。

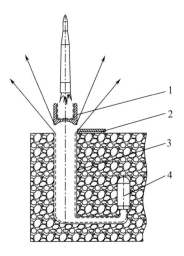

图 4.5-1　活动底座式弹射装置

1—活动底座；2—筒口顶盖；3—发射筒；4—高压室

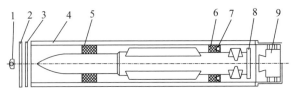

图 4.5-2　底推式弹射筒示意图

1—吊环；2—加强框；3—易碎盖；4—筒体；5—前适配器；6—后适配器；

7—密封环；8—尾罩；9—燃气发生器

（2）工作原理

高压室点火工作后，燃气通过导管或喷口进入低压室，低压室建立起压力 P_2 推动导弹或推动活塞向前运动，从而带动活塞杆、托盘、导弹一起向上运动，将导弹弹射出发射筒。

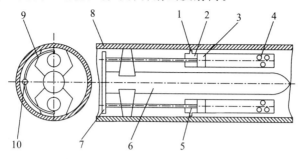

图 4.5 - 3　提拉式弹射器结构示意图

1—导气管；2—低压室（活塞筒）；3—活塞；4—排气孔；5—活塞杆；6—导弹；

7—拖盘；8—储弹筒；9—导弹折叠尾翼；10—高压室

4.5.2　燃气发生器设计

上述弹射系统在结构上虽有较大区别，但燃气发生器的设计方法和思路基本一致。这里以提拉式弹射器为例，对其设计计算流程予以阐述。

4.5.2.1　低压室内弹道设计

（1）平均发射加速度允许值 $\bar{a}$ 计算

$$\bar{a} = \frac{v_g^2}{2L_g} \tag{4.5 - 1}$$

式中　v_g——导弹离筒速度；

　　　L_g——筒内弹射位移。

（2）低压室平均压力计算

$$(s_2 \bar{P}_2 - mg - f)L_g = \frac{1}{2}mv_g^2$$

$$\bar{P}_2 = \frac{mv_g^2 + (mg + f)L_g}{2s_2 L_g} \tag{4.5 - 2}$$

式中　f——摩擦阻力，由材料的摩擦系数和变形决定。

（3）导弹在发射筒内运动时间 t_g

$$L_g = \frac{1}{2} \bar{a} t_g^2$$

$$t_g = \sqrt{\frac{2L_g}{\bar{a}}} \qquad (4.5 - 3)$$

（4）高压室装药燃烧结束时间 t_k

t_k 应小于 t_g，如果 $t_k = t_g$ 将引起导弹离筒速度的分散，对无控段的导弹精度不利。但也不能小得过多，否则压力冲量不能使 v_g 达到预期值，一般

$$t_k = (0.90 \sim 0.95)t_g \qquad (4.5 - 4)$$

（5）低压室初容积 w_{20} 的确定

低压室初容积指初容管内腔、左右燃气管内腔、分流接头内腔以及活塞运动前提拉作动筒受压腔的总体积，低压室的状态方程

$$P_2 = \frac{\chi_1 \tau_2 R T_0 (Y_1 - Y_2)}{w_{20} + s_2 L} = \frac{A}{w_{20} + \beta} \qquad (4.5 - 5)$$

$$\tau_2 = T_2 / T_1$$

式中　χ_1——高压室散热修正系数；

　　　τ_2——低压室相对温度；

　　　T_2——低压室温度；

　　　T_1——高压室温度；

　　　R ——火药的气体常数；

　　　T_0——定压燃烧温度；

　　　Y_1——高压室在时间 t 内的总流出量；

　　　Y_2——低压室在时间 t 内的总流出量；

　　　s_2——活塞面积；

　　　L ——活塞行程。

从低压室的状态方程可看出，容积 w_{20} 具有调节 P_2 的功能，在起始阶段，可防止 P_2 峰值出现。取值大则导弹过载小，取值小则过载大。可依据下列公式初步确定

$$\frac{w_{20} + s_2 L_g}{w_{20}} \approx 2.5 \sim 9.0$$

即

$$w_{20} = \frac{s_2 L_g}{(1.5 \sim 8.0)} \qquad (4.5-6)$$

快速建立达标的 P_2 是主要的技术要求时，应力求 w_{20} 偏小，系数取 8。

（6）导弹起动瞬间压力 P_0

$$s_2 P_0 - f = mg$$

$$P_0 = \frac{mg + f}{s_2} \qquad (4.5-7)$$

4.5.2.2　高压室内弹道设计

（1）选择火药

常用的火药有均质火药、异质火药及复合性双基火药三大类。目前弹射器一般选择改性双基药。改性双基药可连续大量生产，机械强度高，长期贮存化学安定性好，对潮湿不敏感。

（2）药型选择

为使 P_1-t 曲线平稳和有较长的平衡段，高压室流入低压室的燃气秒流量必须不断地增加，即 P_1-t 曲线应具有渐增的趋势，火药应有增面特性，一般选择增面管状装药，考虑到包覆层质量可靠性问题，也可选取恒面、减面装药药型。这种药型内外侧表面可以同时燃烧，具有特有的横面特性，无剩药，强度高，而且形状简单，容易制造，比较经济。

（3）高压室工作压力 P_1 的选取

高压室工作压力 P_1（指常温下高压室的平衡压力）原则上可尽量高取，以确保高压室工作的正常稳定。但 P_1 的取高，受到燃气发生器壁厚尺寸和整体质量的限制。

正确的选取方法是在满足以下 3 个条件的情况下拔高，再用拔高值去设计燃气发生器的壳体，验算其体积质量，看总体指标是否允许：

1) P_1 必须大于该火药的临界压力值；

2) 保证高压室喷喉临界状态。所谓临界状态是指流经过高压室喷喉的气流，经过收缩扩张达到超声速，这样燃烧室的燃气生成规律不受低压室的反压影响，保证高压室内装药燃烧的设计规律。通常取低压室高温时的最大压力与高压室常温时的工作压力之比来计算，即

$$\frac{P_{2\max}}{P_1} < x_{kp1} = (\frac{2}{k+1})^{-(\frac{k}{k-1})}$$

$$P_1 \geqslant \frac{P_{2\max}}{x_{kp1}} = (\frac{2}{k+1})^{(\frac{2}{k+1})} P_{2\max} \tag{4.5-8}$$

式中　x_{kp1}——临界压力比；

　　　k——比热比；

　　　$P_{2\max}$——低压室对应高温时的 v_g 最大值的压力。

3) $P_1 > P_{2\max}$ 。

4.5.2.3　高压室喷喉面积 s_{kp1} 的确定

s_{kp1} 可由下列内弹道设计的基本方程求出

$$\bar{P}_1 s_{kp1} = \frac{\bar{P}_2 (w_{20} + s_2 L_g)}{\sqrt{\chi_1 R T_0}\, \varphi_2 k_0 \tau_2 t_k} + \frac{s_{kp2} \bar{P}_2}{\sqrt{\tau_2}} \tag{4.5-9}$$

式中　φ_2——流量消耗系数，$\varphi_2 = 1.05$；

　　　s_{kp2}——低压室排气面积；

　　　τ_2——低压室相对温度；

　　　$R T_0$——火药力。

4.5.2.4　装药设计

按式 (4.5-10) 求解肉厚 e_1

$$e_1 = u t_k \tag{4.5-10}$$

式中　u——燃速，u 是 P_1 的函数。

肉厚也可用以下经验公式计算

$$e_1 = a P_1^n t_k \tag{4.5-11}$$

式中 a ——燃速系数；

 n ——燃速的压力系数。

系数 a、n 根据压力 P_1 从火药手册中查取。

设火药装药外径为 D，内径为 d，长度为 L，一端的起始燃烧面积是 s_{t0}，全部燃烧面积是 s_0，药柱的体积 V_0，因此

$$D = d + 2e_1 \qquad (4.5-12)$$

$$s_{t0} = \frac{\pi}{4}(D^2 - d^2) \qquad (4.5-13)$$

$$s_0 = \frac{\pi}{2}(D + d)[(D - d) + 2L] \qquad (4.5-14)$$

$$V_0 = \frac{\pi}{4}(D^2 - d^2)L \qquad (4.5-15)$$

在设计好装药厚度和内外径后，对装药的长度 L 进行初步设计

$$m = \frac{\Gamma P_{eq} s_{kp1}}{\sqrt{\chi_1 R T_0}} t \qquad (4.5-16)$$

$$\Gamma = \sqrt{k}\ \left(\frac{2}{k+1}\right)^{\frac{k+1}{2(k-1)}} \qquad (4.5-17)$$

$$t = \frac{2L_g}{V_g}$$

$$m = \rho V_0 = \frac{\pi}{4}\rho(D^2 - d^2)L \qquad (4.5-18)$$

$$\frac{\pi}{4}\rho(D^2 - d^2)L = \frac{2\Gamma P_{eq} s_{kp1}}{\sqrt{\chi_1 R T_0}}\frac{L_g}{V_g} \qquad (4.5-19)$$

$$L = \frac{8\Gamma P_{eq} s_{kp1} L_g}{\pi \rho V_g (D^2 - d^2)\sqrt{\chi_1 R T_0}} \qquad (4.5-20)$$

式中 k ——气体比热比；

 s_{kp1} ——喷管喉部面积；

 ρ ——火药装药密度；

 χ_1 ——高压室热损失系数；

 R ——气体常数；

T_0——火药定压燃烧温度；

P_{eq}——高压室平衡气压。

4.5.3　内弹道计算

内弹道的计算是建立内弹道方程组，根据前面已得到的装药数据和发射筒的结构诸元素，在一定假设条件下，采用零维模型，通过编制弹道计算程序，求解出 $P-t$、$v-t$、$a-t$ 等弹道参数。

4.5.3.1　内弹道方程组

（1）高压室压强-时间曲线微分方程

$$\frac{\mathrm{d}P_1}{\mathrm{d}t} = \frac{\rho_p A_b a\varphi(\partial e)\chi_1 RT_0}{V_1}P^n - \frac{\varphi\sqrt{\chi_1 RT_0}\Gamma A_{t1}}{V_1}P - \frac{A_b a\varphi(\partial e)}{V_1}P^{n+1}$$

$$(4.5-21)$$

（2）低压室压强-时间曲线微分方程

$$\frac{\mathrm{d}P_2}{\mathrm{d}t} = \frac{RT_2}{V_2}\left(\frac{\Gamma P_1 A_{t1}}{\sqrt{\chi_1 RT_0}} - \frac{\Gamma P_2 A_{t2}}{\sqrt{\chi_1 RT_2}}\right) - \frac{P_2}{V_2}s_2\frac{\mathrm{d}l}{\mathrm{d}t} \quad (4.5-22)$$

$$\Gamma = \sqrt{k}\left(\frac{2}{k+1}\right)^{\frac{k+1}{2(k-1)}}$$

式中　$\varphi(\partial e)$——侵蚀比；

a——燃速系数；

R——气体常数；

T_0——高压室燃气流温度；

Γ——关于 k 的函数；

φ——喷管流量修正系数；

ρ_p——装药密度；

χ_1——热损失系数；

n——压强指数；

A_b——火药装药燃烧面积；

A_t——高压喷管喉部面积；

V_1——高压室燃气自由容积；

V_2——低压室初始容积；

T_2——低压室气体温度；

s_2——定向器内径面积；

l ——火箭弹行程。

（3）状态方程

$$P_2 = \frac{(Y_1 - Y_2)RT_2}{w_{20} + s_2 L} \qquad (4.5-23)$$

式中　Y_1——高压室在时间 t 内总流出量；

Y_2——低压室在时间 t 内总流出量；

w_{20}——低压室初始容积；

s_2——活塞承压面积；

L ——导弹瞬时行程。

（4）导弹运动方程

$$s_2 P_2 - f - mg = m\frac{\mathrm{d}v}{\mathrm{d}t} \qquad (4.5-24)$$

式中　m ——发射系统质量（包括导弹、活塞杆、托盘等）；

v ——导弹瞬时运动速度；

f ——摩擦阻力。

（5）导弹速度方程

$$\frac{\mathrm{d}L}{\mathrm{d}t} = v \qquad (4.5-25)$$

（6）能量方程

$$(Y_1 - Y_2)\frac{\mathrm{d}T_2}{\mathrm{d}t} = (k\chi_1\chi_2 T_0 - T_2)\frac{\mathrm{d}Y_1}{\mathrm{d}t} - T_2(k-1)\frac{\mathrm{d}Y_2}{\mathrm{d}t} -$$

$$\frac{k-1}{R}mv\frac{\mathrm{d}v}{\mathrm{d}t} \qquad (4.5-26)$$

式中　χ_2——低压室热损失系数。

4.5.3.2　内弹道性能曲线

内弹道性能曲线 $P\text{-}t$、$v\text{-}t$、$L\text{-}t$ 分别如图 4.5-4、图 4.5-5、图 4.5-6 所示。

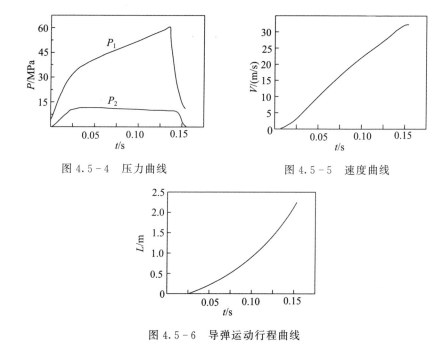

图 4.5-4　压力曲线　　　　　　图 4.5-5　速度曲线

图 4.5-6　导弹运动行程曲线

4.6　同心筒发射装置

4.6.1　概述

同心筒发射装置（Concentric Canister Launcher，CCL）是一种新型导弹垂直发射系统。整个系统由同心筒发射装置、电器结构和武器系统组成。同心筒发射装置由两个同心圆筒构成，内筒起支撑导弹和导弹起飞导向作用，底部有推力增大器，内外筒之间的环形空间是燃气排导通道，外筒底部呈半球形，可安装导流锥，燃气通过半球形端盖反转180°向上，进入内外筒之间的环形空间向上排出。

较弹射技术而言，同心筒垂直热发射技术的主要优点是安全性高，过载小，无发动机再点火问题，可靠性高。但是垂直热发射技术也存在问题，最突出的是发射时燃气对导弹的热效应高。

在导弹发射过程中，既要保证发射筒能经受一次导弹始终留在筒内的发射（称约束发射）和多次重复发射，又要尽量降低发射筒支撑系统所承受的冲击力，因此在发射筒机构设计时，需要经过大量筒内复杂流场数值计算。

4.6.2 同心筒结构

同心筒发射装置的示意图如图 4.6-1 所示。

同心筒采用 TIMETAL21S 钛合金制成。钛合金的优点是强度高、质量轻、耐高温并具有极强的耐腐蚀能力。图 4.6-1（c）中外筒没有采用四等分圆板，而是先把多个纵梁焊接到内筒上，然后套入一个完整的外筒，用带机械臂的激光焊接机进行焊接。

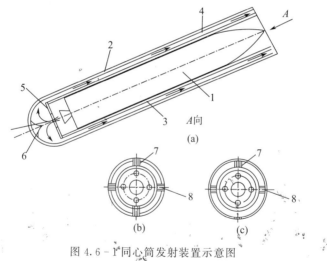

图 4.6-1 同心筒发射装置示意图

1—导弹；2—外筒；3—内筒；4—燃气排导通道；5—增压板；6—导流锥；

7—电缆、电器设备通道；8—喷射冷却水通道

4.6.3 同心筒流场数值计算

采用求解三维、定常、非定常、雷诺平均纳维尔-斯托克斯（Navier - stokes）方程的方法，应用 FLUENT 软件，采用域动分层

动网格更新方法，模拟导弹发射过程。可以获得筒内流场参数分布，为整个发射筒的结构设计提供理论依据，也为同心筒结构强度、刚度计算提供压力及温度载荷。

4.6.3.1　流场计算基本控制方程

（1）连续方程

$$\frac{\partial \rho}{\partial t} + \frac{\partial}{\partial x_i}(\rho u_i) = 0 \tag{4.6-1}$$

式中　ρ ——气流密度；

$\quad\quad u$ ——气流速度向量。

（2）动量方程

$$\frac{\partial}{\partial t}(\rho u_i) + \frac{\partial}{\partial x_j}(\rho u_i u_j) = -\frac{\partial P}{\partial x_i} + \frac{\partial \tau_{ij}}{\partial x_j} \tag{4.6-2}$$

式中　u_i，u_j ——气流速度在 i、j 方向上的分量；

$\quad\quad P$ ——气流压力；

$\quad\quad x_i$，x_j ——方向坐标；

$\quad\quad \tau_{ij}$ ——应力张量。

具体表达式为

$$\tau_{ij} = \left[\mu\left(\frac{\partial u_i}{\partial x_j} + \frac{\partial u_j}{\partial x_i}\right)\right] - \frac{2}{3}\mu\frac{\partial u_l}{\partial x_l}\delta_{ij} \tag{4.6-3}$$

（3）能量方程

$$\frac{\partial}{\partial t}(\rho H) + \frac{\partial}{\partial x_j}(\rho u_j H) = \frac{\partial P}{\partial t} + \frac{\partial}{\partial x_j}(u_i \tau_{ij} - q_j) \tag{4.6-4}$$

$$H = h + \frac{1}{2}u_i^2$$

$$h = C_p T$$

$$q_j = -\frac{\partial T}{\partial x_j}$$

式中　H ——总焓；

$\quad\quad C_p$ ——定压比热；

T —— 温度；

q_j —— 热通量向量。

（4）RNG k - ε 方程

$$\rho \frac{\mathrm{d}k}{\mathrm{d}t} = \frac{\partial}{\partial x_i} \left[(\alpha_k \mu_{\mathrm{eff}}) \frac{\partial k}{\partial x_i} \right] + G_k + G_b - \rho \varepsilon - Y_M \quad (4.6-5)$$

$$\rho \frac{\mathrm{d}\varepsilon}{\mathrm{d}t} = \frac{\partial}{\partial x_i} \left[(\alpha_\varepsilon \mu_{\mathrm{eff}}) \frac{\partial \varepsilon}{\partial x_i} \right] + C_{1\varepsilon} \frac{\varepsilon}{k} (G_k + C_{3\varepsilon} G_b) - C_{2\varepsilon} \rho \frac{\varepsilon^2}{k} - R$$

$$(4.6-6)$$

$$\mu_t = \rho C_\mu \frac{k^2}{\varepsilon} \quad (4.6-7)$$

式中　G_k —— 平均速度梯度引起的湍流动能生成项；

G_b —— 浮力引起的湍流动能生成项；

Y_M —— 可压缩流动中脉动扩散引起的耗散率；

μ_{eff} —— 黏性效应引起的能量耗散系数；

C_μ —— 常数，$C_\mu = 0.09$。

4.6.3.2　导弹运动方程

导弹发射过程中沿同心筒轴向运动，轴线方向上共受 5 个力，即燃烧室推力、弹底作用力、弹头轴向力、重力和摩擦力。导弹加速度根据牛顿第二定律由导弹受力进行计算，合外力公式可采用

$$F = (\dot{m} \mu_e + p_e \sigma_e) + F_{\mathrm{tail}} - F_{\mathrm{head}} - Mg - F_{\mathrm{m}} \quad (4.6-8)$$

式中　$\dot{m}$ —— 燃气质量流率；

μ_e —— 喷气燃气速度；

p_e —— 喷口静压；

σ_e —— 喷口面积；

F_{tail} —— 弹底所受作用力；

F_{head} —— 弹头所受作用力；

M —— 导弹的质量；

F_{m} —— 摩擦力。

t 时刻的导弹沿轴线方向的速度 v_t 和位移 l_t 分别由式（4.6-9）

和式（4.6-10）求得，其中 Δt 为时间步长

$$v_t = v_{t-\Delta t} + (F/M)\Delta t \qquad (4.6-9)$$

$$l_t = l_{t-\Delta t} + v_t \times \Delta t \qquad (4.6-10)$$

式（4.6-9）和式（4.6-10）给出导弹在任一时刻的运动速度，并由相应的运动边界更新网格，计算新网格下的流场参数分布，从而达到计算导弹运动过程中非定常流场的目的。

4.6.4　计算结果与应用

（1）燃气降温措施

通过对同心筒发射装置进行计算分析和大量试验研究，发现导弹在发射过程中要经过两个高温环境，第一阶段是导弹在同心筒内要承受从发射筒底部反射进入导弹与内筒之间的高温燃气，第二阶段是导弹出发射筒口部分要受到从内外筒之间喷出的高温燃气。导弹周围的气体温度高达 2 500 ℃以上，并且在导弹飞离发射筒一定距离内，导弹会一直承受高温燃气流的冲击。因此，如何改善导弹周围的高温环境，对采用同心筒发射技术具有重大意义。

对燃气进行降温的方法，目前多采用在筒底安装一喷水系统，在导弹点火的同时或提前一定时间开始喷水，产生燃气与蒸汽混合气体达到降温的目的。

研究表明，采用"引射同心筒"[56]发射导弹，由内筒筒口引射入的低温气体，使导弹在筒内部分周围的温度降低，同时也降低了内外筒之间排出的燃气，解决同心筒发射装置在导弹发射过程中导弹周围热力学环境恶劣的问题。

（2）内外筒间隙的确定

要确定内外筒合理的间隙，就要分析不同间隙时发射筒内流场结构和各参数。通过分析可看出，随着内外筒间隙的增大，冲击力、弹射力及筒底和内外筒间隙中最大压力都显著降低。间隙小，气流排导不畅通，冲击力、弹射力较大。通过计算，选取合理的间隙，使燃气全部经环形间隙流出。过大的间隙只能增加发射筒的质量，

对筒内流场益处不大。

（3）导流锥的作用

导流锥的作用是改变发动机喷出的燃气流的流动方向，减少对筒底的冲击力，对弹射力及筒底和内外筒间隙中的压力影响不大。发动机喷出的高温高速燃气流遇到物体时，燃气的流动方向受到了阻碍，物体便受到了冲击力。如果燃气流动方向垂直于平面物体，燃气的总能量全部转化为压强作用到物体上，则燃气流对接触体的作用力最大。如果接触面为一曲面，燃气会部分被反射，此时只有部分能量转化为压强作用到物体上，则燃气流的作用力将减少。曲面半径减小，被反射的燃气会增多，物体受的冲击力将减少。导流锥型面半径小于半球形端盖半径，因此，有导流锥所受的冲击力要比无导流锥所受的冲击力小。若同心筒的支撑系统对冲击力无严格要求，可无须设计导流锥。

（4）增压板的作用

内筒底部安装增压板，导弹底部与增压板之间的压力就会增加，即弹射力增加，因而增压板的主要作用就是实现发射动力增加。增压板可以有不同的形状，可为多孔式或栅格式（如图 4.6 - 2 所示），无论为何种样式，增压板的结构参数不同，就会产生不同的发射动力增值。随着增压板通气面积的减小，弹射力就会增大。这是由于通气面积越小，增压板的截流作用越大，燃气在增压板的阻挡下，在导弹底部与增压板之间形成的压强就越大，即弹射力就越大。

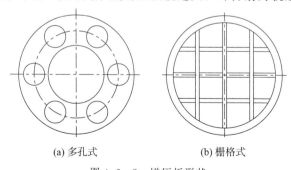

(a) 多孔式　　　　　　　　　　(b) 栅格式

图 4.6 - 2　增压板形状

第5章　结构设计

5.1　概述

由金属材料轧制的型材和板材作为基本构件，采用焊接、铆接等方法，按照一定的结构组成规则连接起来，能承受载荷的结构物叫金属结构。例如火箭导弹发射车的车架、起竖臂、闭锁装置、发射台、弹射筒、储运发射箱等。

金属结构设计，一般按着图 5.1－1 中下列程序进行。

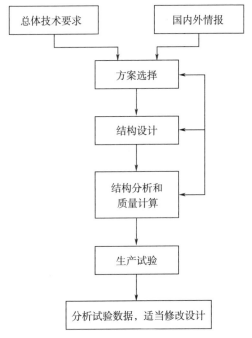

图 5.1－1　金属结构设计程序框图

　　结构设计的基本任务就是保证整体结构和所有构件及连接件在外载荷作用下能安全工作。为此，结构设计必须满足强度、刚度和稳定性要求。

　　金属结构设计要有良好的工艺性、合理的连接形式（螺栓连接、铆钉连接、焊接和高强度螺栓连接等）。生产质量要有保证，具备相应的检验、试验设备。

5.2　起竖臂设计

　　起竖臂是支承和起竖导弹的主要受力部件。它的一端通过回转轴与车架连接，导弹通过闭锁装置固定在它的上面，臂下连接着起竖油缸，通过起竖油缸的伸缩实现载着导弹的起竖臂起竖与下放。起竖臂的另一端设有支承点，当起竖臂处于水平状态时，它与车架接触。运输和停放状态下，起竖臂、闭锁装置和导弹的重力通过该支承点和回转轴传到车架上。

5.2.1　设计依据

　　起竖臂设计应根据火箭导弹发射车总体提出的设计要求进行。一般要求包含下列内容：

　　　　1）导弹的外形尺寸、质量大小、质心位置；

　　　　2）导弹在起竖臂上支承点的位置与固定方式；

　　　　3）起竖油缸与起竖臂铰接点的位置、起竖油缸的数量和安装方式及相关尺寸；

　　　　4）导弹测试、检查、加注等对起竖臂的要求；

　　　　5）机械、液压及电气设备在起竖臂上的走向与固定要求；

　　　　6）起竖臂在起竖导弹过程中的振动加速度与振动频率；

　　　　7）起竖臂在行军过程中的固定方式、固定位置及振动加速度；

　　　　8）工作环境条件；

　　　　9）可靠性、维修性、安全性指标；

5.2.2　设计准则

设计准则主要包括以下 3 条：

1）妥善处理减轻结构质量、缩小结构体积和选用高强度钢材的关系，在结构质量和结构体积限制不十分苛刻的情况下，应最大限度地选用普通碳素钢和低合金结构钢，并尽量减少选材的品种和规格；

2）主要承载结构的构造设计，应力求简单、受力明确、传力直接，尽量降低应力集中的影响；

3）起竖臂设计必须考虑到制造、检查、运输、安装和维护的方便和可能。

5.2.3　起竖臂的结构形式

起竖臂是火箭导弹发射车的主要受力件，应具有足够的强度和刚度。起竖臂的结构形式和尺寸大小，主要取决于导弹的种类、外形尺寸和质量。起竖臂在发射车上的布局，不应超过发射车的总体外型尺寸。在满足发射车总体布局的条件下，其位置应尽量降低，质量尽可能轻 。这是因为起竖臂处于发射车的最高位置，减轻起竖臂的质量，对于降低发射车的质心高度、增加发射车的稳定性有益处。

起竖臂的结构形式，分为梁式起竖臂（图 5.2 - 1）和桁架式起竖臂（图 5.2 - 2）等。确定采用何种形式的起竖臂，除满足发射方式的特殊要求外，一般按着结构质量轻、刚度大、强度高、外形尺寸小、结构简单工艺性好等条件来确定。

5.2.4　梁式起竖臂设计

梁式起竖臂多用于起竖尺寸和质量都较小的战术导弹。这种起竖臂结构简单、工艺性较好。其截面形状多为工字梁或箱型，如图 5.2 - 3 所示。

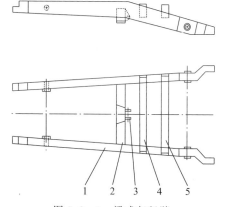

图 5.2-1 梁式起竖臂

1—纵梁；2—支持梁；3—支耳；4—前横梁；5—后横梁

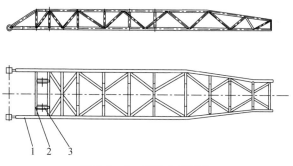

图 5.2-2 桁架式起竖臂

1—纵臂；2—横臂；3—支持梁

从受力的观点看，在垂直载荷作用下，单腹板工字梁是最为理想的形式，能使材料发挥最大效益。采用箱型梁一般是不合算的，因为从应力分布的情况看，靠近梁中心的一部分材料没有得到充分的利用。对于受垂直载荷和较大扭矩时，采用箱型截面的梁较为合理。起竖臂受起竖油缸的作用力和起竖臂上窄下宽的结构形式，都可造成起竖臂受扭矩。

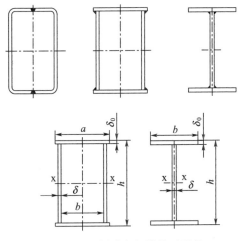

图 5.2-3 梁式起竖臂截面形状

（1）按质量最轻确定起竖臂的理想高度

从梁的组成部分和受力特点看，当梁的高度增加时，翼板可以减小而腹板却要增高，质量就会发生变化。确定起竖臂最轻的理想高度是合理设计起竖臂的一个重要组成部分。起竖臂的高度大于或小于理想高度，都会使起竖臂的质量增加。

工字梁的总质量等于两个翼板和一个腹板质量之和。对箱型梁则为两个翼板和两个腹板质量之和。假定梁是等截面的，梁的单位长度质量为

$$G = G_y + G_f \tag{5.2-1}$$

$$G_y = 2A_y\gamma$$

$$G_f = \beta\delta h\gamma$$

式中　G_y——单位长度内两翼板的质量；

　　　G_f——单位长度内腹板的质量，对于箱型梁则为两腹板质量；

　　　γ——材料的比重；

　　　β——构造系数，依隔板和加强筋的质量而定，只有横向没有纵向加强筋时，$\beta = 1.2$，同时有横向和纵向加强筋时，$\beta = 1.3$。

梁所需的抗弯模数由弯矩求得

$$W = \frac{M}{[\sigma]} \qquad (5.2-2)$$

梁的惯性矩

$$I = I_f + I_y \approx \frac{\delta h^3}{12} + 2A_y \frac{h^2}{4} \qquad (5.2-3)$$

从而得

$$A_y = \frac{2I}{h^2} - \frac{\delta h}{6} = \frac{W}{h} - \frac{\delta h}{6} \qquad (5.2-4)$$

将 A_y 代入式（5.2-1）得

$$G = \left(\frac{2W}{h} - \frac{\delta h}{3} + \beta \delta h\right)\gamma \qquad (5.2-5)$$

为了求出最小质量的梁高，对梁高 h 取导数等于零，得

$$\frac{\partial G}{\partial h} = \gamma\left(-2\frac{W}{h^2} - \frac{\delta}{3} + \beta \delta\right) = 0$$

$$h \leqslant \sqrt{\frac{2W}{\delta\left(\beta - \frac{1}{3}\right)}} \qquad (5.2-6)$$

或

$$h \leqslant K \sqrt{\frac{W}{\delta}}$$

$$K = \sqrt{\frac{2}{\beta - \frac{1}{3}}} \qquad (5.2-7)$$

对于没有纵向加强筋者，$K = 1.52$，对于有纵向加强筋者 $K = 1.43$。

对于工字截面梁 δ 为一块腹板厚度，一般取 $\delta = \left(\frac{1}{100} \sim \frac{1}{240}\right)h$，当 $\frac{h}{\delta} > 160$ 时，才设置纵向加强筋。对于箱形梁则是两块腹板的厚度，若腹板厚度为 δ_1，则箱形梁理想高度为

$$h \leqslant K \sqrt{\frac{W}{2\delta_1}} = 0.7 \sqrt{\frac{W}{\delta_1}} \qquad (5.2-8)$$

设计时采用的梁高大于或小于理想梁高，都会增加梁的质量。但采用的梁高比理想的高度相差±20％时，梁的质量仅增加 2.5％，影响不是很大。

（2）梁式起竖臂截面的选择和强度刚度验算

①腹板

腹板的厚度可按梁承受的最大剪力来确定，假定剪力 Q 全由腹板承受，则腹板的厚度：

1）工字梁

$$\delta \geqslant \frac{1.5Q}{h_0[\tau]} \qquad (5.2-9)$$

2）箱型梁

$$\delta \geqslant \frac{1.5Q}{2h_0[\tau]} \qquad (5.2-10)$$

式（5.2-9）和式（5.2-10）算得的厚度较小，因此，也常用经验公式计算

$$\delta = 7 + 3h \qquad (5.2-11)$$

式中　h_0——腹板高度；

　　　h——梁的高度，m。

按腹板的局部稳定性条件决定腹板的厚度

$$\delta \geqslant (\frac{1}{160} \sim \frac{1}{249})h_0 \qquad (5.2-12)$$

用式（5.2-11）算得的腹板厚些，式（5.2-12）算得的腹板较薄，常用加强筋。通常腹板厚度为 6~12 mm，一般最小厚度不小于 5 mm。最后确定的腹板厚度应与计算梁高时假设的腹板厚度相一致，或稍大于假设值。

②翼板

焊接梁的翼板最好用一块较厚的板材，而不用多层板。因为多层板不但增加焊缝，而且使翼板受力不均匀，引起应力集中。

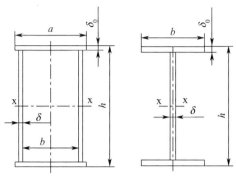

图 5.2 - 4　梁截面尺寸

翼板的截面积可用下列方法确定：

1）按梁所需的截面抗弯模数决定

$$A_y = \frac{0.85W}{h} \qquad\qquad (5.2 - 13)$$

$$W = \frac{M}{[\sigma]}$$

式中　W ——梁所需的截面抗弯模数；

　　　h ——梁高；

　　　0.85——考虑到腹板承受部分弯矩的折算系数。

2）按梁所需的惯性矩决定

$$W \frac{h_0}{2} = I = I_f + I_y \qquad\qquad (5.2 - 14)$$

$$I_f = \frac{\delta h_0^3}{12}$$

$$I_y = A_y \frac{h_0^2}{2}$$

式中　I_f ——腹板的惯性矩；

　　　I_y ——两翼板对中性轴的惯性矩。

由式（5.2 - 15）得到翼板截面积

$$A_y = \frac{2(I - I_f)}{h_0^2}$$

或

$$A_y = \frac{W}{h} - \frac{\delta h_0}{6} \qquad (5.2-15)$$

翼板的宽度取决于梁的整体稳定性和局部稳定性条件。根据整体稳定性条件，通常翼板宽度取梁高的 $\frac{1}{3} \sim \frac{1}{5}$。按局部稳定性条件，确定翼板的宽厚比：

1）对于3号钢

$$b \leqslant 30\delta_0$$

2）对于16Mn

$$b \leqslant 24\delta_0$$

翼板的宽度要适中，板很宽时应力分布不均匀且容易局部失稳。翼板过窄时，整体稳定性不够，需要外加中间支承。翼板的宽度确定后，可求出翼板的厚度

$$\delta_0 \geqslant \frac{A_y}{b} \qquad (5.2-16)$$

1）对于3号钢

$$\delta_0 \geqslant \sqrt{\frac{A_y}{30}} \qquad (5.2-17)$$

2）对于16Mn

$$\delta_0 \geqslant \sqrt{\frac{A_y}{24}} \qquad (5.2-18)$$

箱形梁翼板的宽度按两腹板间距确定，为保证有足够的水平刚度，两翼板的间距 $b \geqslant \frac{L}{60}$ 或 $b \geqslant \frac{h}{3}$。

箱形梁受压翼板的厚度，可按局部稳定性条件确定：

1）对于3号钢

$$\delta_0 \geqslant \frac{b}{60} \qquad (5.2-19)$$

2）对于 16Mn

$$\delta_0 \geqslant \frac{b}{50} \qquad (5.2-20)$$

式中　b——两腹板间距。

通常上下翼板可用同样的厚度，也可用不同的厚度，受压翼板厚一些。

③强度和刚度验算

• 强度

$$\sigma = \frac{M}{W} \leqslant [\sigma]$$

$$\tau = \frac{QS}{I\delta} \leqslant [\tau] \qquad 或 \qquad \tau = \frac{1.5Q}{h_0\delta} \qquad (5.2-21)$$

同时受有较大正应力和剪应力的部位，应验算合成应力

$$\sqrt{\sigma^2 + 3\tau^2} \leqslant [\sigma] \qquad (5.2-22)$$

• 刚度

梁式起竖臂的刚度用挠度来衡量，通常要求起竖臂上夹钳处的挠度满足式（5.2-23）的要求

$$f \leqslant [f] \qquad (5.2-23)$$

$$[f] = \left(\frac{5}{1\,000} \sim \frac{10}{1\,000}\right)L$$

式中　f——起竖臂受工作载荷时，上夹钳处的最大挠度值；

　　　$[f]$——容许挠度值；

　　　L——起竖臂的长度。

5.2.5　桁架式起竖臂设计

当导弹尺寸和质量都较大时，采用桁架式起竖臂更为有利，它与梁式起竖臂比较，其优点是质量轻，材料得到充分利用，制造容易控制变形，可做成所需要的高度等。其缺点是制造零件多，组装费工。

（1）桁架式起竖臂的外形及特点

根据导弹外形及支承部位的要求，起竖臂一般由垂直水平面的2片纵向桁架和1片水平横向桁架组成（如图5.2-5所示）。桁架的外形最好与受力弯矩图相适应，可使弦杆内力在各处大致相等。因此，起竖臂呈前高后低样式。

根据起竖臂前后部位受力大小不同，起竖臂的上下弦杆分别由几段直径、壁厚各不相同的无缝钢管拼接而成。液体导弹上一般有多个仪器窗口和推进剂加注口，确定桁架节间尺寸时，要保证各仪器舱口和加注连接器能自由开启和连接。通常载荷是作用在节点上或由节点来传递，故节点尺寸应适应加载结构需求。否则将会使弦杆有局部弯曲。为此，导弹通过上下夹钳传递到起竖臂上的力，最好是通过起竖臂上的节点传递。

（2）桁架节点构造和弦杆拼接设计

节点设计要遵循弦杆与腹杆的轴线交汇于弦杆的中心线上。采用圆管结构的节点，一般不用接点板，将腹杆端部加工成与弦杆表面相吻合的形状，直接沿腹杆的切口与弦杆焊接。腹杆端部的切口较为复杂，特别是几条腹杆与弦杆相交的情况。

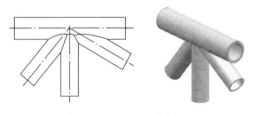

图5.2-5 桁架节点图

（3）平面桁架中杆件内力计算

桁架式起竖臂设计时，要进行各杆中的内力计算。为了简化内力计算，在工程中常采用下面几个假设：

1）桁架中的杆件都是直杆；

2）各杆均为铰链连接，且铰链内的摩擦略去不计；

3）所有外力都作用在桁架平面内，而且都作用在节点上；

4）桁架中杆件的质量比桁架所受的外力小得多，故略去不计。

根据上述假设，桁架中的每根杆都是二力杆，各杆所受的力都沿着杆的轴线，且只受拉力或压力。这些假设虽然与实际情况有些差别，但这些假设却反映了实际桁架中最主要的性质，而且所产生的计算误差一般不超过工程上所允许的数值。

5.3　车架设计

5.3.1　车架设计

车架起着连接全车各部分的作用。它的前端通过回转轴与起竖臂相连，另一端设有支承起竖臂的后梁，靠近回转轴处设有安装起竖油缸的支持梁。行走系统、制动系统、转向系统、液压电气系统等许多部件、组件都固定在车架上。车架是用来承载导弹运输、起竖等状况下的各类载荷，是发射车的重要受力构件。

由于火箭导弹发射车的类型不同，如自行式、半挂式、全挂式等，因而车架的结构形式也各不相同。图 5.3 - 1 是全挂式发射车的车架，它是用 16Mn 无缝钢管和钢板焊接成的钢架-桁架混合式结构。它的前后端下方通过回转盘与前后轮组相连接，前端上方通过

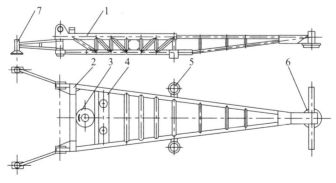

图 5.3 - 1　车架

1—架体；2—前梁；3—前回转盘；4—支持梁；5—中支柱；6—后回转盘；7—前支架

回转轴与起竖臂相连接，前端左右两侧与液压支架相连接，通过展开液压支架来增加起竖导弹状态下的稳定性。车架的中前部有支持梁，用于安装起竖油缸。车架中部两侧有液压中支柱，用于导弹起竖时防止车架变形过大。根据受力状况和减轻质量的需要，车架一般呈前大后小的形状。

5.3.2　车架受力分析

车架在运输状态和起竖导弹状态受力不相同。车架在起竖导弹开始瞬间受力最大，按此状态计算车架的强度刚度，用运输状态的受力进行校核。

图 5.3-2 是起竖导弹开始瞬间车架的受力简图。此种状态下，起竖油缸伸出，起竖臂后端的支承部位与车架支承部位刚刚脱离接触。车架承受起竖部分（导弹、起竖臂、闭锁装置等）的重力通过回转轴 O 点作用到车架上的力 P_{oy}，起竖油缸通过 C 点（起竖油缸下支点）作用到车架上的力 P_{cy}（两个垂直安装的起竖油缸），当起竖部分受到侧风作用时，通过回转轴 O 点作用到车架上的力 P_{ox}、P_{oz}。还有车架的自重及附属设备的重力 G_0 等。这些作用力的大小，

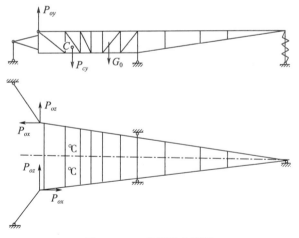

图 5.3-2　车架受力简图

在总体计算中，已分别进行过计算。

车架的强度、刚度计算，通常使用商用软件（如 ANSYS 等）进行分析，车架结构有限元计算模型由空间梁单元组成。在初步确定车架结构方案计算时，可以不计风载荷。车架后端靠后轮组支承于地面，计算时应简化为弹性支承。

5.4 闭锁装置设计

5.4.1 概述

火箭导弹发射车的闭锁装置是用来将导弹固定在起竖臂上。当导弹起竖成垂直状态时，能将导弹下放到发射台上或从发射台上将导弹提起抱回；运输状态时，能将导弹安全可靠地固定在发射车的起竖臂上。

闭锁装置由上下夹钳组成。根据其工作时动力装置的不同，可分为电动式、液动式和手动式。早期的闭锁装置，大多采用手动式，工作起来费时费力。随着液压和电动技术的发展，现在已经很少采用手动式。液动式和电动式相比，液动式更有其独特的优点，因此，现代的闭锁装置基本上都采用液动式。本书将着重介绍液动式闭锁装置的设计。

5.4.2 闭锁装置工作原理

图 5.4 - 1 是一种液压式的上夹钳，它安装在起竖臂的后端。导弹运输和起竖时，它呈关闭状态，防止运输时导弹的径向跳动，起竖时防止导弹向前翻倒。

上夹钳座和左右杠杆（1、2）都是由钢板焊成的盒型结构，其内表面的形状要与被支撑的导弹的形状相吻合，并在支撑导弹的圆弧面上贴有毡垫，防止损伤导弹的支撑面。

上夹钳油缸伸出时，推动转臂转动，通过左右连杆（4、5）推动左右杠杆（1、2）绕回转轴转动，使上夹钳关闭。上夹钳油缸全

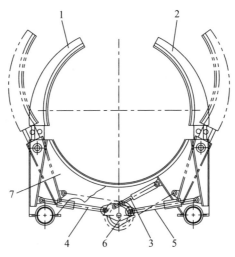

图 5.4 - 1　上夹钳

1—左杠杆；2—右杠杆；3—上夹钳油缸；4—左连杆；5—右连杆；6—转臂；7—上夹钳座

部伸出时，刚好使左右杠杆完全关闭，此时如果继续增加油压，左右杠杆也不会再向内运动，以防止导弹被夹坏。通过调整左右连杆的长度，来保证左右杠杆与导弹支撑部位的贴合程度。

上夹钳油缸收缩时，左右杠杆向外张开，油缸完全缩回，左、右杠杆开到最大位置，此时要保证有一定的开口量，以便方便地回抱弹体。

下夹钳安装在起竖臂的下端支持梁附近，用以固定、提升和下放导弹，还可以利用下夹钳的防移油缸，来调整导弹在起竖臂上的位置。

下夹钳由下托座、下夹钳油缸和防移油缸组成（如图 5.4 - 2 所示）。下托座的中央刻有一个方框标志，用以指示导弹在起竖臂上安放时，导弹下部的支承球头必须放在方框内。当球头放偏时，利用下夹钳油缸伸出，纵向向前移动导弹；利用两个防移油缸同时工作，可纵向向后移动导弹；将一个防移油缸关闭，另一个防移油缸工作，可以实现导弹的横向移动。

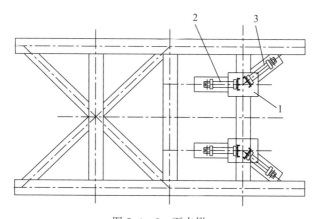

图 5.4 - 2　下夹钳

1—下托座；2—下夹钳油缸；3—防移油缸

球头的作用是允许导弹绕其转动，防止起竖臂变形对导弹产生附加作用力。

5.4.3　闭锁装置受力分析

5.4.3.1　导弹呈水平状态

（1）导弹水平静止状态

导弹呈水平状态时，导弹的重力作用到上、下夹钳的支座上，其值的大小由式（5.4 - 1）、式（5.4 - 2）计算

$$N_A = \frac{Qx}{L} \tag{5.4 - 1}$$

$$N_B = Q - G_A \tag{5.4 - 2}$$

式中　N_A ——上夹钳受力；

　　　N_B ——下夹钳受力；

　　　Q ——导弹的重力；

　　　x ——导弹的质心距下夹钳的距离；

　　　L ——上、下夹钳的距离。

（2）导弹水平运输状态

①垂直方向上的动载荷

火箭导弹发射车在运输过程中受路面的激励将产生振动，振动的大小取决于行驶速度和道路状况。在运输状态下，闭锁装置承受垂直方向上的动载荷由式（5.4-3）计算

$$Q_y = n_y Q \qquad (5.4-3)$$

式中　n_y——运输过载系数，n_y 的值一般在 1.5～1.8 范围内。

②运输过程中制动引起的动载荷

发射车运输中制动时，导弹要产生纵向惯性力，以完全制动（急刹车）时惯性力最大。纵向上的制动载荷由式（5.4-4）计算

$$Q_x = n_x Q \qquad (5.4-4)$$

式中　n_x——制动过载系数。

n_x 由式（5.4-5）确定

$$n_x = \varphi \sim \frac{2\varphi}{\sqrt{1+\varphi^2}} = 0.8 \sim 1.25 \qquad (5.4-5)$$

式中　φ——轮胎对地面的附着系数。

φ 与轮胎的花纹、气压和路面的情况等因素有关，一般以干燥的沥青和混凝土路面的附着系数 φ 最大，可达 $\varphi = 0.8$。

③运输过程中转弯引起的横向载荷

发射车急转弯时，导弹要产生横向离心力，在保证不发生侧翻而允许行驶速度的条件下，闭锁装置承受转弯时的横向载荷由式（5.4-6）计算

$$Q_z = n_z Q \qquad (5.4-6)$$

式中　n_z——横向过载系数；

　　　　B——横向轮距。

$$n_z = \frac{\dfrac{B}{2h} + \tan\gamma_b}{1 - \dfrac{B}{2h}\tan\gamma_b} \qquad (5.4-7)$$

式中　h——发射车质心距地面的距离；

γ_b——路面横向坡度角。

当 $\gamma_b = 0$ 时

$$n_z = \frac{B}{2h} \qquad (5.4-8)$$

用 Q_y、Q_z 代替式（5.4-1）、式（5.4-2）中的 Q，将得到运输状态下的上下夹钳的受力（未考虑风载荷的作用）N_{Ay}、N_{Az} 和 N_{By}、N_{Bz}，Q_x 则完全由下夹钳承受。

5.4.3.2　导弹呈垂直状态

导弹呈垂直状态时，闭锁装置的受力情况如图 5.4-3 所示。

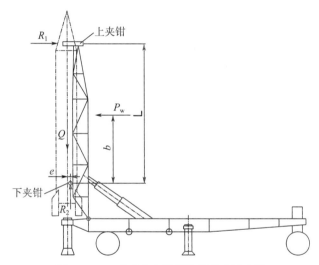

图 5.4-3　垂直状态闭锁装置受力示意图

上、下夹钳的受力分别由式（5.4-6）、式（5.4-7）求出

$$R_1 = \frac{P_w b + Qe}{L} \qquad (5.4-9)$$

$$R_2 = Q \qquad (5.4-10)$$

式中　R_1——上夹钳受力；

　　　R_2——下夹钳受力；

　　　P_w——风荷。

5.4.3.3　上夹钳支座部位的正压力计算

导弹在上夹钳支座部位正压力值有一定要求，其值过大，会造成导弹支承部位的损坏，上夹钳支座部位正压力的计算如下

$$N_s = Rbq_{max} \int_{\alpha-\beta}^{\alpha+\beta} \cos\varphi \mathrm{d}\varphi$$

$$= Rbq_{max}[\sin(\alpha+\beta) - \sin(\alpha-\beta)]$$

$$(5.4-11)$$

式中　q_{max}——上夹钳支座部位的最大正压力。

$$q_{max} = N_s/Rb[\sin(\alpha+\beta) - \sin(\alpha-\beta)] < [q] \quad (5.4-12)$$

式中　$[q]$——允许正压力值；

　　　N_s——上夹钳支座部位的最大受力；

　　　R——上夹钳支承锥面的平均半径；

　　　b——上夹钳支承面的宽度；

　　　α——包容角的一半。

$$N_s = \sqrt{N_{Ay}^2 + N_{Az}^2} \quad (5.4-13)$$

$$\beta = \tan^{-1}\frac{N_{Az}}{N_{Ay}} \quad (5.4-14)$$

式中　N_{Ay}，N_{Az}——运输状态下上夹钳的受力（见5.4.3.1小节）。

当 $\alpha+\beta \geqslant \dfrac{\pi}{2}$ 时，取 $\alpha+\beta = \dfrac{\pi}{2}$。

当 $q_{max} > [q]$ 时，应增加支承面的宽度 b 和包容角 α。

5.4.4　闭锁装置设计

5.4.4.1　上夹钳设计

上夹钳设计，主要是如何实现通过上夹钳油缸伸出，带动转臂转动一定的角度，使左右杠杆达到要求关闭和张开尺寸。图5.4-4是上夹钳开关示意图。

（1）上夹钳关闭和打开尺寸的确定

上夹钳关闭后的尺寸 $2a$ 和打开后的尺寸 $2b$，是影响上夹钳设计

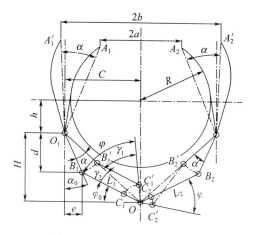

图 5.4 - 4　上夹钳开关示意图

的关键尺寸，该尺寸确定得是否合理，直接影响到上夹钳的技术性能和整体结构的设计。闭合尺寸 $2a$ 越小，对导弹被抱紧部位的受力和牢固程度越好，但达到打开尺寸 $2b$ 时，转臂转过的角度就越大，使整个转动机构的工作范围变大。打开尺寸 $2b$ 越大，越容易回抱弹体，但 $2b$ 的增大，同样会使转臂转过的角度变大，造成上夹钳的尺寸增大。根据对几种型号火箭导弹发射车上夹钳设计资料的统计分析，可按下列经验公式确定

$$a = \frac{R}{2} \tag{5.4 - 15}$$

$$b = R + 100 \tag{5.4 - 16}$$

式中　R——导弹被抱紧部位的半径。

（2）转臂设计

转臂是上夹钳中的一个关键件，转臂设计是否正确，关系到上夹钳能否顺利、平稳、可靠地打开和关闭。转臂设计的要点在于确定它与左右连杆连接半径 R_1、R_2 和与驱动油缸相连接的 R_3，如图 5.4 - 5 所示。

由图 5.4 - 4 可知

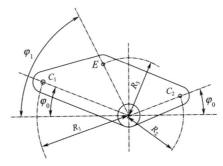

图 5.4 - 5　转臂示意图

$$\alpha = \sin^{-1}(\frac{c-a}{O_1A_1}) + \sin^{-1}(\frac{b-c}{O_1A_1}) \qquad (5.4-17)$$

$$O_1A_1 = \sqrt{(c-a)^2 + (\sqrt{R^2-a^2}+h)^2} \qquad (5.4-18)$$

$$\varphi_0 = \tan^{-1}(\frac{H-d}{c-e}) \qquad (5.4-19)$$

$$\alpha_0 = \tan^{-1}(\frac{e}{d}) \qquad (5.4-20)$$

$$R_0 = \sqrt{d^2+e^2} \qquad (5.4-21)$$

$$OB_1 = L_1 + R_1 = \sqrt{(H-d)^2 + (c-e)^2} \qquad (5.4-22)$$

$$OB'_1 = \sqrt{[H-R_0\cos(\alpha+\alpha_0)]^2 + [c-R_0\sin(\alpha+\alpha_0)]^2}$$
$$(5.4-23)$$

$$B_1B'_1 = 2R_0\sin(\frac{\alpha}{2}) \qquad (5.4-24)$$

$$\varphi = \gamma_1 + \gamma_2$$
$$= \cos^{-1}\left(\frac{R_1^2 + OB_1'^2 - L_1^2}{2R_1OB'_1}\right) + \cos^{-1}\left(\frac{OB_1^2 + OB_1'^2 - B_1B_1'^2}{2OB_1OB'_1}\right)$$
$$(5.4-25)$$

保证左右杠杆开关一致，则
$$OB_2 = OB_1$$
$$OB'_2 = OB'_1 \qquad (5.4-26)$$

故

$$L_2^2 = R_2^2 + OB_1'^2 - 2R_2 OB_1' \cos(\varphi + \gamma_2) \qquad (5.4 - 27)$$

$$L_2 = OB_1 - R_2$$

又

$$L_2^2 = OB_1^2 - 2R_2 OB_1 + R_2^2 \qquad (5.4 - 28)$$

由式（5.4 - 27）、式（5.4 - 28）得

$$R_2 = \frac{OB_1^2 - OB_1'^2}{2[OB_1 - OB_1' \cos(\varphi + \gamma_2)]} = f(a, b, c, d, H, h, R_1)$$

$$(5.4 - 29)$$

式中　L_1——左连杆长度；

　　　L_2——右连杆长度；

　　　R_1——转臂与左连杆连接半径长；

　　　R_2——转臂与右连杆连接半径长；

　　　α——杠杆最大开关角；

　　　φ——转臂最大开关角。

由式（5.4 - 29）可知，转臂的尺寸 R_1 和 R_2 具有一定的函数关系，一旦 R_1 确定，R_2 便是一个确定的值，其大小由式（5.4 - 29）算出。

（3）上夹钳油缸安装位置设计

具有初始长度 DE_0 和全部伸出长度 DE 的上夹钳油缸，只有确定出正确的安装位置和相应的转臂尺寸 R_3，才能驱动转臂转动 φ 角，实现所要求的开关尺寸。

上夹钳油缸的安装位置，根据实际安装空间的情况，可以安装在转臂的上方，也可以安装在转臂的下方。随着安装位置的不同，相应转臂的几何形状也不一样。这里以安装在转臂的上方为例，如图 5.4 - 6 所示。

根据图 5.4 - 6 可得

$$\beta = (\pi - \varphi)/2$$

$$EE_0 = 2R_3 \sin(\varphi/2) \qquad (5.4 - 30)$$

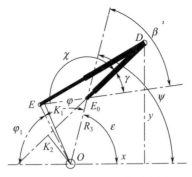

图 5.4 - 6　油缸安装示意图

$$\chi = \cos^{-1}\left[(EE_0^2 + DE_0^2 - DE^2)/(2EE_0 \cdot DE_0)\right]$$

$$\gamma = \pi - \chi$$

$$\omega = \pi - \varphi_1 - \varphi$$

$$y = R_3 \sin(\omega) + DE_0 \sin(\gamma + \omega - \beta) \qquad (5.4 - 31)$$

$$x = R_3 \cos(\omega) + DE_0 \cos(\gamma + \omega - \beta) \qquad (5.4 - 32)$$

$$D(x,\ y) = f(DE,\ DE_0,\ R_3,\ \varphi_1) \qquad (5.4 - 33)$$

则

$$OK_1 = R_3 \sin(\beta + \varepsilon)$$

$$\varepsilon = \sin^{-1}(DE_0 \sin\gamma / DE) \qquad (5.4 - 34)$$

$$OK_2 = R_3 \sin(\beta - \gamma) \qquad (5.4 - 35)$$

式中　R_3——转臂与油缸连接处的半径；

　　　x，y——油缸铰点 D 安装位置坐标；

　　　K_1——夹钳全关闭时的力臂；

　　　K_2——夹钳全打开时的力臂。

　　为了使转臂转动 φ 角，油缸支点 D 可以安装在角 ψ 内的任意位置。在已知油缸尺寸 DE、DE_0 和转臂尺寸 R_3、φ_1 的情况下，D 点的位置可通过式（5.4 - 31）、式（5.4 - 32）计算得到，也可以通过几何作图法得到。因此，可通过改变油缸和转臂的尺寸，获得允许的 D 点位置；也可以在已确定油缸支点 D 位置的条件下，计算出相应的油缸和转臂尺寸。

为了使油缸驱动转臂能灵活转动，应避免油缸的驱动力臂 K_1、K_2 太小。K_1 和 K_2 是转臂设计和驱动油缸设计及安装位置确定的关键数值，通过多次选取有关参数进行试算，得到满足要求的值。转臂的结构尺寸和几何形状如图 5.4 - 6 所示。

5.4.4.2　下夹钳设计

下夹钳设计较为简单，只要根据下夹钳在水平和垂直状态的受力，以及起竖臂相应部位的结构，便可进行设计。下夹钳油缸的压力，由式（5.4 - 36）计算

$$P = \frac{4R_2}{\pi d^2} \qquad (5.4 - 36)$$

式中　P ——下夹钳油缸的压力；

　　　R_2 —— 由式（5.4 - 10）求得的下夹钳受力；

　　　d ——下夹钳油缸的活塞直径。

5.4.4.3　闭锁装置的可靠性

闭锁装置设计时，要特别注意安全可靠，尤其在起竖和回抱导弹时，要做到万无一失。因为一旦工作失常，将造成导弹倾覆，其后果不堪设想。为此闭锁装置的驱动系统，常设计成双重保险。例如上下夹钳油缸，都设计成带有钢球锁的机械式锁紧油缸，同时还带有液压锁紧阀门。一旦闭锁装置的驱动系统出现故障，上下夹钳油缸仍能严格地停留在要求的位置上。

为保证闭锁装置操作的正确性和各驱动机构工作到位，各相应工作位置都设有行程开关和到位指示信号，使操作人员能准确地掌握闭锁装置的工作状况，防止操作失误。

5.5　方向机设计

5.5.1　概述

倾斜发射的火箭导弹发射车一般都具有方向瞄准系统，通称方

向机，用来完成倾斜发射导弹时的方位瞄准。方位瞄准的偏差，直接影响到导弹的射击精度。

方向机的结构形式、尺寸、质量大小，也直接影响到发射车底盘轴荷的分配和行驶性能，可见方向机的设计水平直接影响到发射车的整车战术技术性能。

方向机是火箭导弹发射车的重要支承和转动部件，是实现导弹准确发射的关键件，根据它所承担的任务与功能，一般对方向机提出如下要求：

1）转动灵活，回转阻力小，有尽可能高的瞄准精度及较大的射界，瞄准位置确定后不易破坏；

2）方向机要有足够的强度和刚度，以免在发射和行军时受到冲击载荷的作用而发生破坏和变形，影响方向机的传动性能和导弹的射击精度；

3）尽量减少方向机的加工装配精度对射击精度的影响，如保证方向机上两耳轴孔的同轴度不大于 0.05 mm，耳轴轴线与回转中心线的垂直度不大于 0.05～0.3 mm，回转体与底座配合间隙不大于 0.1～0.3 mm；

4）回转台要有足够的防翘能力，防止发射和行军时回转部分对底座的倾覆；

5）要尽量减轻方向机的质量，使其结构简单紧凑、体积小，方向机等各种传动机构在回转台上安装位置要适当，使操作和维修方便；

6）有良好的工艺性，要便于焊接加工和装配调试。

5.5.2　方向机的分类

按其运动副来分，可分为螺杆式和齿圈式。按其驱动方式来分，又可分为电力传动式和液压传动式。

螺杆式方向机也称电动推杆式方向机，当方向机的驱动电机转动时，螺杆和螺母产生相对运动，螺杆伸出或缩回，从而带动回转台转动，实现方位瞄准。螺杆式方向机结构紧凑、制造成本较低，满足自锁要求，但其传动效率低，并受结构限制，射界较小。

齿圈式方向机，通常将齿圈固定在车架上，齿轮安装在回转体上并与齿圈啮合，驱动系统带动齿轮旋转，齿轮沿齿圈滚动，从而带动回转体转动，实现方位瞄准。齿圈式方向机，瞄准速度和射界都较大，传动效率高，承载能力也大。可根据需要选择标准的回转支承，但外廓尺寸和结构质量都较大。

电力传动式方向机如图 5.5-1 所示。它由伺服电机、电磁离合器、行星减速器等组成。进行电传动方向瞄准时，执行电机的转动通过联轴节、行星减速器、内齿轮轴带动方向主齿轮与内齿圈啮合，内齿圈固定在底架上不动，方向机主齿轮围绕齿圈转动，从而赋予回转部分方向角。电力传动式方向机，瞄准速度高，调速范围大，但其结构复杂，不易维修。

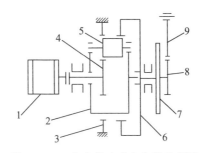

图 5.5-1 电力传动式方向机示意图

1—伺服电机；2—转臂；3—内齿轮；4—太阳轮；5—行星轮；6—内齿轮；

7—滚珠自锁器；8—方向机主齿轮；9—齿圈

液压传动式方向机，承载能力大，结构紧凑，质量轻，但液压油的泄漏会影响运动的平稳性和准确性。随着高质量液压元件的出现，液压传动式方向机正获得越来越多的应用。液压传动式方向机的传动原理如图 5.5-2 所示，结构示意图如图 5.5-3 所示。

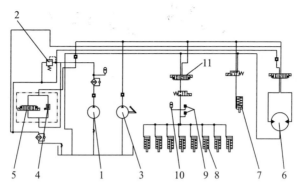

图 5.5 - 2　液压传动式方向机传动原理

1—油泵；2—溢流阀；3—手摇泵；4—比例流量阀；5—电磁换向阀；6—液压马达；

7—制动器油缸；8—止动器油缸；9—压力继电器；10—蓄能器；11—电磁换向阀

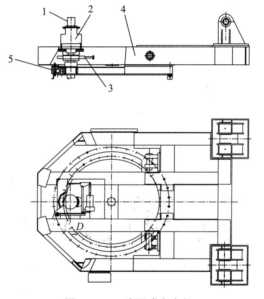

图 5.5 - 3　液压式方向机

1—液压马达；2—减速器；3—制动器；4—转台；5—回转支承

5.5.3　方向机受力分析

方向机承受多种外力的作用,有起竖部分的重力,非等速运动的惯性力、风力、燃气流作用力等(图 5.5 - 4)。这些作用力随着起竖部分处于不同的状态,其值也不同,所包含的项数也有差异。

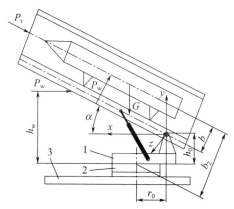

图 5.5 - 4　发射装置受力示意图

1—转台；2—回转支承；3—车架

5.5.3.1　转台的受力计算

(1) 瞄准状态的作用力

转台的受力包括通过起竖油缸下支点和起竖臂回转耳轴传来的力和固定齿圈对齿轮的作用力。从计算转台的强度刚度出发,将转台底部看成通过多个螺栓(螺栓数量由选定的标准回转支承确定)与回转支承上座圈连接,回转支承的下座圈与车大梁为固端约束。

①起竖部分的重力

在第 4 章总体计算中,对三铰点式的起竖机构中起竖油缸受力和回转耳轴的受力进行过计算,根据作用力与反作用力大小相等、方向相反,只需改变一下方向即可,如图 5.5 - 5 所示。为了阅读方便,这里把计算结果引用过来

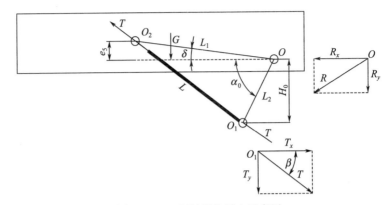

图 5.5 - 5　起竖机构受力示意图

$$T = \frac{LG(x_0\cos\alpha - y_0\sin\alpha)}{nL_1L_2\sin(\alpha + \alpha_0 + \delta)} \qquad (5.5-1)$$

转台在导弹由水平开始起竖瞬间（即 $\alpha = 0$，尚未进行方向瞄准）受力最大，则式（5.5-1）简化成式（5.5-2）

$$T = \frac{LGx_0}{nL_1L_2\sin(\alpha_0 + \delta)} \qquad (5.5-2)$$

$$T_x = T\cos\beta$$

$$T_y = T\sin\beta$$

$$R = \sqrt{R_x^2 + R_y^2}$$

$$R_x = T_x$$

$$R_y = \frac{G}{2} - T_y \qquad (5.5-3)$$

$$\beta = \sin^{-1}\{[L_1\sin(\alpha + \alpha_0 + \delta)]/L\} \qquad (5.5-4)$$

式中　T ——每个起竖油缸受力；

　　　R ——边铰点 O 的受力；

　　　G ——起竖部分的重力；

　　　L ——起竖油缸的长度；

　　　β ——起竖油缸与水平线的夹角；

　　　n ——起竖油缸的数量。

发射状态的受力应用式（5.5 - 1）计算，但是燃气流的作用力是导弹离开发射箱后的某一时刻最大，因此，应用式（5.5 - 1）计算时，起竖部分的重力 G 应当减去已发射导弹的重力，并且射角应为允许的最小射角，即 $\alpha = \alpha_{\min}$。转台的受力应取瞄准状态和发射状态两者最大值。

②风载荷

发射车起竖部分受侧风作用且由水平状态起竖瞬时最大，则

$$R_{xw} = \frac{P_w x_w}{B} \qquad (5.5 - 5)$$

$$R_{yw} = \frac{P_w y_w}{B} \qquad (5.5 - 6)$$

$$R_z = \frac{P_w}{2} \qquad (5.5 - 7)$$

式中　P_w ——风载荷；

　　　B ——转台两回转轴支耳的横向距离；

　　　x_w，y_w ——起竖部分水平状态风力作用中心的坐标值（坐标原点在回转耳轴中心）。

转台支耳处的受力为

$$\begin{aligned} R_{x1} &= R_x + R_{xw} \\ R_{x2} &= R_x - R_{xw} \\ R_{y1} &= R_y + R_{yw} \\ R_{y2} &= R_y - R_{yw} \\ R_{z1} &= R_{z2} = R_w \end{aligned} \qquad (5.5 - 8)$$

（2）发射时的作用力

导弹已滑离箱口瞬间，此时方向机呈锁紧静止状态。假设发射车为多联装，发射架左边的某一导弹发射，P_r 为燃气流作用力，b 为 P_r 对 z 轴的力臂，r_r（图中未标出）为 P_r 在水平面上的分量对 y 轴的力臂，转台在发射导弹时的受力情况如图 5.5 - 6 所示。

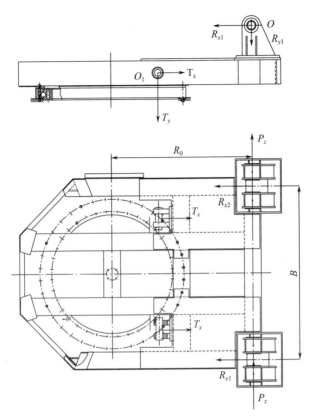

图 5.5 - 6　转台受力示意图

起竖油缸的受力

$$T = \frac{LG(x_0\cos\alpha - y_0\sin\alpha) - P_r b}{nL_1L_2\sin(\alpha + \alpha_0 + \delta)} \tag{5.5-9}$$

$$T_x = T\cos\beta$$

$$T_y = T\sin\beta$$

$$R_x - T_x - \frac{1}{2}P_r\cos\alpha = 0$$

$$R_x = T_x + \frac{1}{2}P_r\cos\alpha$$

$$R_y + T_y - \frac{G}{2} - \frac{P_r \sin\alpha}{2} = 0$$

$$R_y = \frac{G}{2} + \frac{P_r \sin\alpha}{2} - T_y \qquad (5.5-10)$$

$$R_{xr} = \frac{P_r \cos\alpha\, r_r}{B}$$

$$R_{yr} = \frac{P_r \sin\alpha\, r_r}{B} \qquad (5.5-11)$$

则转台支耳处的受力为

$$R_{x1} = R_x + R_{xw} + R_{xr}$$
$$R_{x2} = R_x - R_{xw} - R_{xr}$$
$$R_{y1} = R_y + R_{yw} - R_{yr}$$
$$R_{y2} = R_y - R_{yw} + R_{yr}$$
$$R_{z1} = R_{z2} = R_w \qquad (5.5-12)$$

按图 5.5-4 的受力状态计算转台的强度与刚度。

5.5.3.2　回转支承的受力

回转支承的受力示意图如图 5.5-7 所示。

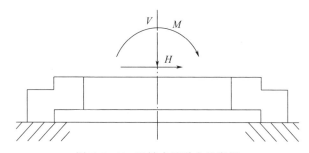

图 5.5-7　回转支承受力示意图

（1）起竖瞬时

已知：1）起竖部分的总重力 G；2）回转台的重力 G_h，回转台的重力指除上述起竖部分的重力以外的所有回转部分的重力；3）侧向风力 P_w。

则

$$V = G + G_h$$

$$H = P_w$$

$$M = \sqrt{\left[(G+G)R_c\right]^2 + (P_w h_c)^2} \qquad (5.5-13)$$

式中　　R_c——回转部分 G、G_h 的合成质心到回转中心轴的距
　　　　　　　离，m；

　　　　h_c——侧向风力到回转支承上表面的距离，m。

（2）瞄准状态

方向机启动或制动时，回转部分的惯性力近似为回转部分质心
的切向惯性力 F_τ 和离心力 F_n

$$F_\tau = \frac{(G+G_h)\omega R_c}{g t_e} \qquad (5.5-14)$$

$$F_n = \frac{G+G_h}{g}\omega^2 R_c \qquad (5.5-15)$$

式中　　ω——方位瞄准角速度，rad/s；

　　　　t_e——回转启动或制动时间，s。

$$V = G + G_h \qquad (5.5-16)$$

$$H = \sqrt{F_x^2 + F_y^2} \qquad (5.5-17)$$

$$F_x = F_n$$

$$F_y = P_w + F_\tau \qquad (5.5-18)$$

$$M = \sqrt{M_x^2 + M_y^2} \qquad (5.5-19)$$

$$M_x = F_\tau h_c + P_w h_w$$

$$M_y = (G+G_h)R_c + F_n h_c \qquad (5.5-20)$$

（3）发射状态

发射状态方向机已停止运转，并假定回转部分处于静止状态。
燃气流作用力为 P_r，回转支承相应的受力为：翻倒力矩 M、垂直作
用力 V 和水平作用力 H

$$V = G + G_h + P_r \sin\alpha \qquad (5.5-21)$$

$$H = P_w + P_r \cos\alpha \qquad (5.5-22)$$

$$M = (G + G_h)R_c \pm P_w h_w - P_r b \qquad (5.5 - 23)$$

5.5.3.3　阻力矩和驱动功率计算

（1）阻力矩计算

①静阻力矩 M

系统静阻力矩由风力矩、摩擦阻力矩和坡度阻力矩组成

$$M = M_w + M_f + M_b \qquad (5.5 - 24)$$

$$M_w = P_w(x_w \cos\alpha - R_0) \qquad (5.5 - 25)$$

摩擦阻力矩 M_f 的计算，因其回转台结构形式不同而不同，对于滚动轴承式回转支承装置，按式（5.5 - 26）计算

$$M_f = \frac{1}{2}\mu D \sum F \qquad (5.5 - 26)$$

$$\sum F = \frac{V}{\sin\beta} + \frac{4H}{\pi\cos\beta}$$

式中　$\sum F$ ——滚动体法向反力的绝对值总和；

　　　μ ——换算系数，可取 $\mu = 0.01$；

　　　D ——滚动体中心圆直径；

　　　β ——滚动体的压力角，取 $\beta = 45°$。

$$M_b = G(x_0 \cos\alpha - R_0)\sin\gamma \qquad (5.5 - 27)$$

式中　γ ——车体横向坡度角；

　　　R_0 ——耳轴到回转中心的距离；

　　　x_0 —— 起竖部分水平状态时质心到回转耳轴的距离。

②惯性力矩 M_g

$$M_g = J_h \ddot{\psi} \qquad (5.5 - 28)$$

$$J_h = J_{h0} + \frac{(G + G_h)}{g}R_c^2 \qquad (5.5 - 29)$$

式中　J_{h0} ——回转部分对通过其质心，且平行于回转支承中心轴线的转动惯量；

　　　$(G + G_h)$ ——回转部分重力；

　　　R_c ——回转部分质心至回转支承中心轴线的距离；

$\ddot{\psi}$——回转部分绕回转支承中心轴线的角加速度。

当方向机作加速瞄准时，原动机除必须克服静阻力矩外，还必须克服惯性阻力矩（动力矩），考虑到各项阻力矩换算到系统的驱动轴上，可得到加速运动时驱动轴上的阻力矩为

$$M_{md} = \frac{M + M_g}{i\eta} \qquad (5.5-30)$$

式中　i——传动系统总传动比；

　　　η——传动系统总传动效率。

（2）驱动功率计算

驱动功率的计算，主要用克服静阻力矩作为选择原动机功率的依据，因此所需的驱动功率为

$$N = \frac{Mn_d}{9.55i\eta} \qquad (5.5-31)$$

式中　N——原动机的功率，W；

　　　n_d——原动机的转数，r/min。

（3）制动力矩计算

方向机在方位瞄准过程中必须有制动环节，以保证方向机能停在要求的方位角上。制动器安装的位置不同，制动力矩的大小也不同，现分别计算如下：

1）制动器安装在电动机输出轴上时

$$M_{zm} = M_w + M_b - M_f \qquad (5.5-32)$$

$$M_e = \frac{M_{zm}\eta}{i} + \frac{[J]n_d}{9.55t_e} \qquad (5.5-33)$$

$$[J] = J_h\eta/i^2 + 1.2J_g \qquad (5.5-34)$$

式中　t_e——制动时间，s。

2）制动器安装在最后一级小齿轮轴上时

$$M_e = \frac{M_{zm}\eta}{i_1} + \left(\frac{J_h\eta}{ii_1} + 1.2J_gi_2\right)\frac{n_d}{9.55t_e} \qquad (5.5-35)$$

式中　i_1——小齿轮与大齿圈之间的转动比；

　　　i_2——小齿轮与驱动轴（减速器）的传动比；

　　J_g——驱动轴上回转质量的转动惯量，包括电动机（或液压
　　　　马达）转子及连轴节的转动惯量，$kg \cdot m^2$。

　　制动时间 t_e 的大小，对制动力矩的大小影响很大。制动时间
取值越小，对提高方位瞄准的精度越有利，但制动力矩将变大。
当制动力矩大于传动系统允许的传递力矩时，会发生因制动而造
成传动系统的损坏。制动时间取值过大，会对要求方向机停在准
确的位置上造成困难，有时采用提前制动的方法来满足方位瞄准
精度的要求。

　　需要进一步指出的是，在导弹发射时，导弹克服的闭锁力和燃
气流的作用力都会造成方向机的转动，而该转动力矩要比上述制动
力矩大得多。为了保证在导弹发射过程中，方向机不能有任何的转
动，该制动器的制动力矩为

$$M_e = M_r + M_w + M_b - M_f \qquad (5.5-36)$$

$$M_r = P_r \cos\alpha R_r \qquad (5.5-37)$$

$$M_t = P_t R_t \qquad (5.5-38)$$

式中　P_r——燃气流的作用力，N；

　　　P_t——导弹闭锁力，N；

　　　R_r——燃气流的作用力到回转台中心的距离，m；

　　　R_t——导弹闭锁力到回转台中心的距离，m；

　　　α——发射高低角。

　　制动器的制动力矩应取 M_r 和 M_t 两者中的最大值。

5.5.3.4　传动比的确定

　　传动比是方向机转动系统设计中一个重要参数，火箭导弹发射
车方向机转动系统一般都采用多级传动，它不仅需要确定总传动比，
还需要确定各级传动比的分配。

　　（1）总传动比

　　总传动比是指由原动机到回转台的传动比，可用式（5.5-39）
计算

$$i = \frac{6n_d}{\omega} \tag{5.5-39}$$

式中 n_d ——原动机的额定转数，r/min；

ω ——回转台的角速度，(°)/s。

(2) 分级传动比

一般情况下，原动机的转速很高，回转台的转速较小 [1~5 (°)/s]，所以总传动比很大，单级传动不可能满足要求，因而总传动比确定后，还有一个如何分级的问题。通常情况下，选用或设计一个减速器，一级传动由大齿圈与小齿轮传动组成

$$i = i_1 i_2$$

齿轮齿弧传动比 i_1 的选择，即 Z_1、Z_2 的选择。齿弧可视为齿圈的一段，Z_2 是该齿圈的齿数，由式（5.5-40）确定

$$Z_2 = \frac{2R_2}{m} \tag{5.5-40}$$

式中 R_2 ——齿圈的节圆半径；

m ——齿圈模数。

一般根据总体的布置，选择适宜的节圆半径 R_2。R_2 过大，将导致回转台和底架的结构尺寸太大，R_2 过小，齿弧齿上受力较大，且齿侧间隙对方向角变动的影响也大。通常根据回转支承的受力大小，选择标准的内齿或外齿回转支承。根据齿圈的尺寸即可得出它的齿数 Z_2 及模数 m。

Z_1 是与齿圈啮合的小齿轮齿数，通常称为主齿轮。为了达到较大的传动比，Z_1 越小越好。当传动比一定时，Z_1 小则 Z_2 也小，这样可减少回转台的结构尺寸。考虑到切根现象，应按不发生切根现象来确定小齿轮的齿数 Z_1。

不发生切根现象的最小齿数为

$$Z_{min} = \frac{2h_a}{\sin^2\alpha} \tag{5.5-41}$$

式中 h_a ——齿顶高系数；

α ——压力角。

当 $\alpha = 20°$，$h_a = 1$ 时，$Z_{min} = 17$。为了采用 $Z < Z_{min}$ 的齿轮，而又不发生切根现象，可采用变位齿轮。一般取 $Z_1 = 10 \sim 17$，传动比通常取 $1 : 10$ 左右。大齿圈传动部分的传动比确定以后，减速器部分的传动比就可求出，可根据减速器部分的传动比和要求的输出力矩，选择标准的减速器或自行设计减速器。

5.5.4　回转支承选型计算

回转支承选型计算有多种方法，这里介绍一种较为简单的方法。

5.5.4.1　单排球式回转支承的选型计算

1）计算额定静容量

$$C_0 = fDd \qquad (5.5-42)$$

式中　C_0——额定静容量，kN；

　　　f——静容量系数，0.108 kN；

　　　D——滚道中心直径，mm；

　　　d——钢球公称直径，mm。

2）根据回转支承的受力，计算当量容量

$$C_p = V + \frac{4\,370M}{D} + 3.44H \qquad (5.5-43)$$

式中　C_p——回转支承的当量容量，kN；

　　　M——总倾覆力矩，kN·m；

　　　V——纵轴向力，kN；

　　　H——总倾覆力矩作用平面的总径向力，kN。

3）计算安全系数

$$n_s = \frac{C_0}{C_p} \qquad (5.5-44)$$

n_s 的值按表 5.5-1 选取。

5.5.4.2　三排柱式回转支承的选型计算

1）计算额定静容量

$$C_0 = fDd \qquad (5.5-45)$$

式中　C_0——额定静容量，kN；

　　　f——静容量系数，0.172 kN；

　　　D——滚道中心直径，mm；

　　　d——上排滚柱直径，mm。

　　2）根据回转支承的受力，计算当量容量

$$C_p = V + \frac{4\ 500M}{D} \qquad (5.5-46)$$

式中　C_p——回转支承的当量容量，kN；

　　　M——总倾覆力矩，kN·m；

　　　V——纵轴向力，kN。

　　3）计算安全系数

$$n_s = \frac{C_0}{C_p} \qquad (5.5-47)$$

n_s 的值按表 5.5-1 选取。

表 5.5-1　回转支承安全系数 n_s

工作类型	工作特性	机械举例	n_s
轻型	不经常满负荷,回转平稳冲击小	推取料机,汽车起重机,非港口用轮式起重机	1.00～1.15
中型	不经常满负荷,回转较快,有冲击	塔式起重机,船用起重机,履带起重机	1.15～1.30
重型	经常满负荷,回转快,冲击大	抓斗起重机,港口起重机,单斗挖掘机,集装箱起重机	1.30～1.45
特重型	满负荷,冲击大或工作条件恶劣	斗轮式挖掘机,隧道掘进机,冶金起重机,海上作业平台起重机	1.45～1.70

5.5.5　方向机制动系统设计

　　方向机的制动系统，用来保证方向瞄准角准确可靠地停止在要求的位置上。在火箭导弹发射时，受到燃气流的冲击，应保证方向瞄准角不会改变。根据制动系统的驱动力，分为电力驱动和液压驱动。制动系统采用何种动力驱动，通常根据方向机采用了何种动力驱动来确定。

本节重点介绍液压驱动制动系统的设计。液压驱动制动系统的原理示意图如图 5.5 - 2 所示。图中序号 7、8 分别为制动器（止动器）的驱动机构。

5.5.5.1　制动力矩计算

制动力矩计算是制动器设计或选型的依据。第 5.5 节中已经推导出了制动力矩的计算公式，现根据一方向机的具体实例，将相关具体数据代入制动力矩的相关公式，计算制动力矩。

已知：$G = 14\ 170\ \text{kg}$；$G_h = 2\ 626\ \text{kg}$；$J_h = 80\ 747\ \text{kg} \cdot \text{m}^2$；$J_g = 0.016\ 88\ \text{kg} \cdot \text{m}^2$；$i_1 = 8.583$；$i_2 = 200$；$i = 1\ 716.6$；$P_w = 1\ 181\ \text{N}$；$x_w = 3\ \text{m}$；$\alpha = 22°$；$R_0 = 1.5\ \text{m}$；$x_0 = 3\ \text{m}$；$\gamma = 1°$；$\beta = 45°$；$P_r = 10 \times 10^4\ \text{N}$；$R_r = 1\ \text{m}$；$\mu = 0.01$；$\eta = 0.95$；$D = 1.453\ \text{m}$。

（1）瞄准运行状态

①风载荷引起的力矩

$$M_w = P_w(x_w\cos\alpha - R_0) = 1\ 181 \times (3 \times \cos22° - 1.5)$$
$$= 1\ 513.5\ \text{N} \cdot \text{m}$$

②发射车横向不平引起的力矩

$$M_b = G(x_0\cos\alpha - R_0)\sin\gamma = 141\ 700 \times (3 \times \cos22° - 1.5) \times \sin1°$$
$$= 3\ 169.3\ \text{N} \cdot \text{m}$$

③回转支承摩擦阻力矩

$$M_f = \frac{1}{2}\mu D\left(\frac{V}{\sin\beta} + \frac{4H}{\pi\cos\beta}\right) = \frac{1}{2} \times 0.01 \times 1.453 \times$$
$$\left(\frac{167\ 960}{\sin45°} + \frac{4 \times 1\ 181}{\pi\cos45°}\right) = 1\ 719.56\ \text{N} \cdot \text{m}$$

$$M_{zm} = (M_w + M_b - M_f) = (1\ 513.5 + 3\ 169.3 - 1\ 719.6)$$
$$= 2\ 963.2\ \text{N} \cdot \text{m}$$

（2）发射状态

火箭导弹发射时，燃气流的冲击力对方向机的作用力矩

$$M_r = P_r \cos\alpha R_r = 10 \times 10^4 \times \cos 22° \times 1.0$$

$$= 9.271\,8 \times 10^4 \text{ N} \cdot \text{m}$$

$$M_f = \frac{1}{2}\mu D\left(\frac{V}{\sin\beta} + \frac{4H}{\pi\cos\beta}\right) = \frac{1}{2} \times 0.01 \times 1.453 \times$$

$$\left[\frac{167\,960 + 37\,460}{\sin 45°} + \frac{4 \times (1\,181 + 92\,718)}{\pi\cos45°}\right]$$

$$= 3\,296.9 \text{ N} \cdot \text{m}$$

$$M_e = (M_r + M_w + M_b - M_f) = 9.090\,2 \times 10^4 \text{ N} \cdot \text{m}$$

由此可见，发射状态需要的制动力矩，比瞄准状态需要的制动力矩大得多。

5.5.5.2　制动器设计与选型

方向机瞄准状态与发射状态所需的制动力矩差别很大，分别设计了瞄准状态制动器和发射状态止动器。

（1）瞄准状态制动器设计

方向机系统从马达到回转支承经两级减速，将制动器安装在齿轮-齿圈传动的齿轮轴上，齿轮与齿圈的传动比 $i_1 = 8.583$，则制动力矩为

$$M_e = \frac{M_{zm}\eta}{i_1} + \left(\frac{J_h\eta}{ii_1} + 1.2J_g i_2\right)\frac{n_d}{9.55t_e}$$

$$= \frac{2\,963.2 \times 0.95}{8.583} + \left(\frac{80\,747 \times 0.95}{1\,716.6 \times 8.583} + 1.2 \times 0.016\,8 \times 200\right) \times$$

$$\frac{50}{9.55 \times 0.25} = 521.454 \text{ N} \cdot \text{m}$$

根据制动力矩数值，可选用 YWZ - 300/45 型制动器，如图 5.5-8所示。主要性能参数见表 5.5-2。

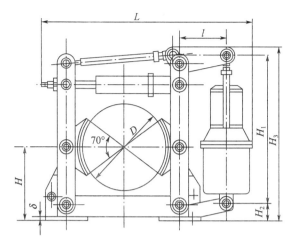

图 5.5 - 8 YWZ - 300/45 型制动器

表 5.5 - 2 YWZ - 300/45 型制动器技术性能

制动器型号	制动轮直径/mm	制动力矩/(N·m)	制动瓦退距/mm	液压推动器			
				额定推力/N	额定行程/mm	H_1/mm	电源/V
YWZ - 300/45	300	630	0.7	450	50	490	380

发射车如无 380 V 电源,可根据其推力、行程、结构尺寸等自行设计油缸替代配套的电力液压推动器。

(2)发射状态止动器设计

止动器是防止方向机在火箭发射时,受燃气流作用而发生方向角改变。止动器的止动力矩直接作用到回转支承的外圆上,行军状态止动器解脱。发射状态在方向机达到方向角精度要求后先制动器制动,后止动器止动,保证发射状态下方向角不变。

止动器采用液压驱动式,结构示意图如图 5.5 - 9 所示。

(3)制动器工作原理

压力油推动活塞 4 伸出,止动体 1 压紧回转支承外圆,建立起摩擦制动力,防止回转支承转动。工作压力由两个压力继电器控制,

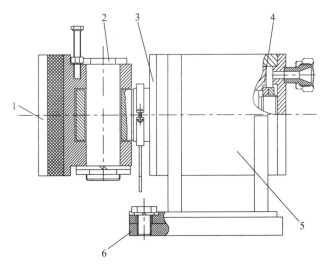

图 5.5-9　方向机止动器示意图

1—制动体；2—螺栓；3—端盖；4—油缸活塞；5—缸体；6—底座

高压压力继电器控制止动器止动时的工作油缸压力，低压压力继电器控制止动器油缸压力低于要求值时报警。

　　油源系统停止供油后，止动系统的蓄能器给止动器保压。由于泄漏等原因，当止动油缸压力小于规定的最小值时，止动器低压压力继电器报警时，火箭终止发射。止动器油缸缸体上装有接近开关，活塞杆端部装有感应片，止动器收回到位发出信号表示止动器解脱。

　　（4）止动器受力计算

　　假设共有 8 个止动器如图 5.5-10 所示。

　　止动器油缸工作压力计算

$$F = \frac{M_e}{4D_h} \tag{5.5-48}$$

$$P = \frac{F}{\mu A} \tag{5.5-49}$$

式中　M_e——回转装置旋转力矩，N·m；

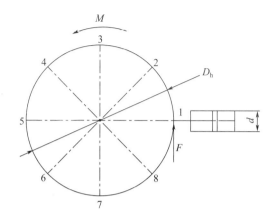

图 5.5 - 10　止动器受力示意图

P ——止动器工作压力，Pa；

D_h ——回转盘直径，m；

μ ——摩擦系数；

d ——止动器油缸活塞直径，m。

5.5.6　电动推杆式方向机

电动推杆式方向机的工作原理如图 5.5 - 11 所示。当方向机的驱动电机转动时，螺杆和螺母产生相对运动，伸缩管 2 伸缩，从而带动回转台转动，实现方位瞄准。螺杆式方向机结构紧凑、制造成本较低，满足自锁要求，但其传动效率低，并受结构限制，射界较小。

5.5.6.1　运动精度分析

电动推杆式方向机的运动关系如图 5.5 - 12 所示。

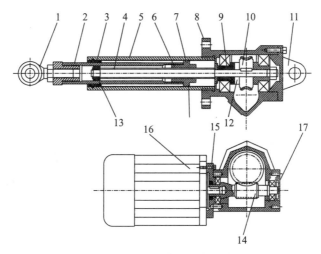

图 5.5 - 11　电动推杆结构示意图

1—支耳；2—伸缩管；3—伸缩管导向套；4—螺杆；5—外管；6—梯形螺母；7—导向销；

8—涡轮蜗杆箱；9—螺杆轴承套；10—涡轮；11—端盖；12—隔套；13—螺杆导向套；

14—蜗杆；15—电机连接法兰；16—电机

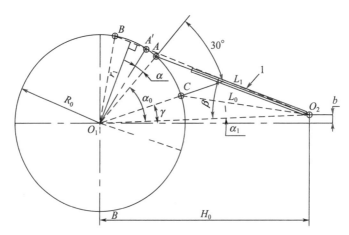

图 5.5 - 12　电动推杆式方向机运动示意图

推杆 1 伸出可实现逆时针旋转，反之则进行顺时针旋转。当方向机沿逆时针或顺时针方向转动 α 角时，由图 5.5 - 12 可知

$$L_1^2 = [H_0 - R_0 \cos(\alpha_0 \pm \alpha)]^2 + [R_0 \sin(\alpha_0 \pm \alpha) - b]^2$$

$$(5.5 - 50)$$

对式（5.5-50）两边微分，可得到方向机转角增量与油缸长度增量的关系式

$$\pm \Delta\alpha = \frac{L_1}{H_0 R_0 \sin(\alpha_0 \pm \alpha) - b R_0 \cos(\alpha_0 \pm \alpha)} \Delta L_1 \quad (5.5 - 51)$$

或

$$\Delta L_1 = \frac{H_0 R_0 \sin(\alpha_0 \pm \alpha) - b R_0 \cos(\alpha_0 \pm \alpha)}{L_1} \pm \Delta\alpha$$

$$(5.5 - 52)$$

$$\alpha_1 = \arctan\left(\frac{b}{h_0}\right)$$

$$O_1 O_2 = \sqrt{h_0^2 + b^2}$$

$$L_0^2 = R_0^2 + O_1 O_2^2 - 2 R_0 O_1 O_2 \cos\gamma$$

$$\gamma = \arccos\left(\frac{R_0^2 + O_1 O_2^2 - L_0^2}{2 R_0 O_1 O_2}\right)$$

$$\alpha_0 = \alpha_s + \gamma + \alpha_1$$

$$L_z = \sqrt{(h_0 - R_0 \cos\alpha_0)^2 + (R_0 \sin\alpha_0 - b)^2} \quad (5.5 - 53)$$

$$L_m = \sqrt{[h_0 - R_0 \cos(\alpha_0 + \alpha_s)]^2 + [R_0 \sin(\alpha_0 + \alpha_s) - b)]^2}$$

$$(5.5 - 54)$$

5.5.6.2 电动杆受力

当方向角为 α 时，推杆的作用力臂 r 通过下列方法得到。在 $\triangle O_1 O_2 A'$ 中

$$\sin\beta = \frac{R_0 \sin(\alpha_0 - \alpha_1 \pm \alpha)}{L_1} \quad (5.5 - 55)$$

$$r = O_1 O_2 \sin\beta \quad (5.5 - 56)$$

$$F_g = \frac{M}{r} \quad (5.5 - 57)$$

式中 $\pm \Delta\alpha$ ——方向机逆时针或顺时针转动角增量；

L_0——电动杆初始长度；

L_z——方向机零位时电动杆长度；

$M(M_r)$——方向机驱动力矩或燃气流作用力矩；

F_g——电动杆的作用力；

α_s——方向机最大转动角。

计算举例：已知 $L_0 = 1\ 300$ mm；$H_0 = 2\ 095$ mm；$R_0 = 850$ mm；$b = 80$ mm；$M_r = 143$ kN · m，$\alpha_s = \pm 30°$。求当 $\Delta\alpha = 0.06°$（$3.6'$）时电动杆增量 ΔL 及受力，计算结果见表 5.5 - 3 和表 5.5 - 4。

表 5.5 - 3　电动推杆方向机逆时针转动精度与受力

$A/(°)$	L_1/mm	$\Delta L/\text{mm}$	F/kN
0.000	1 623.927	0.854	181.49
5.000	1 693.992	0.880	175.19
10.000	1 766.124	0.896	171.17
15.000	1 839.562	0.904	168.96
20.000	1 913.630	0.904	168.24
25.000	1 987.725	0.898	168.81
30.000	2 061.311	0.885	170.56

表 5.5 - 4　电动推杆方向机顺时针转动精度与受力

$A/(°)$	L_1/mm	$\Delta L/\text{mm}$	F/kN
0.000	1 623.927	0.854	181.49
−5.000	1 556.774	0.818	190.84
−10.000	1 493.473	0.770	204.43
−15.000	1 435.044	0.709	224.31
−20.000	1 382.576	0.635	254.09
−25.000	1 337.194	0.547	300.94
−30.000	1 300.000	0.445	381.04

由计算结果可知，电动推杆在顺时针转动瞄准角 30°时要实现瞄准精度 $\Delta\alpha = 0.06°$（3.6′），电动推杆的精度应达到 0.445 mm，电动推杆须承受 381.04 kN 的力。

5.5.7　油缸式方向机设计

5.5.7.1　引言

在前面介绍过齿轮齿弧式方向机，它由电动机或液压马达驱动，中间通过一个合适的减速器，最终带动齿轮绕齿弧转动，带驱动回转平台旋转，实现方向瞄准。这种机械传动式的方向机，结构比较复杂，占据较大的安装空间，中间还需要设置一个有较大制动力矩的制动器，防止在燃气流冲击力矩的作用下，方向瞄准角发生变动。于是人们想到了用油缸推动回转台的转动，来实现方向瞄准，由此产生了油缸式方向机。

油缸式方向机结构简单，占据空间小，总体布置容易。但普通油缸由于存在油液的可压缩性，在燃气流力矩的作用下，回转平台产生大幅振动，即方向瞄准角大幅值左右摆动，这不利于多联装导弹的发射，采用过盈锁紧型液压缸很好地解决了这方面的问题。

5.5.7.2　油缸式方向机的组成和工作原理

图 5.5 - 13 是油缸式方向机的示意图，图 5.5 - 14 是油缸式方向机的液压系统原理图。

油缸式方向机由两个过盈锁紧型油缸、一个油缸开锁油路和其他控制系统组成。

如图 5.5 - 13 所示，开锁油泵向过盈锁紧型液压缸供入高压油，油缸解锁，油缸 1 伸出，油缸 2 缩回，共同推动回转平台转动完成方向瞄准。

过盈锁紧型液压缸分外锁紧和内锁紧两大类。外锁紧型液压缸是在缸筒有杆腔一端连接一外锁紧套，外锁紧套与活塞杆为过盈配

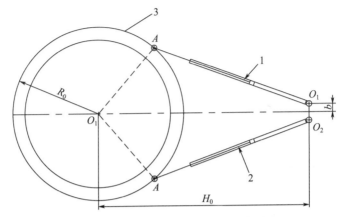

图 5.5-13　油缸式方向机的示意图

1—油缸；2—油缸；3—回转平台

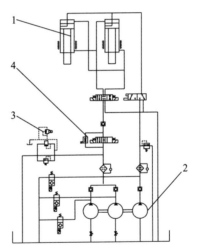

图 5.5-14　油缸式方向机的液压系统原理图

1—过盈锁紧型油缸；2—开锁泵；3—比例压力阀；4—比例调速阀

合。当外锁紧套无高压油时，外锁紧套将活塞杆紧紧抱住，即为锁紧状态；当外锁紧套通入高压油时，外锁紧套被高压油撑开，外锁紧套与活塞杆之间形成间隙，活塞杆可以自由运动。过盈内锁紧液压缸如图 5.5 - 15 所示，是将内锁紧套设在活塞杆上，内锁紧套与内锁紧缸筒为过盈配合，其工作原理与外锁紧套型油缸相同。过盈锁紧型液压缸不仅使液压系统省掉了液压锁，简化了液压系统，而且锁紧可靠，特别适用于锁紧力大且重要的场合。

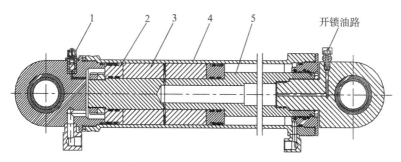

图 5.5 - 15　过盈内锁紧液压缸

1—排气安全阀；2—活塞；3—锁紧套；4—缸筒；5—活塞杆

5.5.7.3　运动分析

油缸式方向机的运动关系如图 5.5 - 16 所示。

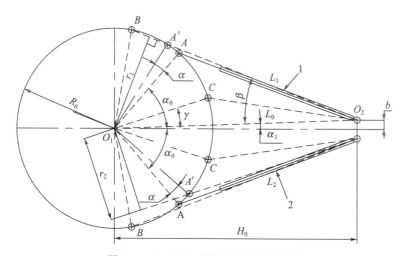

图 5.5 - 16　油缸式方向机运动示意图

油缸 1 伸出而油缸 2 缩回，即可实现逆时针旋转，反之则进行顺时针旋转。当方向机沿逆时针方向转动 α 角时，即由 A 点转到 A' 点，由图 5.5 - 16 可知

$$L_1^2 = [H_0 - R_0\cos(\alpha_0 + \alpha)]^2 + [R_0\sin(\alpha_0 + \alpha) - b]^2$$

$$(5.5 - 58)$$

$$L_2^2 = [H_0 - R_0\cos(\alpha_0 - \alpha)]^2 + [R_0\sin(\alpha_0 - \alpha) - b]^2$$

$$(5.5 - 59)$$

对上两式两边微分，可得到方向机转角增量与油缸长度增量的关系式

$$\Delta\alpha = \frac{L_1}{H_0 R_0\sin(\alpha_0 + \alpha) - bR_0\cos(\alpha_0 + \alpha)}\Delta L_1 \quad (5.5 - 60)$$

或

$$\Delta L_1 = \frac{H_0 R_0\sin(\alpha_0 + \alpha) - bR_0\cos(\alpha_0 + \alpha)}{L_1}\Delta\alpha \quad (5.5 - 61)$$

方向机在某一方向角 α 下，两个油缸长度增量的比值为

$$\left|\frac{\Delta L_2}{\Delta L_1}\right| = \frac{L_1[H_0 R_0\sin(\alpha_0 - \alpha) - bR_0\cos(\alpha_0 - \alpha)]}{L_2[H_0 R_0\sin(\alpha_0 + \alpha) - bR_0\cos(\alpha_0 + \alpha)]} = C_L$$

$$(5.5 - 62)$$

当方向角为 α 时，两个油缸的作用力臂 r_1、r_2 通过下列方法得到。在 $\triangle O_1 O_2 A'$ 中

$$\sin\beta = \frac{R_0\sin(\alpha_0 - \alpha_1 + \alpha)}{L_1} \quad (5.5 - 63)$$

$$\alpha_1 = \tan^{-1}(b/H_0)$$

$$O_1 O_2 = \frac{H_0}{\cos\alpha_1}$$

$$r_1 = O_1 O_2\sin\beta \quad (5.5 - 64)$$

同理

$$r_2 = O_1 O_2\frac{R_0\sin(\alpha_0 - \alpha_1 - \alpha)}{L_2} \quad (5.5 - 65)$$

5.5.7.4　受力分析

方向机油缸的受力，可分工作状态和发射状态。工作状态下，两个油缸共同克服回转阻力矩 M，完成方向瞄准。发射状态下，油缸已停止工作，油缸呈锁紧状态，两个油缸要共同承受燃气流冲击力矩 M_r。

（1）工作状态下油缸的受力

$$P = \frac{M}{r_1 A_1 + r_2 A_2}$$
$$T_1 = p A_1$$
$$T_2 = p A_2 \tag{5.5-66}$$

式中　　T_1——油缸 1 的受力；

　　　　T_2——油缸 2 的受力；

　　　　A_1——油缸活塞有效作用面积；

　　　　A_2——油缸有杆腔有效作用面积。

（2）发射状态下油缸的受力

为什么要采用过盈锁紧型油缸？采用普通型油缸有什么问题？通过下面的分析比较可看出，普通油缸由于存在油液的可压缩性，在燃气流力矩的作用下，油缸长度会发生改变，造成方向瞄准角大幅值左右摆动，这不利于多联装导弹的发射。而采用过盈锁紧型液压缸，油缸呈机械锁紧状态，能很好地解决了上述问题。

①采用普通油缸的受力分析

采用液压锁将两个油缸分别锁住，如图 5.5 - 17 所示。油缺结构示意如图 5.5 - 18 所示。

由于油缸的两腔均呈密闭状态，当油缸的一腔油液受燃气流的冲击力而被压缩时，另一腔因发生抽空而使其压力下降，假定其压力下降到该油液的空气分离压。矿油型液压油的空气分离压 P_g 在 1 300～6 700 Pa，取 $P_g = 4\,000$ Pa，则

$$P_{22} = P_g - P_a = 4\,000 - 101\,325 = -97\,325 \text{ Pa}$$

将油缸腔内的可压缩的油液看成一个弹簧，采用求其刚度的方

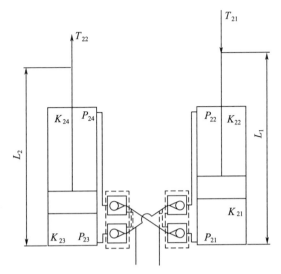

图 5.5 - 17　采用两个阀门分别锁紧油缸

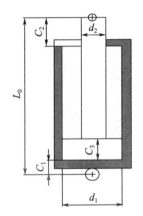

图 5.5 - 18　油缸结构示意图

法求解油缸的受力。

由图 5.5 - 17 可知

$$K_{21} = \frac{EA_1}{L_1 - L_0 + S} \qquad (5.5 - 67)$$

$$K_{24} = \frac{EA_2}{2L_0 - L_2 - C} \qquad (5.5-68)$$

由于

$$P_{22} = P_{23} = -97\ 325\ \text{Pa}$$

$$K_{21}\Delta L_1 r_1 + K_{24}\Delta L_2 r_2 = M_r + P_{22}(A_2 r_1 + A_1 r_2)$$

$$(5.5-69)$$

则

$$\Delta L_1 = \frac{M_r + P_{22}(A_2 r_1 + A_1 r_2)}{K_{21} r_1 + C_L K_{24} r_2} \qquad (5.5-70)$$

$$P_{21} = \frac{K_{21}\Delta L_1}{A_1} \qquad (5.5-71)$$

$$P_{24} = \frac{K_{24} C_L \Delta L_1}{A_2} \qquad (5.5-72)$$

$$T_{21} = P_{21}A_1 - P_2 A_2$$

$$T_{22} = P_{24}A_2 - P_2 A_1 \qquad (5.5-73)$$

$$A_1 = \frac{\pi d_1^2}{4}$$

$$A_1 = \frac{\pi(d_1^2 - d_2^2)}{4}$$

式中　S——活塞杆收回成 L_0 时，无杆腔仍有 S 长度的油液；

　　　C——相当于图 5.5-18 中的 C_1、C_2、C_3 之和；

　　　E——油液弹性模量，N/m^2；

　　　A_1——油缸无杆腔有效面积，m^2；

　　　A_2——油缸有杆腔有效面积，m^2；

　　　L_1——右油缸伸出后的总长度，m；

　　　L_2——左油缸伸出后的总长度，m；

　　　L_0——油缸初始长度，m。

　　不同的试验方法和试验装置所测得的 E 值各不相同，一般石油型油液的 E 值，平均为 $(1.2\sim2)\times10^3$ MPa。但在实际中，由于油液内不可避免地混入气泡等原因，使 E 值显著减小，因此，一般选

用 $(0.7 \sim 1.4) \times 10^3$ MPa。工程上常取油液 E 值为 700 MPa。

②采用过盈锁紧型油缸

采用过盈锁紧型油缸，转台转动停止后，依靠锁紧套与活塞杆的过盈配合产生的锁紧力（外锁紧型），将油缸锁定在停止的位置上，形成机械锁紧，如图 5.5 – 19 所示。

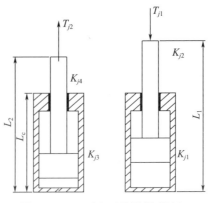

图 5.5 – 19　两个过盈锁紧型油缸

求过盈型锁紧油缸的受力 T_{j1}、T_{j2}

$$K_{j1} = \frac{E_g A_{1j}}{L_c}$$

$$K_{j2} = \frac{E_g A_{2j}}{L_1 - L_c}$$

$$K_{j3} = K_{j1}$$

$$K_{j4} = \frac{E_g A_{2j}}{L_2 - L_c}$$

$$K_{1j} = \frac{K_{j1} K_{j2}}{K_{j1} + K_{j2}}$$

$$K_{2j} = \frac{K_{j3} K_{j4}}{K_{j3} + K_{j4}}$$

$$T_{j2} = \frac{\Delta x_2 K_{2j}}{\Delta x_1 K_{1j}} T_{j1} = C_L C_k T_{j1} \qquad (5.5 – 74)$$

$$T_{j1} = \frac{M_r}{r_1 + C_L C_k r_2} \tag{5.5-75}$$

$$\Delta L_1 = \frac{T_{j1}}{K_{1j}} \tag{5.5-76}$$

式中　A_{1j}——过盈锁紧型油缸外筒有效面积，m^2；

　　　A_{2j}——过盈锁紧型油缸活塞杆有效面积，m^2；

　　　L_c——机械锁紧缸的外筒段长度，m；

　　　E_g——钢的弹性模量，$E_g = 2.0 \times 10^5$ MPa。

5.5.7.5　例题

一多联装导弹发射车，采用液压油缸式的方向机，总体方案如图 5.5-15 所示。已知参数如下：$R_0 = 850$ mm，$H_0 = 2\ 095$ mm，$L_0 = 1\ 300$ mm，$b = 80$ mm，$d_1 = 90$ mm，$d_2 = 63$ mm，$S = 10$ mm，$C = 150$ mm，$\gamma = 18°$，$\alpha_0 = 49°$，$\alpha_{max} = 31°$，$A_{1j} = 0.004\ 9\ m^2$，$A_{2j} = 0.001\ 9\ m^2$，$L_c = 1\ 185$ mm，$M_r = 143\ 000$ N·m，$E = 0.7 \times 10^9$ N/m^2，$E_g = 2.0 \times 10^{11}$ N/m^2。求出采用普通油缸和过盈锁紧型油缸在燃气流力矩 M_r 作用下，扰动角和油缸的受力。计算结果见表 5.5-5、表 5.5-6。

表 5.5-5　方向机扰动角

油缸类别 方向角	普通油缸 /(′)	过盈锁紧型油缸 /(′)
0	48.450	0.935
5	55.145	0.947
10	62.940	0.986
15	72.166	1.057
20	83.218	1.174
25	96.555	1.359
30	112.645	1.645
31	116.229	1.718

表 5.5 - 6　方向机油缸受力

油缸类别　方向角	普通油缸		过盈锁紧型油缸	
	$T_1/10^4$ N	$T_2/10^4$ N	$T_1/10^4$ N	$T_2/10^4$ N
0	14.522	3.394	9.006	9.006
5	14.198	3.402	8.752	9.402
10	14.106	3.391	8.663	9.921
15	14.222	3.349	8.783	10.549
20	14.535	3.257	9.179	11.252
25	15.041	3.081	9.958	11.936
30	15.726	2.777	11.269	12.357
31	15.882	2.696	11.610	12.366

　　油缸式方向机结构简单，易于实现自动化控制，经济性好。但是由于油液的可压缩性，在燃气流作用力的冲击下，引起方向机的扰动角和扰动角速度很大，如果振动衰减慢，方向机不能在连射时间间隔内恢复到原位，势必影响后续火箭弹的射击精度。采用机械锁紧式油缸，可以增加方向机系统的刚度，有效地减小方向机的扰动角和扰动角速度。但系统刚度的增加，会使固有频率有较大的提高，是否会对弹箭产生不良影响，值得重视。同时机械锁紧油缸与普通油缸相比构造相对复杂，经济性也较差。为了达到较高的方向瞄准精度，要求进入油缸的油量较小，也会给控制系统带来一定的难度。

5.6　支腿设计与计算

5.6.1　概述

　　火箭导弹发射车为了满足瞄准精度，一般都设有支腿进行调平。支腿通常有 3 种形式：普通液压油缸加液压锁式、过盈锁紧套油缸式、螺杆螺母传动自锁式。

　　普通液压油缸加液压锁式支腿，结构简单，造价低。油液漏损、可压缩性和温度变化等，都会引起支腿高度的变化，破坏已有的调平状态。多用在对调平精度要求不高或具有实时测量发射车不平数据而进行瞄准较修正的发射系统中。

　　过盈锁紧套油缸式支腿和螺杆螺母传动自锁式支腿，结构比较复杂，造价相对也高，驱动系统要求高，特别是过盈锁紧套油缸式支腿装拆困难。两者属于机械式锁紧，调平后长时间停留，伸出高度不会改变，发射车的调平状态保持不变。多用在战略战术火箭导弹发射车垂直发射系统中，也有用在火箭炮的后支腿。

　　本节介绍螺杆螺母传动自锁式支腿的设计与计算。液压油缸加液压锁式支腿和过盈锁紧套油缸式支腿将在第 6 章液压系统设计中进行介绍。

5.6.2　螺杆螺母传动支腿设计

　　螺杆螺母传动支腿，一般选用单线梯形螺纹，梯形螺纹的内外螺纹以锥面贴紧不易松动，实现自锁性能好，传动效率较高。驱动方式分为有减速器或无减速器的液压马达驱动和电动机驱动。

　　图 5.6 - 1 螺旋支腿是由液压马达带动螺杆转动，使螺母同伸缩筒作直线运动，改变液压马达的旋转方向，伸缩同伸出或缩回。

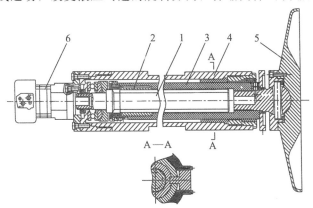

图 5.6 - 1　液动螺旋支腿示意图

1—螺杆；2—螺母；3—伸缩筒；4—壳体；5—底座；6—液压马达

图 5.6 - 2 是电动螺旋支腿的结构示意图。电动机转动输出，经涡轮蜗杆减速器，带动螺杆/螺母副运动，螺母与伸缩管固定，实现伸缩管作直线运动。利用电动机的正反转实现伸缩管的伸出与缩回，即电动支腿的升降。

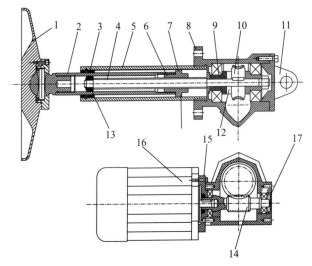

图 5.6 - 2　电动螺旋支腿示意图

1—底座；2—伸缩管；3—伸缩管导向套；4—螺杆；5—外管；6—梯形螺母；
7—导向销；8—涡轮蜗杆箱；9—螺杆轴承套；10—涡轮；11—端盖；12—隔套；
13—螺杆导向套；14—蜗杆；15—电机连接法兰；16—电机

5.6.2.1　螺杆设计

螺杆材料常选用 40、45、40Cr 等。首先求出 d_2 后，按标准选取相应的工程直径 d、螺距及其他尺寸

$$d_2 \geqslant 0.8 \sqrt{\frac{F}{\varphi[p]}} \qquad (5.6 - 1)$$

$$\rho = \arctan \frac{f}{\cos \dfrac{\alpha}{2}} \qquad (5.6 - 2)$$

$$\lambda = \arctan \frac{s}{\pi d_2} \qquad (5.6-3)$$

$$\varphi = \frac{H}{d_2} \quad (一般 \ \varphi = 1.2 \sim 3.5) \qquad (5.6-4)$$

式中　F——轴向载荷，通常发射状态时后支腿的轴向载荷最大，N；

　　　$[p]$——需用比压，N/mm²；

　　　d_2——螺纹中经，mm；

　　　f——摩擦系数；

　　　α——螺纹牙型角；

　　　λ——螺纹升角；

　　　ρ——当量摩擦角；

　　　H——螺母的高度。

自锁判据：$\lambda < \rho$。

螺杆强度计算

$$\sigma_{ca} = \sqrt{\sigma^2 + 3\tau^2} = \sqrt{\left(\frac{F}{A}\right)^2 + 3\left(\frac{T}{w}\right)^2} \qquad (5.6-5)$$

$$T = F\tan(\lambda + \rho) \qquad (5.6-6)$$

$$A = \frac{\pi d_1^2}{4} \qquad (5.6-7)$$

$$W_t = \frac{d_1^3}{16} \qquad (5.6-8)$$

式中　T——螺杆扭矩，N·mm；

　　　d_1——螺杆螺纹小径，m。

细长的螺杆工作时受较大的轴向压力可能失稳，为此应按稳定性条件验算螺杆的稳定性。临界载荷

$$P_e = \frac{\pi^2 EI}{\mu l^2} \qquad (5.6-9)$$

$$I = \frac{d_1^4}{64}$$

式中　E——螺杆材料的弹性模量；

I——惯性矩；

l——螺杆工作长度；

μ——考虑压杆支承条件的长度系数，一端固定一端铰支 $\mu=0.7$。

5.6.2.2　螺母设计

螺母材料一般可选青铜，对于较大的螺母可采用钢或铸铁。螺母螺纹的圈数，考虑到刀槽的影响，一般应增加 1.5 圈。螺纹圈数越多，载荷分布越不均匀，故圈数不宜大于 10，否则应该选螺母的材料或加大螺纹公称直径 d。螺母高度 H 及螺母圈数 u

$$H = \varphi d_2 \qquad\qquad (5.6-10)$$

$$u = \frac{H}{P} \qquad\qquad (5.6-11)$$

式中　P——螺距，mm。

螺母的螺纹牙强度计算：假设螺母每圈螺纹所承受平均压力并作用在螺纹中径为直径的圆周上。螺纹牙危险截面的剪切强度和弯曲强度为

$$\tau = \frac{F}{\pi D b u} \leqslant [\tau] \qquad\qquad (5.6-12)$$

$$\sigma = \frac{6Fl}{\pi D b^2 u} \leqslant [\sigma_b] \qquad\qquad (5.6-13)$$

$$l = \frac{D - D_2}{2} \qquad\qquad (5.6-14)$$

式中　b——螺纹牙根部厚度，mm，对于梯形螺纹 $b=0.65P$；

D——螺母公称直径，mm；

D_2——螺母中径，mm。

5.6.3　电动机选用

1）计算电动机的容量

$$p_d = \frac{P_w}{\eta_z} = \frac{Fv}{1\,000\eta_z} \qquad\qquad (5.6-15)$$

式中　F——螺杆螺母机构垂直方向的力，N；

　　　p_d——电动机功率，kW；

　　　v——螺杆螺母机构垂直方向的速度，m/s；

　　　η_z——支腿机构传动效率。

支腿触地前，速度大受力小；支腿触地后，速度小受力大。计算电动机容量时，应根据具体要求，选取两者所需容量最大者。

2）确定电动机转速

$$n = \frac{i60v}{\pi d_2 \tan\lambda} \qquad (5.6-16)$$

5.7　随车发射台设计

5.7.1　概述

发射台是导弹发射系统的重要组成部分。在导弹发射前及发射过程中，它垂直支承导弹，根据导弹控制系统的要求调整导弹的垂直度，配合瞄准设备完成导弹的方位瞄准等。导弹发射时，依靠其导流器定向排导高温、高速燃气流，使导弹和发射设备免受燃气流的损伤。

中远程弹道导弹的发射台，因其质量和结构尺寸大，难以与发射车设计成一体。近程战术弹道导弹的发射台，质量和结构尺寸都相对较小，将发射台作为发射车的一个组件与发射车设计成一体，称为随车发射台或机动发射台。发射车携带发射台，提高了武器系统的机动性、快速反应能力和作战效率，武器系统的生存能力也得到了提高。

5.7.2　随车发射台的基本组成

随车发射台的基本组成如图 5.7-1 所示。

（1）回转部

回转部通常是用型材焊成的多边形空腹框架，框架上方连接有

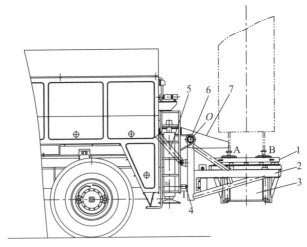

图 5.7-1　随车发射台示意图

1—回转部；2—台体；3—导流器；4—支承座；5—油缸；6—回转轴；7—起竖臂

支承导弹的可调节的支承盘，框架下方焊有承环（轴承圈）。承环的外侧通常是等距分布的圆柱销构成销齿轮，通过相应的传动机构驱动，实现导弹的方位瞄准。

（2）台体

台体是用结构钢或高强度铝合金型材料焊接成的多边空腹框架，框架下方焊有支承架，支承架与起竖臂绕同一回转轴（O 轴）旋转。框架上方焊有轴承圈，导弹重力通过回转部上滚道、上承环、钢球、下承环和台体支承架传至发射车。

（3）导流器

随车发射台的导流器多用结构钢或高强度铝合金加筋焊接成的盒形结构，铝合金导流器应涂敷耐烧蚀层。车载导流器的结构设计主要依据是导弹发动机喷管的数量、结构参数及燃气流出口参数，同时还应考虑发射车总体布置的要求。车载发射台通常采用双面导流器，向两侧排导燃气流，以使气流的冲击力得以左右平衡和使发射车免受燃气流的烧蚀。

（4）电气驱动系统

电气驱动系统由电动马达、减速器和电气控制系统等组成，用以完成方位瞄准等工作。导弹起竖过程中，起竖臂与发射台呈连接状态，在油缸与起竖油缸的共同作用下绕回转耳轴转动，将导弹起竖成垂直状态。油缸也可独自完成空发射台的收放。

5.7.3　发射台的结构参数

发射台结构参数的确定受多种因素的制约，要综合分析、合理取舍。在方案设计时，发射台框架和导流器等主要部件的特征参数，可用导弹发动机喷管出口截面直径 d_e 表达。

（1）发射台高度

发射台的高度 H 是指导弹支点至发射台支承面的距离

$$H = Kd_e$$

$$d_e = \sqrt{nd_i^2} \qquad (5.7-1)$$

式中　d_e——导弹发动机喷管出口截面折算直径，m；

$\quad\quad n$——发动机喷管数；

$\quad\quad d_i$——导弹发动机喷管出口截面直径，m；

$\quad\quad K$——高度系数，$K = 1.5 \sim 2.5$，单喷管发动机取大值，多喷管发动机取小值。

（2）发射台宽度

采用正方形或矩形环框结构时，宽度 B 可由式（5.7-2）确定

$$B = K_b d_e \qquad (5.7-2)$$

式中　K_b——宽度系数，$K_b = 2.1 \sim 2.8$，单喷管发动机取大值，多喷管发动机取小值。

（3）导流器特征参数

根据发射车总体方案、导弹发动机类型、喷管数量等确定导流器的结构形式，对确定的导流器结构方案进行初步计算并进行冷态或热态模拟试验。

导流器特征参数如图 5.7-2 所示。实践证明，导流器的特征参

数可在下述推荐值范围内选取：

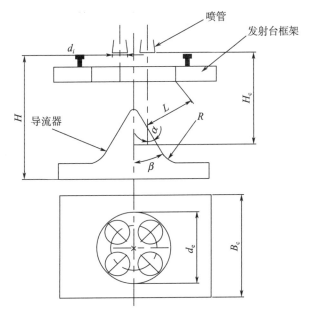

图 5.7 - 2　导流器主要特征参数示意图

1）冲击角 α，即燃气流轴线与冲击点导流面的夹角，$\alpha = 30° \sim 45°$；

2）冲击高度 H_c，即发动机喷管端面到导流器冲击点的距离；

3）$H_c = (0.6 \sim 2.0) d_e$，m；

4）折转半径 R，即燃气向水平方向折转的导流面过渡半径；

5）$R = (0.7 \sim 2.0) d_e$，m；

6）导流器宽度 B_c，即导流器两侧挡流板内侧距离，$B_c = (1.2 \sim 2.0) d_e$，m；

7）导流通道高度 L，即发射台框架内侧下沿至导流面的距离，$L = (1.0 \sim 2.5) d_e$，m；

8）导流器半锥角 β，（°）；

9）导流通道面积 S，m^2，即固定导流器两支柱间的距离

$$S = K_s nQ / n_m \qquad (5.7 - 3)$$

式中　K_s——截面系数，$K_s = 0.02 \sim 0.03$；

　　　Q——每台发动机燃气秒流量，kg/s；

　　　n——发动机台数；

　　　n_m——导流面数。

5.7.4　发射台的受力

　　发射台的受力分为发射准备状态和发射状态。在发射准备状态，发射台承受导弹重力和风载荷；在发射状态，发射台承受燃气流冲击力。发射台的受力如图 5.7 - 3 所示。

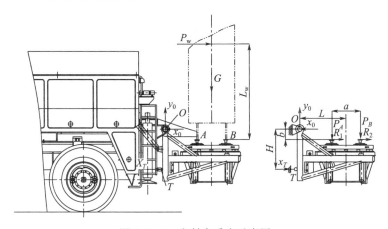

图 5.7 - 3　发射台受力示意图

5.7.4.1　发射准备状态

　　导弹的重力和风力通过回转部上的 4 个支承 A、B、C、D 作用于发射台上

$$P_B = P_C = \frac{G}{4} + \frac{P_w L_w}{a} \qquad (5.7 - 4)$$

$$P_A = P_D = \frac{G}{4} - \frac{P_w L_w}{a} \qquad (5.7 - 5)$$

$$R_1 = R_2 = R_3 = R_4 = \frac{P_w}{4} \qquad (5.7-6)$$

发射台的受力通过 O、T 两点传到发射车（作用力的方向与图示方向相反）

$$x_T = \frac{GL + P_w(L_w - b)}{2H} \qquad (5.7-7)$$

$$x_O = x_T + \frac{P_w}{2} \qquad (5.7-8)$$

$$y_O = \frac{G}{2} \qquad (5.7-9)$$

式中　G——导弹的重力；

　　　P_w——作用于导弹上的风载荷。

5.7.4.2　发射状态

发射状态，发射台承受燃气流的冲击力。作用在导流器上的燃气流冲击力 R 可按以下近似公式[28]计算

$$R = P_0 B_c^2 \sin\left(\frac{\beta}{4}\right) \qquad (5.7-10)$$

式中　P_0——发动机燃烧室压力；

　　　B_c——楔形体底部宽度；

　　　β——导流器半锥角。

导弹由发射台起飞后，与导流器的距离越来越远，射流引起的各种效应逐渐减弱。在相对距离 $\overline{H}$，$\overline{H} = \dfrac{x}{d_e} > 20$ 以后，导流器不再影响导弹底部的压力；$\overline{H} > 30$ 以后，热交换可以忽略不计；冲击力影响的持续距离最远，$\overline{H}$ 可达 100 左右。x 代表导弹喷口与楔形体顶点的距离。

发射台导流器排导燃气流流场的数值计算，可利用计算流体流动和传热问题的程序 FLUENT 进行。FLUENT 软件的应用范围非常广泛，如气体、液体、超声速流动、亚声速流动、定常流动、非定常流动、层流流动、湍流流动等。

5.8　导弹发射箱设计

5.8.1　引言

早期的战术导弹，大都采用裸露的导轨发射。因为此时的导弹都采用液体燃料发动机，只有在发射前才进行推进剂加注，如果不发射，还要将液体燃料泄出，加之导弹上的一些关键设备需要经常检查、维护。裸露的导轨发射，适应了这些特点的需求。

随着导弹发动机技术的发展，现在战术导弹绝大部分采用固体燃料发动机，不必在发射前临时加注燃料。导弹上设备的可靠性也大大提高，检查周期更长，维护方式也更加简单。这些技术上的进步，使导弹贮运发射箱应运而生。采用导弹贮运发射箱，平时用于导弹的贮存和运输，战时可用于导弹的发射。导弹在箱内得到良好的保护环境，减少了检查和维护程序，延长了导弹的使用寿命。由于导弹一直处于贮运发射箱内，省掉了装弹过程，提高了武器系统的快速反应能力。采用贮运发射箱发射导弹已成为一种发展趋势。

5.8.2　发射箱体设计

发射方式不同，发射箱体的形状和结构不同，于是有了发射箱、发射筒、发射管等名称。箱体为发射箱的重要结构件，承受陆、海、空远距离运输的振动、冲击、水平起吊和起竖等载荷。在规定使用条件下，不能变形、失效、漏气，保证导弹在箱内的可靠、安全。为减轻质量，箱体通常采用铝合金或或复合材料的单层壳体，由蒙皮、环向加强筋、前后法兰、纵向加强筋和局部加强件等组成。

发射箱体设有多个舱口，闭锁挡弹器舱口、电插头机构舱口、防潮舱口等。舱口盖均为铝合金材料制成，其盖框分别通过密封圈、用螺钉连接在箱体各舱口法兰上，与箱体和前、后箱盖一起组成密封容器。

为保证发射箱能多次发射导弹，应有效开展箱体结构的优化设计，对箱体总成进行动、静态有限元分析计算，结合静力试验结果，以合理确定箱体的结构形式和参数。

5.8.3　箱式发射导弹中导轨与适配器的应用

在导弹发射箱中常用发射梁、导轨或适配器作为导弹的支撑、导向器件。发射梁既能在发射导弹时起到导向作用，又能在振动条件下对导弹起到减振作用，但因其结构复杂，目前已不多用。导轨作为支撑定向器件，已有几十年的应用历史，设计比较成熟，也比较可靠，多数导弹贮运发射箱采用了导轨方式。导轨虽然结构简单，但需要横向支撑和安装在箱内或箱外的减振装置。

贮运发射箱中，作为导弹发射的支撑、导向方式，不再只有导轨滑块方式，适配器作为支撑、导向、减振缓冲的方式，得到了越来越广泛的应用。

5.8.3.1　导轨式贮运发射箱

导轨式贮运发射箱的特点是：箱内有发射导轨，弹上有定向元件或定心部。导轨的数量及配置方式应保证导弹在定向器的姿态稳定，另外还应考虑装弹的方便。导轨可以设计成使导弹同时滑离导轨，也可以不同时滑离。当导弹制导系统不允许导弹有较大的头部下沉，而且滑离速度又较低时，应设计成导弹同时滑离的导轨。采用同时离轨方式发射导弹时，导弹离轨后，仍在箱内飞行一段。要考虑导弹的下沉量，避免导弹滑离导轨后，由于下沉而与发射箱发生碰撞。因此，采用同时离轨方式，发射箱的高度要比不同时离轨方式高。

倾斜发射，典型的不同时离轨结构如图 5.8 - 1 所示。

整个导轨的表面粘上一层石墨充酸胺纤维，减少发射导弹时的摩擦力。导轨外侧凸缘表面同样粘上一层石墨充酸胺纤维，形成一条摩擦带。这样即使在装填或发射导弹时与尾翼相接触，也只是与摩擦带相接触。

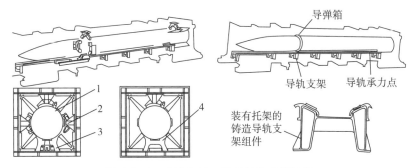

图 5.8-1　SAM-D　箱式导轨支撑系统

1—导弹；2—水平可调支撑；3—前垂直支撑；4—后垂直支撑

5.8.3.2　适配器式贮运发射箱

　　导弹通过前、后适配器支撑于发射箱内，适配器中的定位销与弹体上的定位孔相配合，分离弹簧呈受压状态。在发射过程中，适配器起导向作用。导弹和适配器飞出箱体后，在弹簧力的作用下，定位销从弹上的定位孔中拔出并推动适配器以一定的速度飞离弹体。在运输过程中，适配器具有减振缓冲作用。导弹采用弹射方式发射时，适配器还起密封作用。适配器式贮运发射箱的示意图如图 5.8-2 所示。

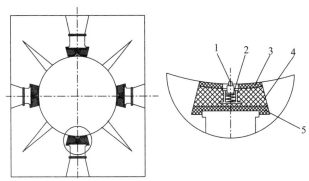

图 5.8-2　适配器式贮运发射箱示意图

1—定位销；2—分离弹簧；3—补偿板；4—适配器本体；5—低摩擦材料

适配器方式的突出优点：

1）使发射箱（筒）结构紧凑、简单、体积小、质量轻，并且改善箱体的工艺性；

2）适配器容易加工，使用维护方便；

3）减少了采用导轨发射时弹体上携带的定向件，改善了导弹的气动外形；

4）适配器具有很好的减振缓冲性能，不需要再为弹箱专门设计减振系统。

采用适配器带来的主要问题是：发射过程中适配器是否能安全可靠地分离；分离的适配器不能与飞出的导弹发生任何碰撞；适配器分离过程中定位销、分离弹簧等始终保留在适配器上，不能发生四分五裂的情景；需要对适配器与导弹分离动作的可靠度进行定量分析等。

影响适配器分离的因素有：弹簧力的大小，弹簧力作用在适配器上的位置，适配器的气动外形及质量，适配器与弹体的粘接与真空吸附，适配器和弹体的出箱速度，折叠尾翼的布置方式，风速的大小和方向等。

5.8.3.3　混合式贮运发射箱

某些发射管发射的导弹，前段采用适配器，后段采用导轨，组成混合式的贮运发射箱。导弹的前部用适配器支撑导向，后部用定向钮置于发射管内的螺旋导轨上，发射时适配器与定向钮同时滑离。MLRS 火箭弹的螺旋定向器就采用了这种混合式的结构。

5.8.4　螺旋定向器

非旋尾翼式火箭弹因推力偏心影响巨大，密集度很差。低速旋转尾翼式火箭弹，由于低速旋转减少推力偏心的影响，使密集度显著提高，因而得到广泛应用。

对于单独采用斜置尾翼导转的火箭弹，火箭在定向期内运动期间速度不大，轴向空气动力矩很小，火箭弹几乎不旋转，故需要采用螺旋定向器（如图 5.8 - 3 所示）以提高火箭弹离轨时的转速。苏式 BM - 21、国产 70 km 远程火箭炮等都采用了螺旋定向器。

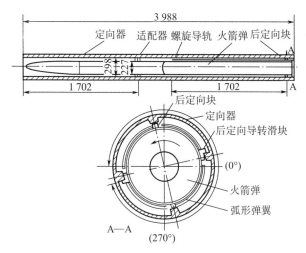

图 5.8 - 3　MLRS 火箭弹螺旋定向器

5.8.4.1　螺旋定向器螺旋角确定

如图 5.8 - 4 所示，火箭弹在定向器轴线方向前进 x 的同时，转动角度 θ，则火箭弹导向钮在圆周上转过的弧度长为

$$R_n\varphi = x\tan\alpha \qquad (5.8 - 1)$$

$$R_n = \frac{1}{2}(D_r + h_r)$$

式中　R_n——导向钮与螺旋槽接触线的中点的运动半径；

　　　D_r——定心部直径；

　　　h_r——导向钮与螺旋槽接触线长度，近似等于导向钮高度；

　　　α——螺旋定向器的螺旋角。

将式（5.8 - 1）对时间求导，得

$$R_n\dot\varphi = \dot{x}\tan\alpha = v\tan\alpha \qquad (5.8 - 2)$$

即

$$\omega = x_1 v \qquad (5.8 - 3)$$

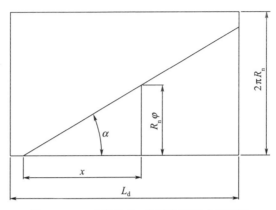

图 5.8-4 半径为 R_n 的圆柱面展成平面图

$$x_1 = \tan\alpha / R_n = 常数$$

火箭弹滑离炮口瞬时

$$\tan\alpha = \frac{R_n\omega_0}{v_0} \tag{5.8-4}$$

式中 x_1——弹在定向器内的转角速度与速度比。

螺旋角 α 一般很小，对离轨速度 v_0 影响很小，在初步设计时，认为离轨时的运行速度 v_0 不随螺旋角 α 变化，只有炮口角速度 ω_0 随螺旋角而变化。

5.8.4.2 最佳炮口角速度的确定

螺旋角速度的增加对密集度的影响具有两重性，ω_0 增加时，推力偏心引起的方向角散布减小；动不平衡引起的方向角散布将增加；起始扰动增加，起始扰动引起的方向角散布增大。由此可知，ω_0 必存在一最佳值，它使主动段终点方向角散布最小。

若不考虑火箭弹对起始扰动的影响，可用式（5.8-5）计算 ω_0

$$\omega_0 = \frac{1}{R_A}\sqrt{\frac{a_p E_L}{E_{\beta D}}} \tag{5.8-5}$$

式中 R_A——弹的赤道回转半径；

a_p——弹在炮口外的平均推力加速度；

E_L——弹推力偏心的中间偏差；

$E_{\beta D}$——弹动不平衡的中间偏差。

5.8.4.3　螺旋角的确定

在确定了炮口角速度 ω_0 之后，由式（5.7-4）可确定螺旋角 α

$$\alpha = \arctan \frac{R_n \omega_0}{v_0} \qquad (5.8-6)$$

5.8.5　导弹滑离安全性计算

采用箱式倾斜发射导弹，无论采用导轨或适配器作为定向器，导弹在定向器上运动时由于导轨或定向器的支撑，导弹与发射箱各部位保持足够的距离，不会妨碍导弹的运动。但导弹从定向器上滑离后，在重力和其他外力的作用下，会产生整体下沉或转动，因而导弹在箱内运动期间（同时离轨），有可能发生导弹与箱壁的碰撞。为了解决发射安全问题，需要对导弹在箱内运动的安全性进行分析，为发射箱设计提供依据。

5.8.5.1　同时滑离时导弹的下沉量计算

对于倾斜滑轨式定向器，如果忽略导弹沿导轨运动时的质量变化，导弹在滑轨上的运动微分方程式（参照图 5.8-5）为

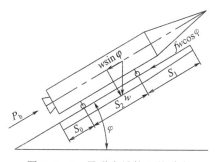

图 5.8-5　导弹在导轨上的受力

$$\frac{w}{g}\frac{\mathrm{d}^2 x}{\mathrm{d}t^2} = P_{\mathrm{b}} - f w \cos\varphi - w \sin\varphi \qquad (5.8-7)$$

$$a = \frac{P_{\mathrm{b}}g}{w} - f g \cos\varphi - g \sin\varphi \qquad (5.8-8)$$

一般

$$f g \cos\varphi + g \sin\varphi \ll \frac{P_{\mathrm{b}}}{w}$$

因此在估算 a 值时，可以略去，即

$$a = \frac{P_{\mathrm{b}}}{w}g \qquad (5.8-9)$$

$$S_1 = \frac{v_1^2}{2a} \qquad (5.8-10)$$

$$t_1 = \sqrt{\frac{2S_1}{a}} \qquad (5.8-11)$$

采用同时离轨方式发射导弹，要考虑导弹的下沉量，避免导弹滑离导轨后，由于下沉而与发射箱壁发生碰撞。从地面发射导弹时，导弹质量是产生下沉量的主要因素，占总下沉量的 $80\% \sim 90\%$，其次是推力偏心和牵连运动所引起的。一般推力偏心引起的量较小，牵连运动的影响与发射基础的运动有关，也与发射装置的跟踪运动有关。

在初步计算时，可忽略推力偏心的影响，取一个适当的系数予以考虑。舰面发射的牵连运动主要是摇摆运动，这个值较大，应当考虑它对下沉量的影响。发射装置的振动使定向器的某些部位产生较大的位移，应当考虑它对下沉量的影响。

陆军战术导弹无牵连运动，不考虑发射装置的振动影响，下沉量 y 的计算公式如下

$$x = v_1 t + \frac{1}{2m}(P_{\mathrm{b}} - n_x w)t^2 \qquad (5.8-12)$$

$$y = \frac{1}{2m}(-P_{\mathrm{b}}\delta - n_y w)t^2 + \frac{P_{\mathrm{b}}\dot\theta_R}{6m}t^3 + \frac{M_\delta P_{\mathrm{b}}}{24m J_z}t^4 \qquad (5.8-13)$$

$$J_z \ddot\theta''_R = M_\delta \qquad (5.8-14)$$

$$n_x = \sin(\varphi + \theta_R) \qquad (5.8-15)$$

$$n_y = \cos(\varphi + \theta_R) \qquad (5.8-16)$$

$$w = mg$$

式中　t_1——前定向钮滑离导轨的时间；

　　　t——从后定向支承元件离开后导轨开始到导弹尾端离开前导轨前端的时间；

　　　x——从后定向支承元件离开后导轨开始到导弹尾端离开前导轨前端的距离；

　　　v_1——导弹滑离导轨时的速度；

　　　w——导弹的重力；

　　　P_b——导弹发动机的平衡推力；

　　　M_δ——推力偏心矩；

　　　δ——推力偏心角；

　　　φ——导弹高低角；

　　　J_z——导弹的赤道转动惯量；

　　　θ——导弹的转动角。

设可能碰撞的部位为 B，导弹滑离开始时在 B_0 处（如图 5.8-6 所示），飞行 t 时间后，由于导弹的移动和转动，由 B_0 移动到 B 处，此时导弹的下沉量为

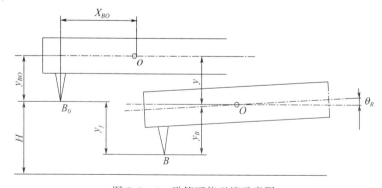

图 5.8-6　弹箱可能碰撞示意图

$$y_f = | \, y + y_B - y_{BO} \, |$$
$$y_B = x_{BO}\sin\theta_R + y_{BO}\cos\theta_R \qquad (5.8-17)$$

5.8.5.2　不同时离轨时导弹头部的下沉量

对不同时滑离的导弹或火箭弹，当前定向钮离开导轨失去支撑时，后定向钮仍在导轨上滑行，弹体在重力和推力偏心力矩的作用下，将绕后定向钮的支点向下偏转，造成导弹或火箭弹头部下沉。头部下沉量的大小，随弹体的滑行速度、前后定向钮的距离和推力偏心距的大小而变化。导弹不同时滑离阶段的转动角 $\Delta\theta_l$ 和角速度 $\Delta\dot{\theta}_l$ 为

$$\Delta\theta_l = \frac{B}{2A^2}\left[\mathrm{e}^{A(t-t_1)} + \mathrm{e}^{-A(t-t_1)} - 2\right] \qquad (5.8-18)$$

$$\Delta\dot{\theta}_l = \frac{B}{2A^2}\left[\mathrm{e}^{A(t-t_1)} + \mathrm{e}^{-A(t-t_1)}\right] \qquad (5.8-19)$$

$$A^2 = \frac{P_b l_2}{J_z + l_2^2 m} \qquad (5.8-20)$$

$$B = \frac{-M_\delta - l_2 n_y w + l_2 P_b \delta_p}{J_z + l_2^2 m} \qquad (5.8-21)$$

导弹的滑离速度、滑离长度、滑离时间为

$$v_l = v_1 + \frac{1}{m}(P_b - n_x w)(t - t_1) \qquad (5.8-22)$$

$$s_l = s_1 + v_1(t_l - t_1) + \frac{1}{2m}(P_b - n_x w)(t - t_1)^2 \quad (5.8-23)$$

$$t_l = t_1 + \frac{m}{(P_b - n_x w)}\left[\sqrt{v_1^2 + \frac{2}{m}(P_b - n_x w)(s_l - s_1)} - v_1\right]$$
$$(5.8-24)$$

式中　t_1，v_1，s_1——前定向钮滑离导轨的时间、速度和长度；

　　　l_2——后定向钮到导弹质心的距离。

导弹不同时滑离阶段的转动角 $\Delta\theta_1$ 较大时，火箭弹定向钮（定心部）高度不够大的情况下，可能会发生弹体与定向器口部的碰撞（图 5.8-7），增大起始扰动，影响密集度。

不发生碰撞的条件为

$$S_r \Delta\theta_1 < h_b \qquad (5.8-25)$$

$$S_r = S_2 - \frac{1}{2}a(t_2 - t_1^2) \qquad (5.8-26)$$

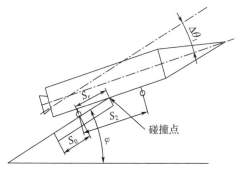

图 5.8-7 炮口碰撞示意图

式中 h_b——定向钮（定心部）高度。

在判断是否发生炮口碰撞时，可在前定心部滑离定向器的半约束期内选几个时刻 t，算出 $\Delta\theta_1$ 和 S_r，将其代入式（5.8-25）即可判断。

5.8.6 导弹出箱姿态仿真

箱（筒）式发射导弹的安全性计算，如分离的适配器是否会与飞出的导弹发生碰撞；同时滑离时导弹的下沉会否与箱内突出物发生干涉；不同时离轨时导弹头部的下沉量计算等，都可用动力学仿真软件 ADAMS 进行虚拟样机仿真。

ADAMS 研究复杂系统的运动学和动力学关系，它以计算多体动力学为理论基础，结合高速计算机来对产品进行仿真计算，得到各种仿真数据，帮助设计者发现问题并解决问题。

下面以某多管火箭炮发射时，火箭弹出管姿态仿真为例，详细说明用 ADAMS 分析非同时滑离的火箭弹出管过程和出管姿态。利用 ADAMS 软件进行仿真分析大致步骤如下：

1）几何建模；

2）施加运动副和运动约束；

3）施加载荷；

4）设置测量和仿真输出；

5）进行仿真分析；

6）回放仿真结果；

7）绘制仿真结果曲线等。

5.8.6.1　几何建模和施加运动副和运动约束

根据发射车的自然属性，几何模型由发射车底盘、车副梁、回转装置、发射架、发射管、火箭弹等部分组成。车轮、支腿、起竖油缸等分别用具有一定刚度和阻尼的弹簧-阻尼器来模拟，回转系统用以卷簧模拟，火箭弹与发射管之间定义了一个螺旋副来模拟火箭弹相对于发射管既有移动又有转动的运动关系。多管火箭炮仿真用几何模型如图 5.8－8 所示。

图 5.8－8　多管火箭炮仿真模型

5.8.6.2　施加载荷

1）作用在火箭弹上的推力。在 SPLINE 函数对话框中，输入火箭发动机推力实际值。

2）火箭弹与发射管之间的碰撞力。火箭弹上的 4 个定心部（2 个辅助定心部和 2 个主定心部）与发射管之间的关系为碰撞关系，因此在每个定心部与发射管之间定义一个碰撞，其中包含有接触面处的摩擦特性。

3）火箭弹和发射管之间的闭锁力。火箭弹在发射之前要保证不会自动从发射管中滑离出去，因此在火箭弹和发射管之间加上一个闭锁力。当作用在火箭弹上的外力达到一定值时，闭锁器开锁，即闭锁力变为零。

4）火箭弹和发射管之间由螺旋副作用引起的摩擦力和摩擦力矩。

5）火箭弹上的控制力。在火箭弹的前部距离质心 L 位置处，作用一个垂直弹轴方向向上的控制力。

6）火箭弹出管后，燃气流对发射管组的作用力。

5.8.6.3 火箭弹发射过程仿真分析

进行不同高低角和方向角下，火箭弹出管姿态仿真。应用 ADAMS 的分析结果后处理或其所提供的测量功能，会非常容易地获取火箭弹出管时的姿态及发射车上所有运动构件的位移（线位移和角位移）、速度（线速度和角速度）、加速度（线加速度和角加速度）等，其结果已存入相应的"bin"文件中，按 F8 键，进入 Plot Windon 环境，就可以查看到有关分析结果。

5.8.6.4 火箭弹出管姿态仿真结果

第 1、2、3、…、10 枚火箭弹的滑行速度、角速度、俯仰角、俯仰角速度、偏航角、偏航角速度等仿真结果相应存放在 📁 page_i（$i = 1$，2，3，…，10）文件中，部分仿真结果如图 5.8 - 9～图 5.8 - 14所示。

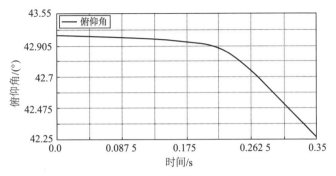

图 5.8-9　火箭弹出管俯仰角

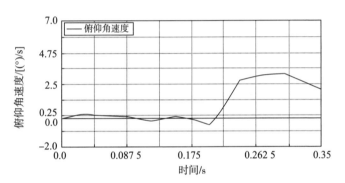

图 5.8-10　火箭弹出管俯仰角速度

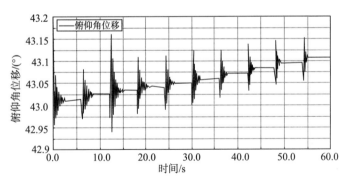

图 5.8-11　管口俯仰角位移

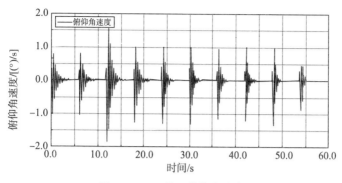

图 5.8-12 管口俯仰角速度

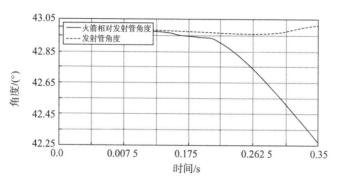

图 5.8-13 火箭弹相对发射管的运动轨迹

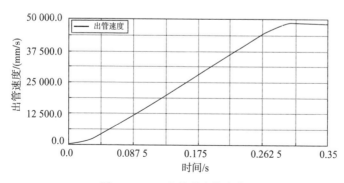

图 5.8-14 火箭弹出管速度

仿真结果与高速摄影测试结果见表 5.8 - 1。

表 5.8 - 1　仿真结果与高速摄影测试结果

序号	项目	仿真结果	高速摄影结果
1	出管时间/s	0.31	0.31
2	出管速度/(m/s)	49.0	48.78
3	出管转数/(r/s)	6.4	6.7
4	姿态低头角/(°)	0.42	0.43
5	俯仰角速度/[(°)/s]	-5.42	—
6	偏航角/(°)	-0.075	—
7	偏航角速度/[(°)/s]	-0.76	—

运用 ADAMS 动力学仿真软件，对多管火箭炮发射过程进行仿真分析，所获取的火箭弹出管姿态参数与实际试验结果相吻合。对于优化多管火箭发射系统设计，确保火箭弹可靠与准确发射，节约财力和人力，都有重要意义。

5.9　试验模态分析

5.9.1　模态分析技术

模态分析指对一个机械系统的结构动态特性进行解析分析和试验分析，这个机械系统的动态特性可以用它的模态参数来描绘。在数学上，模态参数是通过求解机械系统的运动方程而得到一组特征值和特征向量。在试验上，模态参数是对一个机械系统进行试验测量得到固有频率、阻尼和振型形状，简称模态试验。

试验模态分析技术是一个新兴的学科，近 30 年来发展很快，随着电子技术和计算机技术的发展，试验模态技术已成为解决复杂机构振动问题的主要手段。

通过试验模态分析，可对已有结构进行分析、识别和评价，从而发现结构系统动特性方面存在的问题，进行改进设计，并通过现场测试数据，来诊断、预报振动故障等。

　　当前计算机辅助工程（CAE）软件已经市场化，为了评价一个机械系统的动力学特性，不能只用试验模态分析的方法，还应主动地与解析模态分析结合起来，进行比较、综合和模型改造。从而得到一个机械系统精确的数学模型，能充分地描述系统的输入输出关系，了解由于结构修改涉及的影响及如何改变等，最终实现机械结构的动态优化设计。

　　一个机械系统被已知输入激振，并借助适当的方法判断在此输入激振下引起的响应，可以确定出输入和输出之间的频响函数 FRF，最后通过所谓曲线拟合技术提取模态参数。

　　模态试验通常是在设备激振下进行的，也就是说不是在实际操作条件下进行的，这就避免了输入未知这个因素。但是为了评估机械系统性能，在实际操作条件下的响应量级是必须考虑的。

　　设备激振下的模态试验，一般包含下列内容。

　　（1）激振

　　为测量一个机械系统的结构振动特性，首先考虑的是采用怎样适宜的激励作为结构输入，因为模态试验已广泛用于各种尺寸和质量的各类机械系统，所以要研究各种激振技术。其中包括激振器的选择，激励信号的确定，载荷传感器的选型和采用单点激励还是多点激励等。

　　（2）响应确定

　　当结构实现适宜的激振之后，应精确地测量该激振时的目标响应，可能要求测量各种不同类型的响应，因此可以到市场上购买不同类型的敏感元件。当前最流行的敏感元件是质量从几克到几百克的压电型加速度传感器。

　　（3）频响函数估计

　　由激振下测量的输入和输出，就可以确定它们之间的频响函数（FRF）。根据被噪声污染的各种假定计算频响函数。当前最流行的办法是假设噪声只污染输出而不污染输入，可以通过取平均值方法

减少随机误差。另外，还有只污染输入不污染输出和输入、输出都
被污染。

　　计算方法的选择主要取决于模态分析的用途，如为了排除故障
这种情况，只需要固有频率、阻尼和振型这样的原始数据时，方法
的选择并不是很严格的。但是，在动力学控制、有限元分析、有限
元模型改进等情况下，要求直接使用测量的频响函数时，应对上述
几种方法仔细选择。

　　（4）模态参数识别

　　利用频响函数的模态参数表达式，去拟合实测的频响数据或曲
线提取模态参数，即固有频率、阻尼和振型形状。自从模态分析工
作开展以来，已提出过若干种模态参数的识别方法，习惯上将它们
分为频域法和时域法，但至今仍未找到可以完善地应用于任何一类
频响函数识别的通用方法。

　　不管是频域法或是时域法，数据处理都按以下两步骤进行：首
先确定与每个激振点和响应点无关的作为总体参数的固有频率和阻
尼比；然后根据各点的当地参数选用一定的比例因子提取振型形状。

5.9.2　模态识别的基本公式

　　n 个自由度线性定常系统的运动方程为

$$[M]\{\ddot{X}\} + [C]\{\dot{X}\} + [K]\{X\} = \{F\} \qquad (5.9-1)$$

对于复模态系统，对解耦的状态方程两端进行傅里叶变换，可
得物理坐标下的关系式为

$$\{X\} = \sum_{i=1}^{n} \left(\frac{\{\varphi_i\}\{\varphi_i\}^{\mathrm{T}}}{a_i(\mathrm{j}\omega - \lambda_i)} + \frac{\{\bar{\varphi}_i\}\{\bar{\varphi}_i\}^{\mathrm{T}}}{a_i(\mathrm{j}\omega - \lambda_i)} \right) \{F\} \qquad (5.9-2)$$

复模态系统频响函数矩阵为

$$\begin{aligned}
\{H\} &= \sum_{i=1}^{n} \left(\frac{\{\varphi_i\}\{\varphi_i\}^{\mathrm{T}}}{a_i(\mathrm{j}\omega - \lambda_i)} + \frac{\{\bar{\varphi}_i\}\{\bar{\varphi}_i\}^{\mathrm{T}}}{a_i(\mathrm{j}\omega - \lambda_i)} \right) \\
&= \sum_{i=1}^{n} \left\{ \frac{[R_i]}{\mathrm{j}\omega - \lambda_i} + \frac{[\bar{R}_i]}{\mathrm{j}\omega - \bar{\lambda}_i} \right\} \qquad (5.9-3)
\end{aligned}$$

式中　$[R_i]$ —— 系统第 i 阶留数矩阵；

　　　$[\bar{R}_i]$ —— $[R_i]$ 的共轭矩阵。

$$[R_i] = \frac{\{\varphi_i\}\{\varphi_i\}^{\mathrm{T}}}{a_i}$$

对于 $[H]$ 中的 L 行 P 列的元素为 $H_{LP}(\omega)$

$$H_{LP}(\omega) = \sum_{i=1}^{n}\left(\frac{R_{LP}^{i}}{\mathrm{j}\omega - \lambda_i} + \frac{\bar{R}_{LP}^{i}}{\mathrm{j}\omega - \lambda_i}\right) \qquad (5.9-4)$$

式中

$$\lambda_i,\ \bar{\lambda}_i = -\zeta_i\omega_i \pm \mathrm{j}\omega_{\mathrm{d}i} = -\zeta_i\omega_i \pm \mathrm{j}\omega_i\sqrt{1-\zeta_i^2}$$

$$\lambda_i\bar{\lambda}_i = \omega_i^2 \qquad \lambda_i + \bar{\lambda}_i = -2\zeta_i\omega_i$$

　　由上可知，任意一个响应点的频响数据，均含有系统各阶模态参数 ζ_i、ω_i 及全部信息，也就是说，利用任意一个测点的跨点或原点的频响函数，均可求解出系统的各阶固有频率和阻尼系数。但是要确定各阶模态向量，则必须测得频响函数矩阵中的一列或一行频响函数。

5.9.3　某双联装导弹发射车的模态试验

　　为了对某双联装导弹发射系统进行识别和评估，研究系统在动特性方面存在的问题，提供改进设计的依据，对此系统进行了模态试验。

5.9.3.1　试验方案

　　试验框图如图 5.9-1 所示。激振系统由两台 40 kg 激振器、一台 BK1207 信号发生器组成。考虑到试件质量大、结构复杂、结构间隙引起的非线性问题突出，采取了多输入多输出随机振动方法。这种方法可以用来解决大型结构试验中激振力不足的问题，且有能量均匀、快速、准确的特点。

　　试验中激振力的分布是关键，经过锤击试验分析表明，垂直方向在后支腿横梁处安装两台激振器，横向方向在回转台尾部安装一台激振器为好。

激振信号是中心频率 9 Hz、带宽 31 Hz 的窄带随机信号。信号同时输入两台功率放大器、激励激振器，得到全相干的力信号，由力传感器测量，经过低通滤波器，由计算机 A/D 板采集。

用加速度传感器测量结构的加速度信号，经过电荷放大器放大，输入滤波器滤去高频信号，再用计算机 A/D 板采集存盘，计算频响函数。试验过程中随时用 SD-375 动态分析仪检查力和响应信号，尤且是检查两个力的相干性。

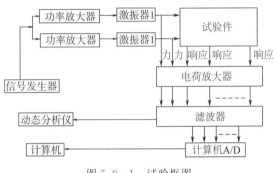

图 5.9-1　试验框图

5.9.3.2　试验过程

对发射车的 4 种状态进行了试验。状态 1：方向角 7°，高低角 33°。状态 2：方向角 7°，高低角 45°。状态 3：方向角 7°，高低角 58°，如图 5.9-2 所示。状态 4：方向角 45°，高低角 58°。

为了寻找合适的激振点和响应点，大体了解试件的振动频率范围，试验前进行了敲击试验分析。

由于试验状态多、测点多，试验在数据采集后现场计算频响函数。若频响函数较为光滑，则存盘留待试验后进行模态参数识别，否则重新试验。试验结果的精度关键在于频响函数，因此现场监视频响函数的质量。

图 5.9-2　发射车试验状态 3

5.9.4　试验结果

试验后对试验数据分类整理，进行参数识别。对各个频响函数中识别出的频率、阻尼进行平均，得到的结果见表 5.9-1 和表 5.9-2、图 5.9-3 和图 5.9-4。

表 5.9-1　方位方向各阶固有频率和阻尼

阶数	固有频率/Hz	阻尼/ζ%
1	2.5	1.4
2	6.24	1.83
3	7.1	2.08
4	8.14	1.55
5	10.8	1.17
6	18.71	1.41

表 5.9 - 2　高低方向各阶固有频率和阻尼

阶数	固有频率/Hz	阻尼/ζ%
1	3.57	1.39
2	10.8	1.14
3	15.4	1.3

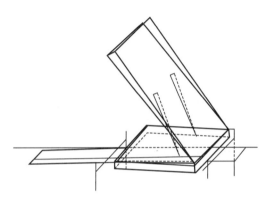

图 5.9 - 3　状态 3 横向 2.5 Hz 振型

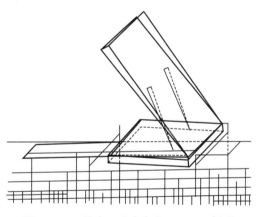

图 5.9 - 4　状态 3 垂直方向 3.57 Hz 振型

5.9.5　试验结果分析

发射车回转盘以上部分，横向振动一阶频率 2.5 Hz，垂向振动频率 3.57 Hz，在上述频率下，发射车大梁和 4 个支腿都没有动，由此判断是回转盘和大梁之间的连接刚度弱造成的。而实际结构是回转盘采用四点接触球式回转支承，上下座圈分别通过 36 个 M24 的螺栓上连转台，下连车大梁，其连接刚度应该是很大的。而上下座圈是通过数个 Φ35 的钢球连接，钢球与座圈间有 0.2 mm 的间隙。分析认为：横向一阶频率是由方向制动系统刚度弱造成的；垂直方向一阶频率是由起竖油缸油液可压缩性造成的。方位角 7°三种状态（高低角 33°、45°、58°），其共振频率与振型基本一致。发射车整体横向一阶频率是 6.24 Hz，托架（定向器）的垂直弯曲频率是 15.4 Hz。

第6章 液压系统设计

6.1 概述

发射车的液压系统是指用液压油作为工作介质，通过动力元件（如油泵等）将原动机的机械能转化为油液的压力能，通过管道、控制元件，借助于执行元件（如油缸等）将油液的压力能转换为机械能，驱动负载实现所要求的运动。

液压传动与机械、电气、气压传动相比，有以下优点：

1）能够获得很大的力和力矩，易于实现直线往复运动、旋转运动或摆动以驱动工作装置；

2）能在很大的范围实现调速，能方便地实现无级调速。采用节流调速时，结构简单，成本低廉；

3）质量轻，结构紧凑，惯性小；

4）控制和调节简单、方便、省力，易于实现自动化控制和过载保护。

液压传动的缺点是由于油液的可压缩性，以及油温变化和泄漏，影响运动的精确性。液压元件制造精度要求高，加工较困难，制造成本相对较高。由于液体流动中有压力损失和受温度影响较大，故不宜用于远距离传动和高温下工作。

6.2 液压系统的组成和工作原理

通常一个液压系统由以下4部分组成：

1）动力元件。油泵称为液压系统的动力元件，它将机械能转换为油液的压力能，是能量转换元件。

2）执行元件。执行元件是指油缸或液压马达等，是将压力能转换为驱动部件机械能的能量转换元件。

3）控制元件。各种控制阀门如换向阀、调压阀、调速阀等，用以控制液压传动系统所需的运动方向、运动速度、力、力矩等和实现工作性能的要求。

4）辅助元件。辅助元件是指各种管接件、油箱、油滤、压力表等，起连接、输油、储油、过滤、测量等作用。

6.2.1　手动控制的液压系统

图 6.2-1 是早期火箭导弹发射车的手动液压系统原理图。

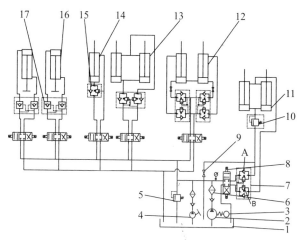

图 6.2-1　手动液压系统原理图

1—油箱；2—油泵；3—电动机；4—手摇泵；5—调压阀；6—油滤；7—平衡阀；
8—电磁换向阀；9—手动开关；10—限速切断阀；11—起竖油缸；12—防移油缸；
13—下夹钳油缸；14—上夹钳油缸；15—液控单向阀；16—支腿油缸；17—双向液压锁

系统由导弹起竖回路、闭锁装置回路、支腿回路等组成。电动机带动油泵，从油箱吸入油液，通过开启相应的电磁换向阀，油液进入需要工作的油缸，油缸回油腔的油液通过电磁阀流回油箱。

通过操作手控制调压阀的开口量大小，控制进入油缸的流量大小来控制油缸的工作速度的快慢，同时也建立起与外负载相适应的压力。当全部电磁换向阀呈关闭状态时，调压阀应处于最大开口状态，油泵排出的油液全部经调压阀返回油箱。

（1）旁路节流调速回路

图 6.2-1 中，调压阀安装在旁油路上，油泵排出的油液分成两路，一路通过相应的电磁换向阀进入要工作的油缸，一路经调压阀回到油箱。油泵输出的压力不是定值，它随负载而变化。因而这种回路，负载的变化会引起速度的变化。

当调压阀的开口量为零时，油泵输出的油液全部通往工作的油缸，此时油缸的运动速度最大。随着调压阀的开口量的增大，油缸的速度逐渐减小，开口量增大到一定程度，流经调压阀的液阻减小到某一值时，通过调压阀建立的压力小于负载需要的压力，油缸便推不动负载而不能正常工作。因此，调压阀的开口量不可能很大，只能在小范围内调节。

由于油泵的压力随负载变化而变化，则油泵的功率也随负载变化而变化，因而这种回路的效率比较高，经济性好。但是当负载变化时，调压阀前后的压差变化引起通过调压阀的流量改变，导致执行机构速度的变化，因而其稳定性不好，需要操作手不断地改变调压阀的开口量，以适应执行机构运动平稳性的要求。

（2）导弹起竖回路

导弹起竖回路由起竖油缸、限速切断阀、平衡阀、电磁换向阀、调压阀组成。

当电磁换向阀处于开启状态的升或降的位置，便接通导弹起竖回路。如果是导弹起竖上升，油泵输出的油液经电磁换向阀、平衡阀的单向阀 A、限速切断阀，进入起竖油缸的正腔，通过调节调压阀的开口量，起竖油缸多级套筒便依次伸出。当反腔的套筒外伸时，反腔的油液通过平衡阀的活门 B、电磁换向阀返回油箱。

导弹下降，电磁阀换向给起竖油缸的反腔供油，油缸正腔回油。

当起竖油缸呈受压状态后，停止油泵工作，打开手动开关（手动节流阀），在导弹重力作用下，起竖油缸正腔的油液经手动开关返回油箱，使导弹下降成水平状态。

6.2.2　自动控制的液压系统

图 6.2-2 是适合自动控制的液压系统原理图。它与图 6.2-1 的最大不同之处在于系统中运用了电液比例调速阀（2）和电液比例压力阀（3）。

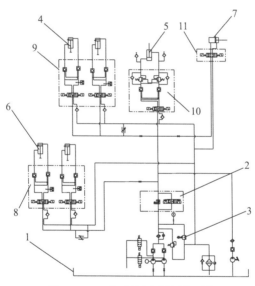

图 6.2-2　自动液压系统原理图

1—油源；2—比例调速阀；3—比例压力阀；4—前支腿；5—起竖油缸；6—后支腿；

7—锁紧油缸；8—后支腿回路；9—前支腿回路；10—起竖回路；11—锁紧回路

采用比例压力阀，当控制信号一定时，可得到稳定的系统压力。改变控制信号，可无级调节系统压力，而且压力变化过程平稳，对系统的冲击小。另外，采用比例压力阀，可根据系统工况的要求改变系统的压力。可以提高液压系统的节能效果，这是电液比例技术的优势之一。

电液比例调速阀带有阀口的压差补偿器，输出的流量与给定的电信号成比例，与压力温度基本无关。

6.3 液压系统主要元件的设计

6.3.1 油缸设计

油缸是将油液的压力能转换为机械能的执行元件。油缸的种类较多，按液压力的作用方式，可分为单作用式和双作用式。发射车液压系统中，两种作用方式的油缸都有，但用得最多的是双作用式。

所谓单作用式油缸，指这种油缸只利用液压力推动油缸活塞向一个方向运动，而反向运动则靠重力或其他机构的推力来实现。这类油缸的结构比较简单，其相应的液压系统也较为简单。

双作用油缸则是利用液压力推动活塞做两个方向的运动，这类油缸在火箭导弹发射车的液压系统中运用得较多，如起竖油缸、支腿油缸、闭锁装置油缸等。

6.3.1.1 起竖油缸设计

起竖油缸是用于将导弹由水平状态起竖成垂直状态，或由垂直状态下降成水平状态。通常是双作用套筒式油缸。图 6.3－1 所示的油缸为起竖油缸的一种结构形式。

它由枢轴，连接耳，一、二、三、四级套筒及密封件，排气阀等部分组成。连接耳通过螺纹和制动螺钉与四级套筒连接，支耳上带有反腔的油咀。连接耳与四级套筒之间用 Y 型密封圈密封。四级套筒下端用螺母、锁紧螺母和密封圈堵死。一、二、三级套筒及本体上部装有铝青铜导向套和防尘圈。在一、二级套筒下端的环形槽内装有弹簧卡环，分别支撑着二、三级套筒下端的台肩。本体的下端通过枢轴螺纹、锁紧螺母、密封圈固定，枢轴上有正腔的油咀。

（1）起竖油缸的受力

在第 4 章总体计算中，对三铰点式起竖机构的起竖油缸受力进行过计算，为了阅读方便，这里把计算结果引用过来

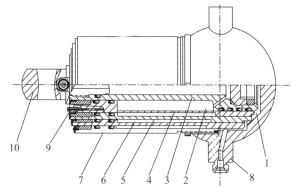

图 6.3 - 1　起竖油缸

1—正压腔；2—反压腔；3—四级筒；4—三级筒；5—二级筒；6——一级筒；

7—本体；8—枢轴；9—排气阀；10—连接耳

$$T = \frac{LG(x_0\cos\alpha - y_0\sin\alpha) \pm P_w X_w \sin^2\alpha}{mL_1L_2\sin(\alpha + \alpha_0 + \delta)} \qquad (6.3 - 1)$$

式中　T——每个起竖油缸的受力；

　　　m——起竖油缸的数量。

当开始起竖时，即 $\alpha = 0$ 时，起竖阻力矩最大，故油缸的推力也最大，即

$$T_{\max} = \frac{L_0 G x_0}{mL_1L_2\sin(\alpha_0 + \delta)} \qquad (6.3 - 2)$$

对于垂直发射导弹，起竖油缸可能由受压转变成受拉。当 $\alpha_m \geqslant 90°$ 时，起竖部分形成的翻倒力矩最大，故起竖油缸的拉力也最大，即

$$T_m = \frac{LG(x_0\cos\alpha_m - y_0\sin\alpha_m) \pm P_w X_w \sin^2\alpha_m}{mL_1L_2\sin(\alpha_m + \alpha_0 + \delta)} \qquad (6.3 - 3)$$

式中　G ——起竖部分总重力；

　　　x_0，y_0 —— 起竖部分水平状态时质心坐标；

　　　P_w——垂直状态时的风荷；

　　　X_w——垂直状态风荷作用中心坐标。

一般设计起竖油缸时，起竖最大角度应留有一定余量，$\alpha_m =$ 91°～93°。考虑风载荷的作用方向（顺风或逆风），导弹起竖过程中，起竖油缸的受力如图6.3-2所示。

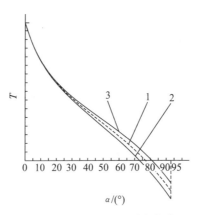

图 6.3-2　起竖油缸受力曲线

1—无风起竖油缸受力；2—顺风起竖油缸受力；3—逆风起竖油缸受力

（2）起竖油缸压力计算

图 6.3-1 所示的多级套筒油缸，由于每级套筒伸出时的有效作用面积不同，每级套筒伸出过程中作用力也在不断地变化，故每级套筒伸出过程中的压力也各不相同，油缸换筒时，由于有效作用面积发生突变，起竖油缸的压力会发生突变，在供油量不变的情况下，速度也随之突变。

每级套筒的压力由式（6.3-4）计算

$$P_i = \frac{T_i}{A_i} \tag{6.3-4}$$

$$T_i = \frac{L_i \left[G(x_0 \cos\alpha_i - y_0 \sin\alpha_i) \pm P_w L_w \sin^2\alpha_i \right]}{m L_1 L_2 \sin(\alpha_0 + \delta + \alpha_i)} \tag{6.3-5}$$

$$\alpha_i = \frac{\cos^{-1}(L_1^2 + L_2^2 - L_i^2)}{2L_1 L_2} - \alpha_0 - \delta \tag{6.3-6}$$

$$A_i = \frac{\pi D_i^2}{4} \tag{6.3-7}$$

式中　P_i——第 i 级套筒伸出过程中的压力；

　　　T_i——第 i 级套筒伸出过程中的受力；

　　　A_i——第 i 级套筒活塞的有效面积；

　　　L_i——第 i 级套筒伸出长度；

　　　D_i——第 i 级套筒活塞直径。

当导弹起竖到油缸受拉时，起竖油缸的反腔起作用，油缸反腔的承压有效面积为

$$A_{n反} = \frac{\pi(D_n^2 - d_n^2)}{4} \qquad (6.3-8)$$

式中　D_n——第 n 级（图 6.3-1，$n=4$）活塞的有效直径；

　　　d_n——第 n 级活塞杆的直径。

（3）油缸壁厚计算

油缸工作时，缸壁的内力分布情况与壁厚有关。对薄壁筒来说，缸壁的内力是均匀分布的，但厚壁筒的内应力分布规律比较复杂。

当油缸内径与壁厚的比值 $D/\delta \geq 16$ 时，可将油缸视为薄壁筒。当 $D/\delta \leq 3.2$ 时，视为厚壁筒。当 $3.2 < D/\delta < 16$ 时，视为中等壁厚筒。应根据具体情况采用下列公式计算。

①薄壁筒的壁厚

$$\delta = \frac{P_y D}{2[\sigma]} \qquad (6.3-9)$$

$$[\sigma] = \frac{\sigma_b}{n}$$

式中　P_y——油缸试验压力，$P_y = (1.2 \sim 1.5)P$；

　　　P——油缸的最大工作压力；

　　　D——缸筒内经；

　　　$[\sigma]$——材料的需用应力；

　　　σ_b——缸体材料的抗拉强度；

　　　n——安全系数，对钢管一般取 $n = 3.5 \sim 5$。

②中等壁厚筒的壁厚

$$\delta = \frac{P_y D}{(2.3[\sigma] - P_y)\varphi} + c \qquad (6.3-10)$$

式中　φ——强度系数（采用无缝钢管时 $\varphi = 1$）；

　　　c——考虑壁厚公差及侵蚀的附加厚度（通常将 δ 圆整到标准壁厚值）。

③厚壁筒的壁厚

$$\delta = \frac{D}{2}\left(\sqrt{\frac{[\sigma] + 0.4P_y}{[\sigma] - 1.3P_y}} - 1\right) \qquad (6.3-11)$$

6.3.1.2　支腿油缸

支腿油缸起着调平前梁并使轮组卸除或部分卸除负荷的作用。由于不同发射车对支腿油缸的要求不同，因此支腿油缸的结构形式有多种多样。这里举例介绍一种适用于半机动发射导弹的支腿油缸，结构形式如图 6.3-3 所示。

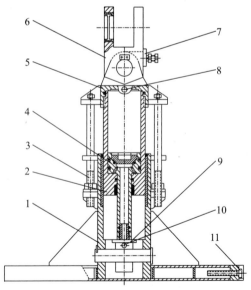

图 6.3-3　支腿油缸

1—本体；2—升降筒；3—锁紧螺杆；4—活塞；5—缸盖；6—上支耳；

7—限位版；8—进出油口；9—连接耳；10—出进油口；11—螺钉

　　这种支腿油缸的突出特点是依靠升降筒和本体承受很大的弯矩，这与一般的油缸只承受轴向力而不能承受弯矩不同。油缸的活塞杆采用倒装，弯矩由刚度大的本体和升降筒承受，较好地解决了活塞杆不受弯矩的问题。

　　支腿油缸工作时，上腔供油下腔回油，使本体的底座触底，继续供油将升起发射车前梁，解除前轮组的受力。当前梁升到预定的高度并调平后，本体底座与地面的固定装置连接固定，并固定好两侧的锁紧螺杆，起到机械固定保险的作用。

6.3.1.3　钢球锁紧油缸

　　图 6.3 - 4 是一种钢球锁紧油缸。

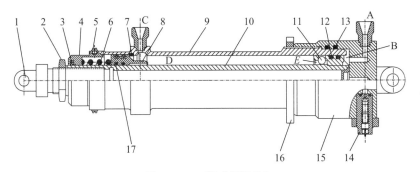

图 6.3 - 4　钢球锁紧油缸

1—连接耳；2—螺母；3—毛毡圈；4—封严帽；5—螺钉；6—弹簧；7—涨圈；8—游塞；
9—缸体；10—活塞；11—钢球；12—O 型圈；13—O 型圈；14—排气安全阀；
15—盖子；16—螺母；17—O 型圈

　　钢球锁紧油缸不同于一般的单极双作用油缸，它具有钢球锁紧装置。在活塞的圆周上均匀分布 12 个钢球，当压力油经油咀 A 进入油缸正腔向左推动活塞时，油缸反腔的油液经油咀 C 回油，活塞伸出到与游塞接触，继续伸出时，钢球便在游塞的作用下，使其一部分被挤入缸体的凹槽内，而另一部分仍留在活塞的 E 孔中，于是钢球便卡在缸体与活塞之间，形成钢球锁紧功能。此时若继续供油，活塞也不会继续伸出。

当压力油经油咀 C 进入油缸反腔时，在压力油的作用下，游塞压缩弹簧左移，让开钢球的退路，在活塞缩回力的作用下，将钢球完全压入 E 孔中，钢球锁紧功能解除，活塞缩回。

钢球锁紧油缸的这一独特功能，特别适合于发射车闭锁装置中上夹钳的开关功能。油缸伸出到钢球锁紧，刚好是上夹钳完全关闭状态，此时如果继续供油，油缸也不会再伸出，这就防止了导弹支承夹紧部位被夹坏。钢球锁紧状态，只有给油缸反腔供油，钢球锁紧功能才被解除，油缸才能缩回而使上夹钳打开。这一功能保证了上夹钳抱紧导弹时的可靠性和安全性。导弹被起竖成垂直状态，完全依靠上夹钳的抱紧，导弹才不会向前翻倒，如果上夹钳的抱紧功能不可靠，将会发生灾难性事故。

值得说明的是，这种油缸只有活塞伸出到位，才能实现钢球锁紧功能，如果活塞伸出长度不够，钢球就起不到锁紧作用。它不是一种任意位置都能锁紧的油缸。

6.3.1.4　同伸缩油缸设计

同伸缩油缸也称等容油缸，油缸的各级能同时伸出或缩回，同一般的多级伸缩油缸逐级伸出不同。由于油缸各级能同时伸出或缩回，大大地缩短了工作时间，而且不存在换级时因突然地改变油缸工作面积而引起冲击，造成起竖系统的振动。正是由于它的快速性和平稳性，促使人们要将它应用到导弹发射车的起竖机构中，取代一直采用的一般伸缩式多级油缸。

对同伸缩油缸特性的研究表明，不是任何情况下都能采用同伸缩油缸的，也不是采用同伸缩油缸就一定比采用一般伸缩式多级油缸更好。同伸缩油缸能否应用到导弹发射车的起竖机构中，如何合理地应用同伸缩油缸，是下面要讨论的内容。

（1）工作原理

图 6.3-5 是同伸缩油缸的示意图。油缸伸出时，液压油通过 K_1 口进入缸体推动活塞 1 伸出，活塞 1 外伸的同时，将 a 腔的油液压入 b 腔中推动活塞 2 外伸，活塞 2 外伸的同时又将 c 腔的油液压入 d

腔中推动活塞 3 伸出，活塞 3 外伸时，将 e 腔中的油液通过 K_2 口排出流回油箱。缩回时，油液通过 K_2 进入 e 腔，推动活塞 3 缩回，继而活塞 1、2 产生返回动作，从而实现各级活塞同时外伸或缩回。

图 6.3 - 6 是一种具有导油管的同伸缩油缸的示意图，工作原理与图 6.3 - 5 相同，但其油口 K_2 的空间位置不再随油缸的伸缩而改变，通向油口 K_2 的油管同通向油口 K_1 的油管一样安装固定便可。

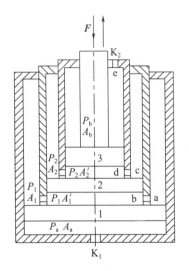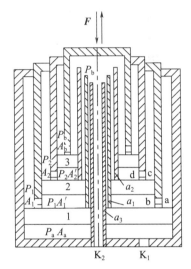

图 6.3 - 5　同伸缩油缸示意图　　图 6.3 - 6　具有导油管的同伸缩油缸示意图

（2）特性分析

① 伸缩特性

为使同伸缩油缸正常工作，各相通腔的容积应彼此相等，故又称之为等容油缸。如图 6.3 - 6 中，a 腔的容积等于 b 腔的容积，c 腔的容积等于 d 腔的容积。即

$$A_1 L_1 = A'_1 L_2 \qquad (6.3 - 12)$$

$$A_2 L_2 = A'_2 L_3 \qquad (6.3 - 13)$$

写成一般形式的表达式为

$$A_i L_i = A'_i L_{i+1}$$

即

$$K = \frac{L_{i+1}}{L_i} = \frac{A_i}{A'_i} \qquad (6.3-14)$$

式中　A_i，A'_i——第 i 级活塞两相通腔的有效工作面积；

　　　　L_i，L_{i+1}——第 i、第 $i+1$ 级活塞的工作行程；

　　　　K——行程特性。

当 $K=1$ 时，由式（6.3-14）得

$$L_i = L_{i+1} \qquad\qquad A_i = A'_i$$

因此，在相同的时间内，在两相通腔面积相等的情况下，各级活塞伸出或缩回的长度相等。

$K>1$ 时，由式（6.3-14）得

$$L_i < L_{i+1} \qquad\qquad A_i > A'_i$$

因此，在相同的时间内各级活塞可以伸出不同的长度，里面的一级比外面的一级伸出的长度要大，此时同伸缩油缸的初始长度基本上取决于里面的一级活塞行程的大小。当 $K<1$ 时，情况刚好相反。

②负荷特性

取 $K=1$ 情况下，以图 6.3-5 所示的三级同伸缩油缸为例，分析各级活塞的受力情况，求出各工作腔内的压力。取各级活塞作为研究对象，建立其受力平衡方程式。

1）伸出受压力 F：若回油压力 $P_b = 0$，平衡方程式为

$$P_2 A_2 = F \qquad (6.3-15)$$

$$2P_2 A_2 = P_1 A_1 \qquad (6.3-16)$$

$$2P_1 A_1 = P_a A_a + P_2 A_2 \qquad (6.3-17)$$

解方程得

$$P_2 = F/A_2 \qquad (6.3-18)$$

$$P_1 = 2F/A_1 \qquad (6.3-19)$$

$$P_a = 3F/A_a \qquad (6.3-20)$$

对于 n 级同伸缩油缸可得

$$P_a = nF/A_a \qquad (6.3-21)$$

2）缩回若受拉力 F：若回油压力 $P_a = 0$，平衡方程式为

$$P_b A_b = P_2 A_2 + F \tag{6.3-22}$$

$$2P_2 A_2 = P_b A_b + P_1 A_1 \tag{6.3-23}$$

$$2P_1 A_1 = P_2 A_2 \tag{6.3-24}$$

解方程得

$$P_1 = F/A_1 \tag{6.3-25}$$

$$P_2 = 2F/A_2 \tag{6.3-26}$$

$$P_b = 3F/A_b \tag{6.3-27}$$

对于 n 级同伸缩油缸可得

$$P_b = nF/A_b \tag{6.3-28}$$

3）有导油管：对于有导油管的同伸缩油缸（如图 6.3 - 6 所示），当伸出并受压力时，其各腔的压力计算完全与无导油管的同伸缩油缸相同。但是，当缩回若受拉力时两者却不一样，有导油管的同伸缩油缸各腔压力计算公式中，包含了导油管面积的因素，现简要分析如下。有导油管缩回受拉力 F，若回油压力 $P_a = 0$，平衡方程式为

$$P_b A_b = P_2 A_2 + P_b a_3 + F \tag{6.3-29}$$

$$2P_2 A_2 + P_b a_2 = P_b A_b + P_1 A_1 \tag{6.3-30}$$

$$2P_1 A_1 + P_b a_1 = P_2 A_2 \tag{6.3-31}$$

式中，a_1，a_2，a_3 为导油管端面环形面积。解方程得出三级有导油管最里面一级活塞反腔压力为

$$P_b = \frac{2F}{A_b + 2a_2 - 3a_3} \tag{6.3-32}$$

同理可导出，二级有导油管最里面一级活塞反腔压力为

$$P_b = \frac{2F}{A_b + a_1 - 2a_2} \tag{6.3-33}$$

n 级有导油管最里面一级活塞反腔压力为

$$P_b = \frac{nF}{A_b + \sum_{i=2}^{n}(i-1)a_{i-1} - na_n} \tag{6.3-34}$$

（3）外廓特性

通过以上对同伸缩油缸负荷特性的分析可以看出，它是以提高工作活塞的负荷，换取总伸缩时间的缩短，在选取同伸缩油缸取代一般伸缩油缸时，应特别注意这一特点。因为要想使两者保持相应工作腔内的压力相等，则同伸缩油缸的外廓尺寸就要增大，现就其外廓特性作简要分析。

根据式（6.3-21），n 级同伸缩油缸伸出受压力 F 时，最外一级活塞正腔的压力为

$$P_a = nF/A_a \qquad (6.3-35)$$

而一般 n 级伸缩式油缸最外一级活塞正腔的压力为

$$P_a = F/A_{ap} \qquad (6.3-36)$$

为使两种油缸在相同的负荷下具有相等的压力，则同伸缩油缸的工作面积就要增大 n 倍，由此得出两种油缸的外径比为

$$\frac{D_t}{D_p} = \sqrt{n} \qquad (6.3-37)$$

式中　　D_t——同伸缩油缸的外径；

　　　　D_p——一般油缸的外径；

　　　　n——油缸的级数。

n 级同伸缩油缸缩回受拉力 F 时，式（6.3-28）给出了最里面一级活塞反腔的压力为

$$P_b = nF/A_b$$

同样，一般 n 级伸缩式油缸最里面一级活塞反腔的压力为

$$P_b = F/A_{bp} \qquad (6.3-38)$$

为使两种油缸在相同的负荷下具有相等的反腔压力，就需要将同伸缩油缸反腔的工作面积增大 n 倍，最里面一级活塞反腔面积的增大，必然会引起最外一级缸体直径的增大。两种油缸的外径比近似用式（6.3-39）表示

$$\frac{D_t}{D_p} = \sqrt{2^{n-1}[1 + 0.4(n-1)]} \qquad (6.3-39)$$

用式（6.3-37）、式（6.3-39）计算出的同伸缩油缸外特性数值列于表 6.3-1。

表 6.3-1 同伸缩油缸外特性

D_t/D_p		2	3	4
	以压缩负荷确定时	1.41	1.73	2.00
	以拉伸负荷确定时	1.67	2.68	4.19

从表 6.3-1 中可以看出，拉伸负荷对同伸缩油缸外径的影响要比压缩负荷的影响大，即使在受压缩负荷的情形下，同伸缩油缸的外廓尺寸也要比一般伸缩式油缸大。

（4）应用特性

通过对同伸缩油缸负荷特性和外廓特性的分析不难看出，同伸缩油缸的应用是有条件的，不是任何情况下都可以采用同伸缩油缸，也不是采用同伸缩油缸就一定比一般伸缩式油缸好。要使同伸缩油缸合理地运用到传动系统中去，一般要满足下列条件：

1）外负荷小。考虑到同伸缩油缸负荷特性和外廓特性，同伸缩油缸一般用在负荷较小的传动系统中，有资料提出最好外负荷小于 15 kN。

2）级数少。随着级数的增多，同伸缩油缸的外廓尺寸急剧地增大，最好采用 2～3 级。

3）受压负荷。压缩负荷要比拉伸负荷对油缸外廓尺寸的影响小，这一点从表 6.3-1 中便一目了然。

深入分析后发现，一般导弹发射车的载荷都很大，小的多于 100 kN，大的几百千牛，而且开始起竖时，起竖油缸受压负荷，起竖到接近 90° 时变为拉负荷，而且受的拉负荷也高达几百千牛。起竖油缸的外廓尺寸一般都是由拉负荷确定的。再者，起竖油缸的初始长度一般受到发射车空间尺寸的限制，不允许设计得太长，起竖油缸要设计成三级以上，才有可能将导弹起竖成垂直状态。

导弹发射车起竖油缸的以上特点，刚好与同伸缩油缸的应用条件相违背，同伸缩油缸应用到大型导弹发射车上将会得不偿失。

6.3.2　控制阀门设计或选用

火箭导弹发射车的液压系统，不论它的复杂程度如何，都是由几个基本回路组成的。液压回路是由液压元件按一定需求组成的。因此，必须熟悉各种液压元件的性能和使用方法，才能深入分析液压回路的作用。合理地设计或选用液压元件，才能正确地设计液压系统。

6.3.2.1　平衡阀设计与分析

（1）概述

火箭导弹发射车液压起竖系统中，当起竖油缸的运动方向与起竖载荷的作用方向一致时，起竖油缸会在起竖载荷的作用下自行运动，直至超速运行。为使负载能停留在要求的位置上，防止负载超速运行，在油缸的回油路上设置适当的阻力，使油缸回油腔中产生一定的背压，用以平衡负载，我们称之为平衡回路或背压回路。平衡回路中的平衡阀有其独特的结构，它适用于导弹垂直发射系统，采用圆锥形的密封面，能将负载可靠地锁在要求的位置上，又能防止负载超速运行，保证起竖油缸带载运动的平稳性。

发射车采用的一种平衡阀的结构和组成如图 6.3 - 7 所示。

（2）工作原理

由平衡阀组成的平衡回路原理如图 6.3 - 8 所示。

液压油自 A 口流入，向右推开单向阀（1），经 B 口进入油缸反腔。与此同时，经平衡阀内相应通道到达 E 腔，经过阻尼小孔推动左控腔活塞向左打开左主阀芯（2），使油缸正腔油液经平衡阀孔道，通过 C 口流回油箱。反之，当向油缸正腔供油时，油经单向阀、孔口 D 进入油缸正腔。与此同时，通过右控腔活塞将右主阀芯顶开，使其油缸反腔回油。

在平衡阀关闭状态下，当被锁油缸腔内油液压力因环境温度变化而升高到某一值时，主控阀芯会自动打开，起到保护系统的作用。

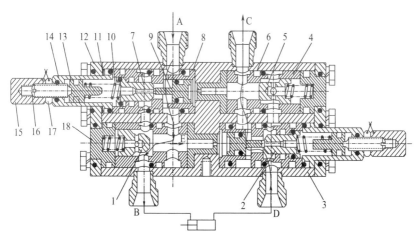

图 6.3 - 7 平衡阀

1—活门；2—主阀芯；3—壳体；4—单向活门座；5—单项阀；6—密封件；7—主阀芯；

8—滑阀套；9—滑阀；10—弹簧；11—调整垫片；12—端盖；13—弹簧座；

14—压套；15—螺帽；16—调整螺钉；17—螺母；18—阀盖

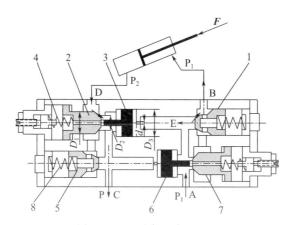

图 6.3 - 8 平衡回路原理图

1—单向阀；2—左主阀芯；3—左控腔活塞；4—大弹簧；5—单向阀；

6—右控腔活塞；7—右主阀芯；8—小弹簧

（3）平衡阀的开锁压力

由图 6.3 - 8 可知

$$P_1F_1 \geqslant N - P_2F_2$$

$$P_1 \geqslant \frac{N - P_2F_2}{F_1} \tag{6.3-40}$$

平衡阀的自行开锁压力，即 $P_1 = 0$，当被锁油缸腔内油液压力因环境温度变化而升高到某一值时，主控阀芯会自动打开的压力 P_n

$$P_n = \frac{N}{F_2} \tag{6.3-41}$$

$$F_1 = \frac{\pi D_3^2}{4}$$

$$F_2 = \frac{\pi(D_1^2 - D_2^2)}{4}$$

式中　　P_1——控制开锁压力，Pa；

　　　　P_2——油缸回油腔压力，Pa；

　　　　N——大弹簧预压力，N；

　　　　F_1——控制活塞面积，m^2；

　　　　F_2——主阀芯有效承压面积，m^2。

在正常工作的情况下，为了能够控制平衡阀回油阀芯的开口量，保证油缸带载下降速度可控且运行平稳，控制开锁压力应保持一个最小值，一般取 $P_{min} = 1 \sim 1.5$ MPa。

6.3.2.2　调压阀设计

由图 6.2 - 1 可看到，调压阀安装在与油缸并联的旁路上，构成旁路节流调速。调压阀具有节流阀和安全阀的功能，它的结构如图 6.3 - 9 所示。

（1）结构和工作原理

调压阀由弹簧、活门、小弹簧、调节螺杆以及壳体、密封圈等组成。油泵输出的油液一路进入油缸，另一路经调压阀流回油箱。调整调节螺杆，改变弹簧的作用力，便建立起与负载相适应的压力

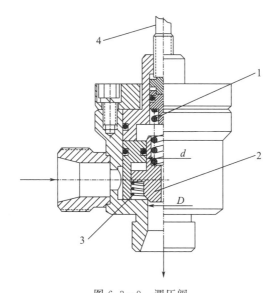

图 6.3 - 9　调压阀

1—弹簧；2—活门；3—小弹簧；4—调节螺杆

和实现节流调速。活门的小弹簧，用于克服活门向上运动的摩擦阻力。当调节螺杆右旋到底时，弹簧达到预定的最大压缩量，此时的调压阀变成定压安全阀，当系统压力超过调定的安全压力时，活门便能向上开启，油液从此泄回油箱，防止系统过载。

（2）调压阀的弹簧设计

弹簧受压缩而变形，变形量与所受的压力成正比，所以控制压力的阀门中，都采用弹簧来反映压力的大小，将弹簧的变形量直接控制阀口的开口量。因此，在设计阀门时，弹簧是一个很重要的零件。阀门弹簧的设计方法，与一般工业上常用的弹簧设计方法完全一样。对压力阀门中所用的弹簧，绝大多数是采用圆柱右旋弹簧。

调压阀的弹簧力由式（6.3 - 42）求得

$$P_{m}A + F_{2s} = F_{1s} + F_{f} \qquad (6.3 - 42)$$

$$A = \frac{\pi(D^{2} - d^{2})}{4}$$

式中　P_m——调压阀的最大调节压力；

　　　A——活门的有效承压面积；

　　　F_{2s}——小弹簧 3 的预压力；

　　　F_{1s}——弹簧 1 的预压力；

　　　F_f——活门运动摩擦阻力。

设计时，使 $F_{2s}=F_f$，则

$$F_{1s}=P_m A \tag{6.3-43}$$

弹簧的最大压缩力为

$$F_{1m}=K(x_0+x_m)$$

$$Kx_0=F_{1s}$$

$$K=\frac{F_{1s}}{x_0} \tag{6.3-44}$$

式中　F_{1m}——弹簧 1 的最大压缩力；

　　　K——弹簧刚度；

　　　x_0——弹簧 1 在螺杆 4 旋到底时的压缩量；

　　　x_m——活门的开口量。

调压阀中，弹簧的压缩量 x_0 实际上就是调节螺杆的调节行程，若 x_0 取得太小，调压阀则不容易操作，故 x_0 不宜取得过小。当调节螺杆的螺距取 $t=1.5\ \text{mm}$ 时，$x_0=4.5\ \text{mm}$ 左右，保证调节螺杆有 3 圈左右的调节余量。

根据式（6.3-44）计算出弹簧刚度后，就可进行弹簧结构的设计。圆截面螺旋弹簧计算公式为

$$K=\frac{Gd^4}{8D_0^2 n} \tag{6.3-45}$$

式中　G——扭转弹性模量，对钢材取 $G=8\times10^6\ \text{N/cm}^2$；

　　　D_0——弹簧中径；

　　　d——弹簧丝直径；

　　　n——弹簧有效圈数。

在一般阀门设计中，D_0 与 d 的关系为

$$C = \frac{D_0}{d} = 5 \sim 12 \qquad (6.3-46)$$

式中　　C——弹簧指数。

选定 C 即可求得 d，然后再对弹簧钢丝直径进行强度验算

$$\tau = \frac{8K_0 F_{1m} D_0}{\pi d^3} \leqslant [\tau] \qquad (6.3-47)$$

$$K_0 = \frac{4C-1}{4C-4} + \frac{0.615}{C}$$

式中　　τ——弹簧剪切应力；

　　　　K_0——弹簧曲度指数。

分析式(6.3-45)可知，影响弹簧刚度的参数有好几个，而这些参数都是在一定范围内选定，所选的具体数值不同，便可以有许多个方案满足式(6.3-45)的要求。弹簧确定后，阀门的其他结构尺寸就可以最后确定了。

6.3.2.3　限速切断阀

限速切断阀是导弹起竖系统的一种安全装置，它安装在起竖油缸正腔的进出油口处，如图 6.3-10 所示。在导弹起竖过程中，如果由于操作失误或通往起竖油缸正腔的管路意外突然破裂，携带导弹的起竖臂会因失去起竖油缸的支撑而无控制地下降，将造成导弹摔向地面的灾难性事故。此时，依靠限速切断阀迅速切断油路，将液压油封闭在起竖油缸正腔内，便可防止上述事故的发生。

（1）结构和工作原理

限速切断阀的结构如图 6.3-10 所示。它由限速阀和安全阀两部分组成。限速切断阀由阀本体、活门、安全阀弹簧、调整螺杆、下调整螺杆等组成。安全阀由安全活门、弹簧等组成。

调整螺杆用来调整活门的压力，下调整螺杆用来调整活门的高度，即调整活门的开口通流面积。下调整螺杆直接顶到活门上，活门形成刚性支承，使其无法向下移动。

带有导弹的起竖臂下降时，起竖油缸正腔回油，回油通过活门

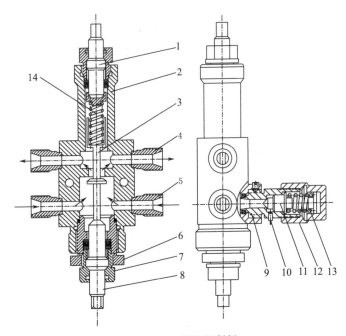

图 6.3 - 10　限速切断阀

1—调整螺杆；2—阀本体；3—活门；4—出油嘴；5—进油嘴；6—套筒；7—压紧螺套；

8—下调整螺杆；9—活门座；10—放油塞子；11—安全活门；12—弹簧筒；

13—安全阀弹簧；14—弹簧

时造成压力损失，流速越大，压力损失也越大，即活门上下面的压差越大。当起竖臂下降速度大到一定值时，活门在压力差的作用下，克服弹簧的预压力即刻关闭，切断起竖油缸的回油，带有导弹的起竖臂便停止下降。

限速切断阀起作用时，会造成压力冲击而升高，当此时起竖油缸腔内压力超过允许值时，安全活门便打开喷油，起到保护起竖油缸等系统的安全。

限速切断阀关闭后，必须首先向起竖油缸正腔供油，顶开活门，即起竖臂略升起后，再转为下降状态，继续完成带有导弹的起竖臂的下降工作。

（2）设计计算

①限速切断阀起作用时回油量的确定

起竖臂的下降速度和限速切断阀起作用时的回油量有以下关系

$$Q = A\omega L \sin\alpha \qquad (6.3-48)$$

式中　Q——限速切断阀起作用时通过活门的流量；

　　　ω——限速切断阀起作用时起竖臂的下降角速度；

　　　A——油缸正腔的有效面积；

　　　L——起竖油缸上铰点到起竖臂回转轴的距离；

　　　α——L 与起竖油缸纵轴线的夹角。

②活门主要参数的计算

锥形活门的流量公式为

$$Q = C_q A_x \sqrt{\frac{2}{\rho}\Delta P}$$

$$A_x = \pi D x_h \sin\beta$$

$$x_h = \frac{Q}{C_q \pi D \sin\beta \sqrt{\dfrac{2}{\rho}\Delta P}} \qquad (6.3-49)$$

式中　x_h——活门开口高度；

　　　ΔP——通过活门的压力损失；

　　　C_q——流量系数，应由试验取得，一般估算时取 $C_q = 0.65$；

　　　D——阀芯口径；

　　　β——活门的半锥角；

　　　ρ——油液密度。

确定一个起竖臂下降时允许的最大角速度 ω，由式（6.3-48）便可得到一个限速切断阀起作用时的流量 Q。

由于起竖油缸为多级套筒式油缸，各级油缸正腔有效面积 A 不等，即使同一级套筒，不同伸出长度对应着不同的 α 角，故限速切断阀回油量为在某一定数值下，在不同的位置起作用，对应的起竖臂的角速度也各不相同。一般最大的允许角速度取在最后一级套筒缩回到中部位置。

确定一个压力损失值 ΔP，选取阀芯口径 D，根据已确定的 Q 值，由式（6.3 - 49）可求出活门的开口高度 x_h。

③弹簧设计

活门关闭时，最大的弹簧力为

$$R_{1m} = K(x_0 + x_h) \qquad (6.3 - 50)$$

$$K = \frac{A_x \Delta P}{x_0} \qquad (6.3 - 51)$$

要求限速切断阀的动作灵敏稳定，故弹簧刚度适当小一些为好，即弹簧预压量 x_0 取得大一些，一般取 $x_0 = (6 \sim 8)x_h$。确定出所需要的弹簧刚度后，弹簧的结构设计与前面调压阀弹簧的设计相同。

6.3.2.4 电液比例控制阀

电液比例控制阀能够接受电信号的指令，连续地控制液压系统的压力、流量等参数，使之与输入的电信号成比例变化。

电液比例控制阀按控制的参数分类，有电液比例压力控制阀、电液比例流量控制阀、电液比例方向流量复合阀。其中，电液比例压力控制阀又分为比例溢流阀和比例减压阀。按阀内放大的级数分类有单级控制阀（又称直动式控制阀）、双级控制阀（又称先导式控制阀）、三级控制阀。

按电液比例控制阀内是否带有位移闭环控制，又分为带电反馈的与不带电反馈的电液比例阀。两种比例阀的控制性能有较大差别：带电反馈的比例阀，其稳态误差在 1％左右，而不带电反馈的比例阀，其稳态误差为 3％～5％。

电液比例控制阀有带集成放大器和不带集成放大器的两种。两者性能差别不大，但不带集成放大器的比例阀中，放大器可以独立安装控制柜内。带集成放大器的比例阀，放大器集成在比例阀体上。这种形式的比例阀结构紧凑、使用方便，其颤振信号等参数一般已在工厂调好，现场不能更改。在高低温环境下，其性能不如不带集成放大器的比例阀。这一点对于提出高低温要求的火箭导弹发射车，在选用时要加以注意。

电液比例阀与伺服阀相比，其优点是耐油液污染能力强，价格较低。除了在控制精度和响应快速性方面不如伺服阀之外，其他方面的性能与伺服阀相当。

电液比例阀与普通液压阀相比，具有如下特点：能较容易地实现远距离控制或程序控制；能连续地、按比例地控制液压系统的压力和流量，对执行元件实现位置、速度和力的控制，并能减少压力变换时的压力冲击；减少了液压系统中液压元件的数量，简化了油路。

电液比例阀的整体结构，包括电-机械转换器（比例电磁铁）、比例放大器和液压阀体三部分。

（1）比例电磁铁

比例电磁铁作为电液比例控制阀的电-机械转换器件，其功能是将比例放大器输出的电信号转换成力或位移。比例电磁铁的推力大，结构简单，对油液的清洁度要求不高，维护方便，成本低，衔铁腔可做成耐高压的结构（具体比例电磁铁的结构可查阅相关资料）。比例电磁铁的特性及工作可靠性，对电液比例控制系统和元件的性能有十分重要的影响，是电液比例控制系统的关键部件之一。

比例电磁铁的主要特性有：

1）在比例电磁铁有效工作行程内，当输入电流一定时，其输出力保持恒定，基本与位移无关；

2）稳态电流-力特性，具有良好的线性度，死区及滞环小；

3）响应快，频带足够宽。

（2）比例放大器

比例放大器是电液比例阀的控制和驱动装置，它能够根据比例阀的控制需要对控制电信号进行处理、运算和功率放大。

电液比例控制系统既有液压元件传递功率大、响应快的优势，又有电气元件处理和运算信号方便、易于实现信号远距离传输（遥控）的优势，发挥两者的技术优势在很大程度上依赖于比例放大器。

　　不同控制元件采用的比例放大器，其具体的电路形式和参数不同，但它们都是由基本的控制电路组成。集成运算放大器组成的电路具有温漂小、体积小、可靠性高、设计和使用方便的优点，比例放大器都采用集成运算放大器来组成基本的控制电路。微电子技术的快速发展，加速了比例放大器的更新换代，也使其基本的控制电路具有多种多样的形式。

　　一个完整的比例阀电控系统包含的基本电路如图 6.3－11 所示。

　　由图 6.3－11 可知，比例放大器包括稳压电源电路、信号发生电路、信号处理电路、功率放大电路、反馈检测与处理电路、逻辑控制电路。

　　理解比例放大器中的基本控制电路有助于理解电液比例技术的基本原理，提高维护比例系统的能力。系统设计者除了根据确定的比例阀选用配套的比例放大器外，还要设计或选用比例放大器的供电电路、系统信号及控制电路。对闭环控制系统还要根据闭环系统静态和动态特性的要求选择传感器，设计闭环控制电路。

　　在比例放大器的面板上，一般都设有一组可调电位器，通过调节电位器可以设定信号的幅度、斜坡、零点等参数。另外，还设置了一些监测或诊断阀状态的接口。

　　（3）电液比例溢流阀

　　电液比例溢流阀的结构及图形符号如图 6.3－12 所示，它由比例电磁铁和先导式溢流阀组成。

　　电液比例溢流阀的工作原理：当输入一个电信号时，比例电磁铁便产生一个相应的电磁力，通过衔铁和调压弹簧作用到先导锥阀（4）上，使其压紧在导阀座上，因此打开先导锥阀的液压力与控制电流成正比，形成一个比例先导压力阀。压力油从主阀阀芯的下腔经阻尼孔 a 进入主阀阀芯的上腔和先导锥阀阀芯的前腔。当电液比例阀进口压力低于输入信号电流对应的电磁力时，先导阀关闭，阀内无油液流动。主阀阀芯上下油腔油压相同、面积相等，故主阀阀芯被弹簧压在阀座上，主阀关闭。当系统油压达到（或略大于）先导阀设

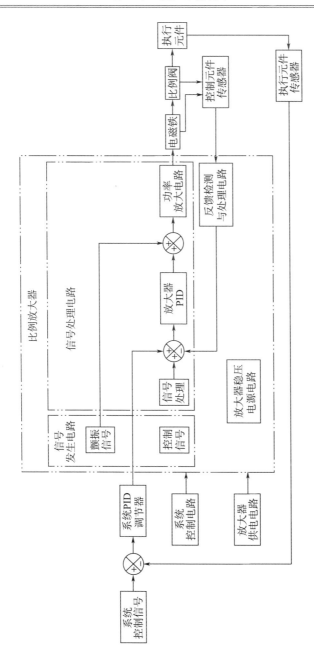

图 6.3 - 11　比例元件电控系统基本电路图

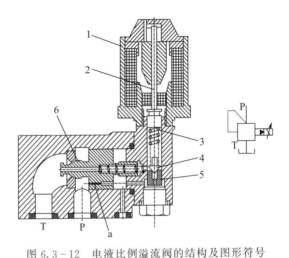

图 6.3-12　电液比例溢流阀的结构及图形符号

1—比例电磁铁；2—衔铁；3—调压弹簧；4—先导阀阀芯；5—先导阀座；6—主阀阀芯

定的压力时，先导阀口打开，主阀上腔的油液从先导阀阀口、主阀弹簧腔、主阀阀芯的中心孔、出油口 T 回油箱。油液流过阻尼孔 a 产生压力损失，使主阀芯上下两腔形成了压力差，主阀阀芯在此压差作用下，克服弹簧力向右移动，主阀开启并溢流。电液比例溢流阀的开启过程同普通溢流阀（图 6.3-13）相似，所不同的是由比例电磁铁代替了普通溢流阀上调压弹簧的调节手轮。系统压力（电液比例阀进口压力）的高低与输入信号电流的大小成正比，即系统压力受输入电磁铁的电流控制，不再靠手动调节手轮来实现。通过调节电信号，很容易实现连续地控制液压系统的压力。

（4）电液比例调速阀

电液比例调速阀由电液比例节流阀派生而来。将节流型流量控制阀转变为调速型流量控制阀，可采用压差补偿、压力适应、流量反馈三种途径。

图 6.3-14 为节流阀芯带位置电反馈的比例调速阀，属于带压差补偿器的电液比例二通流量控制阀，输出流量与给定电信号成比例，与压力和温度基本无关。压力补偿器、保持节流器进出口（即

A、B口）之间的压差为常数，在稳态条件下，流量与进口或出口压力无关。当液流从 B 向 A 流动时，单向阀开启，比例流量阀不起控制作用。

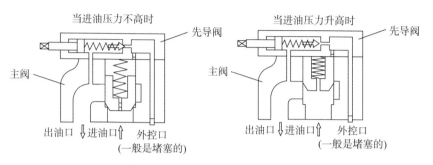

图 6.3 - 13　普通溢流阀的工作原理

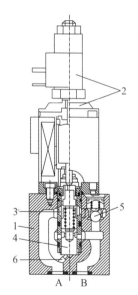

图 6.3 - 14　压差补偿型二通比例流量阀

1—壳体；2—比例电磁铁和电感式位移传感器；3—节流器；

4—压力补偿器；5—单项阀（可选）；6—进口压力通道

由于节流器的位置由位移传感器测得，阀口开度与给定的控制信号成比例，故这种比例调速阀与不带阀芯位置电反馈的比例调速阀相比，其稳态、动态特性都得到明显改善。

　　采用压差补偿原理的直通式二通电液比例调速阀都是采用定差减压阀＋比例节流阀串联的工作原理，二者的组合有如图 6.3 - 15 所示的两种形式。

　　图 6.3 - 15 中的定差减压阀就是二通压差补偿器，压差补偿器（也称为负载补偿）的目的是在负载压力（出口压力）大幅度变化或油源压力（进口压力）波动时，保持节流器前后压差不变。

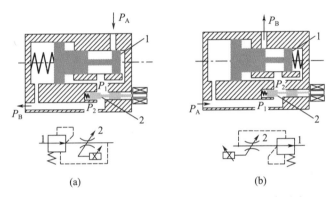

图 6.3 - 15　定差减压阀＋比例节流阀的两种组合形式
1—定差减压阀；2—比例节流阀

　　例如，当 P_2 增大时，作用在定差减压阀阀芯左端段的压力增大，阀芯右移，减压口增大，压降减小，使 P_1 也增大，从而使节流阀的压差也就是 $\Delta P = P_1 - P_2$ 保持不变。

　　根据节流口的流量公式

$$q_v = KA(x_v)\sqrt{\Delta P} \qquad (6.3 - 52)$$

式中　q_v——通过阀口的流量；

　　　　K——与节流口的形状、油液密度和温度相关的系数，在一定的介质温度下，对于确定的阀口和工作介质，K 可视为常数；

　　　　$A(x_v)$——阀口的通流面积，与阀口形状和阀芯位移有关，阀口形状定义为与阀芯位移有关的面积梯度；

ΔP——阀口的压力降。

ΔP 保持不变，输出流量只与 $A(x_v)$ 有关，即与给定电信号成比例，在给定的电信号下，通过的流量保持基本不变。但是，保持节流口的压差恒定是以牺牲一部分能量为代价的，如果采用由定量泵＋溢流阀构成的恒压源，当进行调速时，多余的流量从溢流阀流回油箱，产生较大的溢流损失。

6.4　调平系统设计

6.4.1　引言

导弹机动发射时，一般发射阵地都达不到导弹发射时所要求的水平精度。当发射车处于战斗状态，而弹上惯性组合安装基准面的水平精度达不到要求时，就会影响导弹的正常发射，同时也会影响发射车的发射稳定性。为此，发射车本身一般都设有调平系统，通过调平系统调整发射车的相关水平基准面，使弹上惯性组合安装基准面的水平精度满足战术指标的要求。

调平系统可从不同角度进行分类，若按工作方式分，可分为手动调平和自动调平；若按系统采用的动力源分，可分为机电自动调平和电液自动调平；若按所采用的水平检测元件分，又可分为光电式自动调平和液体摆式自动调平。

火箭导弹发射车，一般都设有自动和手动调平系统。为了缩短导弹机动发射的准备时间，通常采用自动调平，而手动调平仅作为自动调平发生故障时的一种应急手段。

对于垂直发射的导弹，通过调平两条后支腿来调平导弹横向的水平精度，通过控制起竖油缸的伸缩来调平导弹前后方向的水平度。对于倾斜发射的战术导弹或无控火箭弹，一般采取导弹起竖前，通过调整 4 条支腿来调平导弹在横向和纵向两个方向上的水平精度。

6.4.2　自动调平系统

（1）系统的功能

自动调平系统是完成火箭导弹发射车行军状态与战斗状态互相转化的一个自动控制系统。在规定的时间内完成发射车调平，为导弹射前标定射向及发射提供水平基准。其主要功能包括以下内容。

①自动展开

接收来自操作人员的指令，自动伸出各支腿，各支腿全部着地并达到一定的压力。

②自动调平

发射车完成展开后，需要调整发射车的水平度，则控制器根据水平度检测传感器测量的发射车倾斜的角度，调整各支腿的高度，使发射车水平度满足调平精度的要求，然后锁紧各支腿，给出发射车调平完毕的信号。

③自动撤收

接收到撤收命令后，自动完成支腿解锁，收回各支腿，各支腿收回到位后，给出撤收完毕的信号。

（2）系统组成

自动调平系统由控制机、水平传感器及液压系统组成，系统的组成如图 6.4-1 所示。

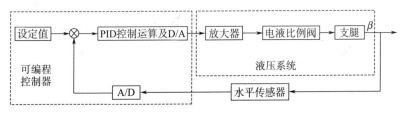

图 6.4-1　调平系统原理方块图

①控制机

控制系统主机多选用可编程控制器。可编程控制器是一种专为在工业环境下应用而设计的数字运算操作的电子系统。它采用一种可编程程序的存储器，在其内部存储执行逻辑运算、顺序控制、定时、计数和算术运算等操作的指令，通过数字式或模拟式的输入输出来控制各种类型的机械设备。可编程控制器一般都采用模块化设计。一台可编程控制器由下述部分组成：各种性能范围的中央处理单元（CPU），信号模板（SM，包括数字量输入模板、数字量输出模板、模拟量输入模板、模拟量输出模板等），功能模板（FM），通信处理器（CP）。可根据需要选择相应的部件构成自己的自动化系统。可编程控制器不需要专门的空调和恒温环境。

②液压系统

液压调平系统如图 6.4-2 所示。考虑到导弹发射时，后支腿的受力要比前支腿大得多，而且通过调整后支腿来调平导弹的横向水平度。为了安全可靠，后支腿常采用螺杆传动式的机械结构，利用螺杆传动的自锁性能，保证调平后较长时间的停留发射时调平精度不变。

一种过盈锁紧型液压缸式的支腿也被越来越多的火箭导弹发射车所采用。依靠锁紧套与活塞杆间的过盈配合，将活塞杆紧紧抱住。当锁紧套通入高压油时，锁紧套被高压油撑开，锁紧套与活塞杆之间形成间隙，活塞杆可以自由运动。当无高压油时，锁紧套与活塞杆呈锁紧状态。这种支腿锁紧可靠，保证调平后较长时间的停留而发射时调平精度不变。

前支腿则采用一般液压油缸，依靠压力传感器控制油缸达到一定压力，即前支腿达到一定的支承力，便停止工作。

为了满足调平精度的要求，选用大力矩双速马达。利用梭阀和电磁换向阀实现马达的变速，支腿空载触地过程中快速伸出，触地后继续伸出和完成调平过程中，马达切换成慢速大负载工作状态，压力传感器实时检测着支腿的受力大小。

③水平传感器

对于自动调平系统来讲，从开始调平到调平精度满足要求不需

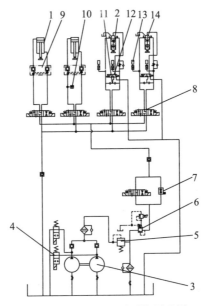

图 6.4 - 2　液压调平系统原理图

1—前支腿；2—后支腿；3—油泵；4 电磁换向阀；5—溢流阀；6—比例溢流阀；

7—比例调速阀；8—电磁换向阀；9—双向液压锁；10—压力继电器；

11—梭阀；12—电磁换向阀；13—压力传感器；14—双速马达

要人为的干涉，必须借助于传感器来完成对位置、速度及精度的判断，传感器是闭环控制过程中的一个关键环节，它的灵敏度和精度的高低直接影响到控制系统的控制精度。

水平传感器的精度等级和安装位置，决定了调平系统的控制精度等级。由于发射车在一定负载下不可避免地存在弹性变形，因而如果传感器的安装位置不正确，系统工作的水平精度将不能代表真实的水平精度。水平传感器的安装通常应遵循以下原则：在条件允许的情况下，尽可能安装在刚度大且能真实代表发射车水平的地方，如果认为最理想的地方但却无法安装水平传感器，应寻求产生的变形不会超出精度要求的位置。

水平传感器的选择应根据系统对水平精度的要求适当选取，以降低系统成本。目前选取最多的水平传感器是液体摆。液体摆的工作原理如下：

液体摆由电桥电路、氯化锂液体、铂电极和密封玻璃管组成，如图 6.4 - 3 所示。

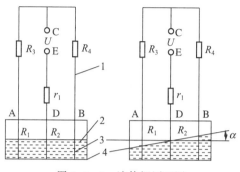

图 6.4 - 3　液体摆原理图

液体摆的实质是两个电阻值随倾角变化的"角敏电阻"，利用这种特性可以测量出玻璃管对水平面的倾斜角度。

在电极 A、D 间和电极 B、D 间加上交流电压时，两电极间形成离子电流，导电体即相当于两个电阻 R_1 和 R_2。若玻璃管处于水平位置，三个电极侵入液体的深度相同，间距也相同，因此 $R_1 = R_2$。若玻璃管倾斜 α 角，中间电极侵入液体的深度基本不变，两边电极侵入的深度增大或减小，因此 $R_1 \neq R_2$。

为了提高角敏电阻对倾角 α 的灵敏度和测量精度，将角敏电阻接入电桥回路之中。如果 C、D 间接入交流电压 U，且使 $R_3 = R_4 = R$，则 A、B 两电极间的电压为

$$U_{AB} = \frac{2bRU}{(1 + y_0 R)^2} \alpha \qquad (6.4 - 1)$$

式中　y_0——$\alpha = 0$ 时角敏电阻的电导值；

b——与水平敏感元件参数有关的系数。

显然 U_{AB} 与 α 成正比，当 $\alpha = 0$ 时，$U_{AB} = 0$。在电桥供电回路中串入电阻 r_1，用来减少温度变化引起的 U_{AB} 的变化。

6.4.3　不调平进行瞄准角修正

6.4.3.1　引言

倾斜发射的火箭导弹发射车或多管火箭发射车，完成方向瞄准的回转装置不水平，会给瞄准造成很大的偏差，特别是回转装置上的耳轴不水平，给方向瞄准造成的偏差尤为突出。通常都采用调平的办法，来保证其瞄准精度在一定的范围内。

当发射车不平度较大时，要达到较高的调平精度，不但需要较长的调平时间，而且调平后各支腿的受力差别很大，很难满足对各支腿的预定受力的要求。这对于发射车的稳定性和缩短发射准备时间，实现非预设阵地的发射，都极为不利。

由于采用调平的方法来减小瞄准偏差存在上述问题，寻求发射车不进行调平而进行瞄准角修正的方法就变得相当重要。

6.4.3.2　瞄准角装定值修正法

发射车未开始俯仰和方向瞄准前，由传感器测得发射车纵轴（前后方向）和横轴（耳轴方向）的倾角 β、γ 就可根据射击诸元计算得到的在大地坐标系中的方向角 ψ 和高低角 φ，计算出在车体坐标系中的方向角 ψ_v 和高低角 φ_v，以此作为车控瞄准系统的装订值。发射车按 φ_v、ψ_v 瞄准并达到要求的精度，就可最终实现诸元计算要求的 φ、ψ。我们称这种方法为瞄准角装订值修正法。

瞄准角装订值修正法，可用坐标变化法进行分析。

（1）坐标系定义

①地面坐标系 $O_g\xi\eta\zeta$

原点 O_g 是相对地面固定的一点。$O_g\xi$ 轴是通过 O_g 点的水平轴，指向发射的水平方向。$O_g\eta$ 轴垂直于水平面，向上为正。$O_g\zeta$ 轴在过 O_g 点的水平面内，按右手法则取正。

②运载体坐标系 O_vXYZ

固联于发射车上，原点 O_v 在回转装置的中心处，O_vX、O_vY、

$O_v Z$ 轴分别为发射车的纵轴、竖轴和横轴。

（2）坐标系之间的变换

图 6.4–4 表示出地面坐标系和运载体坐标系的位置关系，X'、Y'、Z' 为 X、Y、Z 轴在水平面和铅垂面的投影。

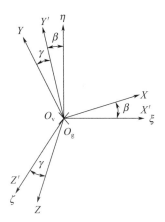

图 6.4–4　地面坐标系和运载体坐标系示意图

绕 Z' 轴旋转 β 角，这时 X' 及 η 轴在铅垂面内转到 X 及 Y'；然后再绕 X 轴转 γ 角，得到 X、Y、Z 的最终位置。根据旋转顺序和方向余弦可求出地面坐标系与运载体坐标系的关系

$$\begin{bmatrix} X' \\ \eta \\ Z' \end{bmatrix} = \begin{bmatrix} 1 & 0 & 0 \\ 0 & 1 & 0 \\ 0 & 0 & 1 \end{bmatrix} \begin{bmatrix} \xi \\ \eta \\ \zeta \end{bmatrix} \tag{6.4–2}$$

$$\begin{bmatrix} X \\ Y' \\ Z' \end{bmatrix} = \begin{bmatrix} \cos\beta & \sin\beta & 0 \\ -\sin\beta & \cos\beta & 0 \\ 0 & 0 & 1 \end{bmatrix} \begin{bmatrix} X' \\ \eta \\ Z' \end{bmatrix} \tag{6.4–3}$$

$$\begin{bmatrix} X \\ Y \\ Z \end{bmatrix} = \begin{bmatrix} 1 & 0 & 0 \\ 0 & \cos\gamma & \sin\gamma \\ 0 & -\sin\beta & \cos\gamma \end{bmatrix} \begin{bmatrix} X \\ Y' \\ Z' \end{bmatrix} \tag{6.4–4}$$

将式（6.4–1）、式（6.4–2）代入式（6.4–3）中，则

$$\begin{bmatrix} X \\ Y \\ Z \end{bmatrix} = \begin{bmatrix} 1 & 0 & 0 \\ 0 & \cos\gamma & \sin\gamma \\ 0 & -\sin\beta & \cos\gamma \end{bmatrix} \begin{bmatrix} \cos\beta & \sin\beta & 0 \\ -\sin\beta & \cos\beta & 0 \\ 0 & 0 & 1 \end{bmatrix} \begin{bmatrix} 1 & 0 & 0 \\ 0 & 1 & 0 \\ 0 & 0 & 1 \end{bmatrix} \begin{bmatrix} \xi \\ \eta \\ \zeta \end{bmatrix}$$

$$(6.4-5)$$

经整理后得到运载体坐标系与地面坐标系之间的关系为

$$\begin{bmatrix} X \\ Y \\ Z \end{bmatrix} = \begin{bmatrix} \cos\beta & \sin\beta & 0 \\ -\cos\gamma\sin\beta & \cos\gamma\cos\beta & \sin\gamma \\ \sin\gamma\sin\beta & -\sin\gamma\cos\beta & \cos\gamma \end{bmatrix} \begin{bmatrix} \xi \\ \eta \\ \zeta \end{bmatrix} \quad (6.4-6)$$

β 为绕 O_vZ' 轴转动角，是发射车纵轴 O_vX 与水平面间的夹角，此角在铅垂面内。γ 为绕 O_vX 轴的转动角，此角不在铅垂面内，它和在铅垂面的夹角 γ_c 有如下关系

$$\sin\gamma_c = \sin\gamma\cos\beta$$

$$\sin\gamma = \frac{\sin\gamma_c}{\cos\beta} \quad (6.4-7)$$

当 $\beta \leqslant 0.05$ rad（$2.865°$）时，$\cos\beta \cong 1$，则 $\gamma = \gamma_c$，误差 $|\Delta| \leqslant 1.25 \times 10^{-3}$，可将 γ 视为发射车耳轴（Z 轴）与水平面的夹角，即认为 γ 在铅垂面内。

由于水平传感器测得的角度都是与水平面的夹角，精确计算时，式（6.4-6）中 γ 应为

$$\gamma = \sin^{-1}\left(\frac{\sin\gamma_c}{\cos\beta}\right) \quad (6.4-8)$$

（3）瞄准角分析

对地面目标射击时，要求炮管轴线 O_gF 在地面坐标系（$O_g\xi\eta\zeta$）的位置为高低角 φ、方向角 ψ，如图 6.4-5 所示。

炮管轴线 O_gF 在地面坐标系（$O_g\xi\eta\zeta$）中的单位矢量用列阵表达

$$\begin{bmatrix} \xi \\ \eta \\ \zeta \end{bmatrix} = \begin{bmatrix} \cos\varphi\cos\psi \\ \sin\varphi \\ \cos\varphi\sin\psi \end{bmatrix} \quad (6.4-9)$$

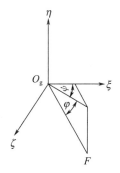

图 6.4 - 5 射击炮管地面坐标示意图

将式 （6.4 - 9） 代入式 （6.4 - 6） 得

$$\begin{bmatrix} X \\ Y \\ Z \end{bmatrix} = \begin{bmatrix} \cos\beta\cos\varphi\cos\psi + \sin\beta\sin\varphi \\ -\cos\gamma\sin\beta\cos\varphi\cos\psi + \cos\gamma\cos\beta\sin\varphi + \sin\gamma\cos\varphi\sin\psi \\ \sin\gamma\sin\beta\cos\varphi\cos\psi - \sin\gamma\cos\beta\sin\varphi + \cos\gamma\cos\varphi\sin\psi \end{bmatrix}$$

$$(6.4 - 10)$$

在运载体坐标系 （$O_v XYZ$） 中对应的方向角 ψ_v 和高低角 φ_v 分别为

$$\psi_v = \arctan\frac{Z}{X} \qquad (6.4 - 11)$$

$$\varphi_v = \arcsin Y \qquad (6.4 - 12)$$

（4） 瞄准角装定值修正量

①高低角修正量

如果瞄准系统不采用传统的摆动或非摆动瞄准具赋予高低角，而采用石英挠性伺服加速度计作为测量高低角的传感器，测角用石英挠性伺服加速度计的输出量是重力加速度 g 在敏感轴上的分量，因此该加速度传感器测出的角度，始终是与大地水平面的夹角。因此，不存在赋予高低角时产生高低角误差。但方向角传感器通常是安装在车体的回转台上的光电编码器等，因而，瞄准角是在运载体坐标系 （$O_v XYZ$） 内完成，由于方向瞄准引起高低角的修正量，不能直接运用式 （6.4 - 12），而用以下方法获取

$$\varphi_v = \varphi + \Delta\varphi$$

将 $\sin(\varphi + \Delta\varphi)$ 展开，忽略其高价微量，得

$$\sin\varphi_v = \sin(\varphi + \Delta\varphi) = \sin\varphi\Delta\varphi\cos\varphi = Y \qquad (6.4-13)$$

代入 Y 值，经化简整理得

$$\Delta\varphi = -\cos\gamma\sin\beta\cos\psi + \sin\gamma\sin\psi - \tan\varphi(1 - \cos\gamma\cos\beta)$$

$$(6.4-14)$$

当方向角 $\psi = 0$ 时

$$\Delta\varphi_0 = -\cos\gamma\sin\beta - \tan\varphi(1 - \cos\gamma\cos\beta) \qquad (6.4-15)$$

设 $\Delta\varphi_x$ 为由于方向瞄准引起高低角的变化量，则

$$\Delta\varphi_x = \Delta\varphi - \Delta\varphi_0 = \cos\gamma\sin\beta(1 - \cos\psi) + \sin\gamma\sin\psi$$

$$(6.4-16)$$

$\Delta\varphi_x$ 即为要求的高低角修正量

$$\varphi_v = \varphi + \Delta\varphi_x \qquad (6.4-17)$$

式中　　φ_v ——高低角装定值；

　　　　φ ——诸元计算要求的高低角；

　　　　$\Delta\varphi_x$ ——高低角修正量。

高低角的装订值不是式（6.4-12），而是式（6.4-17）。

②方向角修正量

方向瞄准是在运载体坐标系（O_vXYZ）内完成，方向角的装定值就是式（6.4-11）的计算值，其中已经包含了方向角的修正量。

瞄准角装订值修正法在实际应用中最突出问题是发射车并非是一个绝对刚体而是一个弹性体，因而随着高低、方向瞄准地进行，其负载重心位置在不断变化，并且随着装弹量的多少，负载大小也在改变，因而车体产生的变形也在随之变化。因此车体坐标系与大地坐标系的夹角 γ、β 不能保持一个固定值，而是随着不同的高低角、方向角和装弹多少有所变化。实际应用中，必须通过大量的瞄准试验，获取对 γ、β 作适当的修正，才能获得较高的瞄准精度。

6.4.3.3　瞄准角实时修正法

（1）方法描述

对式（6.4－6）的矩阵求逆，则

$$\begin{bmatrix} \xi \\ \eta \\ \zeta \end{bmatrix} = \begin{bmatrix} \cos\beta & \sin\beta & 0 \\ -\cos\gamma\sin\beta & \cos\gamma\cos\beta & \sin\gamma \\ \sin\gamma\sin\beta & -\sin\gamma\cos\beta & \cos\gamma \end{bmatrix}^{-1} \begin{bmatrix} x \\ y \\ z \end{bmatrix}$$

$$\begin{bmatrix} \xi \\ \eta \\ \zeta \end{bmatrix} = \begin{bmatrix} \cos\beta\cos\varphi_v\cos\psi_v - \cos\gamma\sin\beta\sin\varphi_v + \sin\gamma\sin\beta\cos\varphi_v\sin\psi_v \\ \sin\beta\cos\varphi_v\cos\psi_v + \cos\gamma\cos\beta\sin\varphi_v - \sin\gamma\cos\beta\cos\varphi_v\sin\psi_v \\ \sin\gamma\sin\varphi_v + \cos\gamma\cos\varphi_v\sin\psi_v \end{bmatrix}$$

$$(6.4-18)$$

$$\psi = \arctan\frac{\zeta}{\xi} \qquad (6.4-19)$$

如果我们知道发射车瞄准过程中的某一时刻 t 时，安装在回转台上的方向角传感器（如光电编码器）的读数为 ψ_{vt}，高低角传感器（如石英加速度计）的度数为 φ_t，而对应此时测得的车的不平度为 γ_t、β_t，则大地坐标系中的方向角 ψ_t 便可由式（6.4－19）得到 ψ_t 可由下述两部分组成：

1）令高低角 $\varphi_v=0$，在车体坐标系中只赋予方向角 ψ_{vt} 时，在大地坐标系中的方向角 ψ_{t1} 由式（6.4－19）得

$$\psi_{t1} = \arctan\frac{\zeta_{t1}}{\xi_{t1}} = \arctan\frac{\cos\gamma\sin\psi_{vt}}{\cos\beta\cos\psi_{vt} + \sin\gamma\sin\beta\sin\psi_{vt}}$$

$$(6.4-20)$$

由充分小角的函数值可知，当 $\gamma（\beta）\leqslant 0.05$ rad（2.865°）时

$$\sin\gamma(\beta) \cong \gamma(\beta) \qquad \cos\gamma(\beta) \cong 1 \qquad 误差：|\Delta| \leqslant 1.25 \times 10^{-3}$$

则

$$\psi_{t1} \cong \arctan\frac{\sin\psi_{vt}}{\cos\psi_{vt}} = \psi_{vt} \qquad (6.4-21)$$

2）令 $\psi_v=0$，在车体坐标系中只赋予高低角 φ_{vt} 时，在大地坐标系中引起的方向角 ψ_{t2} 由式（6.4－19）得

$$\psi_{t2} = \arctan \frac{\zeta_{t2}}{\xi_{t2}} \qquad (6.4-22)$$

$$\zeta_{t2} = \sin\gamma_t \sin\varphi_{vt} \cong \gamma_t \sin\varphi_{vt}$$

$$\xi_{t2} = \cos\beta_t \cos\varphi_{vt} - \cos\gamma_t \sin\beta_t \sin\varphi_{vt} \cong \cos\varphi_{vt} - \beta_t \sin\varphi_{vt}$$

则

$$\psi_{t2} \cong \arctan \frac{\gamma_t \sin\varphi_{vt}}{\cos\varphi_{vt} - \beta_t \sin\varphi_{vt}} \qquad (6.4-23)$$

当 γ（β）$\leqslant 0.05$ rad（2.865°）时

$$\psi_t = \psi_{t1} + \psi_{t2} = \psi_{vt} + \arctan \frac{\gamma_t \sin\varphi_{vt}}{\cos\varphi_{vt} - \beta_t \sin\varphi_{vt}} \qquad (6.4-24)$$

式中的车体坐标系中的 φ_{vt} 由式（6.4-12）求出

$$\varphi_{vt} = \arcsin Y \qquad (6.4-25)$$

$$Y = -\cos\gamma_t \sin\beta_t \cos\varphi_t + \cos\gamma_t \cos\beta_t \sin\varphi_t$$

由此可知，只要实时地获取 ψ_{vt}、φ_{vt}、γ_t、β_t，就可由式（6.4-24）求得 ψ_t。如果方向瞄准精度要求是 ε，当 $|\psi_t - \psi| \leqslant \varepsilon$ 时，停止方向瞄准，即可达到诸元计算要求的方向角。

测角时，用石英挠性伺服加速度计的输出量是重力加速度 g 在敏感轴上的分量，因此该加速度传感器测出的角度，始终是与大地水平面的夹角。当采用石英挠性伺服加速度计作为测量高低角的传感器，最终只要满足 $|\varphi_t - \varphi| \leqslant \varepsilon$，即可达到诸元计算要求的高低角。

由于能实时地采集到车体的横向和纵向不平度 γ_t、β_t，而 γ_t、β_t 已包含了瞄准过程中车体变形等带来的影响。因而对发射车的方向回转装置及其支撑系统刚度无特殊要求。

6.4.3.4　两种修正方法的比较

瞄准角装订值修正法简单易行，只要发射车的方向回转装置及其支撑系统刚度足够大，无须对发射车初始水平状态测得的 γ、β 角进行修正，或只进行一个常量的修正，就能满足瞄准精度的要求，最适合采用此法。但是，大量试验表明发射车是一个弹性体而非刚体，因而必须通过大量的试验来确定对 γ、β 角修正值的大小，否则很难满足对瞄准角精度的要求，这给实际应用带来很大的困难。

瞄准角实时修正法相对而言要复杂些，需要多次实时采集数据，进行计算比较，最终达到瞄准精度的要求，这对采用计算机控制而言并不困难。其最大的优点是对发射车的方向回转装置及其支撑系统刚度无特殊要求，也无须进行大量的试验来确定对 γ、β 角的修正值，这为应用带来很大的方便，对于提高瞄准精度也极为有利。

6.5　油液的可压缩性和热胀冷缩性对火箭导弹发射车射角的影响

6.5.1　引言

液压传动的油液具有可压缩性和热胀冷缩性，考虑到由此引起的体积变化量很小，因而在很多应用场合下可忽略不计。但是对于导弹与火箭发射车，特别是简控火箭导弹发射车，由于导弹自身不带制导系统，射击精度在很大程度取决于发射车的瞄准精度，而油液的可压缩性和热胀冷缩性对射角精度造成的影响也是不能忽略不计的。

6.5.2　油液的可压缩性对高低射角的影响

一辆多联装火箭导弹发射车，采用液压油缸式的高低机。一次要发射 n 枚导弹，当发射到最后一枚导弹时，发射车的高低射角是否会有变化，变化值是多少？

其他可能引起高低角变化的因素我们暂且不考虑，只分析由于油液的可压缩性而引起的高低角变化量。我们知道，$n-1$ 枚导弹发射出去后，起竖油缸的负载将大为减轻，由于油液的可压缩性，必将随着载荷的减少而体积膨胀，这将导致油缸原长度的增加，从而引起高低发射角的增大。

（1）油缸长度的变化量

起竖油缸示意图如图 6.5-1 所示。受压力作用的油液，其相对压缩量与压力增量成正比。

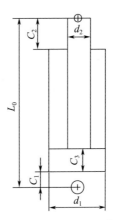

图 6.5-1　起竖油缸示意图

$$E = \frac{V_0 \Delta P}{\Delta V} \qquad (6.5-1)$$

即

$$\frac{\Delta V}{V_0} = \frac{\Delta P}{E}$$

式中　E——油液弹性模量，N/m^2。

不同的试验方法和试验装置所测得的 E 值各不相同，一般石油型油液的 E 值，平均为 $(1.2 \sim 2.0) \times 10^3$ MPa。但在实际中，由于油液内不可避免地混入气泡等原因，使 E 值显著减小，因此，一般选用 $(0.7 \sim 1.4) \times 10^3$ MPa。工程上常取油液 E 值为 700 MPa。

由于油缸受力的减小，油缸的增长量为

$$\Delta L = \frac{\Delta F}{K_1 + K_2} \qquad (6.5-2)$$

$$K_1 = \frac{EA_1}{L - L_0}$$

$$K_2 = \frac{EA_2}{2L_0 - L - C}$$

$$C = C_1 + C_2 + C_3$$

式中　ΔF——油缸受力的减少值，N；

　　　K_1——油缸无杆腔油液的等效刚度，N/m；

　　　K_2——油缸杆腔油液的等效刚度，N/m；

　　　A_1——油缸无杆腔有效面积，m²；

　　　A_2——油缸杆腔有效面积，m²；

　　　L——油缸伸出后的总长度，m；

　　　L_0——油缸初始长度，mm；

　　　E——油液弹性模量，$E = 0.70 \times 10^9$ N/m²；

　　　C_1，C_2，C_3——油缸结构参数。

　　液压弹簧刚度从物理概念上理解是由于液压缸内的油液存在压缩性，将这种压缩性比拟成机械弹簧，其刚度即称为液压刚度。K_1、K_2 是在油缸两腔完全封闭下推导出来的。油缸停止工作后，两腔都被锁住，油缸某一腔的油液因压力减小而膨胀时，另一腔的油液会因压缩而使其压力增加。如果油缸杆腔不被锁住，油液可以自由地流进流出，该腔的液压刚度就不存在，即 K_2 为零。

　　（2）油缸长度增量引起高低射角的变化值

　　起竖油缸长度的改变，必将引起高低射角的变化，下面推导出两者的对应关系。图 6.5-2 为采用液压油缸式高低机的示意图。由图 6.5-2 可得

$$\alpha_0 = \tan^{-1}(h_0/e_1)$$

$$\alpha_1 = \tan^{-1}(h/e_2)$$

$$L_1 = e_1/\cos\alpha_0$$

$$L_2 = e_2/\cos\alpha_1$$

$$L^2 = L_1^2 + L_2^2 - 2L_1L_2\cos(\alpha_0 + \alpha_1 + \alpha) \tag{6.5-3}$$

对式（6.5-3）两边微分得

$$\Delta\alpha = \frac{L}{L_1L_2\sin(\alpha_1 + \alpha_2 + \alpha)}\Delta L \tag{6.5-4}$$

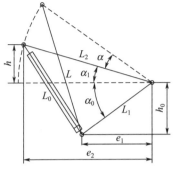

图 6.5 - 2　高低机示意图

$$L = \sqrt{L_1^2 + L_2^2 - 2L_1 L_2 \cos(\alpha_0 + \alpha_1 + \alpha)}$$

$$\Delta F = \frac{L(n-1)g(x_0 \cos\alpha - y_0 \sin\alpha)}{mL_1 L_2 \sin(\alpha_0 + \alpha_1 + \alpha)} \qquad (6.5 - 5)$$

式中　$\Delta\alpha$——高低角增量，rad；

　　　ΔF——油缸受力变化值，N；

　　　g——一枚导弹的重力，N；

　　　m——油缸的数量；

　　　n——发射导弹的总数量；

　　　x_0，y_0——导弹水平状态时的质心坐标，m。

6.5.3　油液的热胀冷缩性对高低射角的影响

　　油液的体积随温度变化而变化的性质称为热胀冷缩性，用热膨胀率 α_r 来表示，即

$$\alpha_r = \frac{\Delta V/V_0}{\Delta t} \qquad (6.5 - 6)$$

　　当油缸壳体不变的情况下，可推导出油缸因油液的热胀冷缩性而引起油缸长度方向的变化量。

　　1）油液温度升高 Δt 时

$$\alpha_r = \frac{\Delta x_1}{x_1 \Delta t} \qquad (6.5 - 7)$$

对图 6.5 - 1 所示油缸而言，两腔油液在长度方向的变化量 Δx_1、Δx_2 各为

$$\Delta x_1 = \alpha_r \Delta t (L - L_0)$$

$$\Delta x_2 = \alpha_r \Delta t (2L_0 - L - C) \qquad (6.5 - 8)$$

油缸在长度方向上的变化量为

$$\Delta L_{t1} = \frac{\Delta x_1 K_1 - \Delta x_2 K_2}{K_1 + K_2} \qquad (6.5 - 9)$$

2）油液温度降低 Δt 时

$$\Delta x_1 = -\alpha_r \Delta t (L - L_0)$$

$$\Delta x_2 = -\alpha_r \Delta t (2L_0 - L - C) \qquad (6.5 - 10)$$

式中负号表示体积缩小。

温度降低使油缸杆腔油液缩短 Δx_2，但却不能克服负载而使油缸长度增加。因此温度降低时，引起油缸的缩短量为

$$\Delta L_{t2} = \Delta x_1 \qquad (6.5 - 11)$$

求出 ΔL_t 后，利用前面的式（6.5 - 4）就可求出因温度变化而引起射角的变化值。油温变化而引起射角的改变，多发生在完成高低角瞄准后进行长时间停留的情况下，特别是环境温差变化大的条件下。

一般发射车总装出厂的试验中，都规定了起竖到某一高低角后进行停留试验。在规定的时间内，高低角的变化值不得大于某值。此项考核指标，往往发生超差。通常认为是油缸密封性不好，或液压锁等元件密封性差造成的。将系统分解后，进行油缸、液压锁等单件试验，结果它们的密封性能都能满足要求。究其原因，温度变化对其造成的影响不可忽视，这一点从下面的分析实例中可以看出。

6.5.4　分析举例

某多联装火箭导弹发射车，采用液压油缸式的高低机，总体方案如图 6.5 - 2 所示。已知参数如下：$e_1 = 1\ 000$ mm；$e_2 = 2\ 587$ mm；$h_0 = 497$ mm；$h = 0.0$ mm；$g = 8\ 200$ N；$x_0 = 2\ 814$ mm；$y_0 =$

323 mm；$C_1 = 80$ mm；$C_2 = 80$ mm；$C_3 = 60$ mm；$d_1 = 140$ mm；$d_2 = 100$ mm；$L_0 = 1\,663$ mm；$n = 10$；$E = 0.70 \times 10^9$ N/m²；$\alpha_r = 8.7 \times 10^{-4}$（1/℃）；$\Delta t = 10$ ℃。

　　油液压缩性、热胀冷缩性对高低射角影响的计算结果见表 6.5 - 1。表中 $\Delta\alpha$、$\Delta\alpha_{tr}$、$\Delta\alpha_{tc}$ 分别为油液压缩性和热胀冷缩性引起高低射角的变化值。

表 6.5 - 1　油液压缩性、热胀冷缩性对高低射角影的影响

α	$\Delta L / \text{mm}$	$\Delta\alpha / (')$	$\Delta L_{tr} / \text{mm}$	$\Delta\alpha_{tr} / (')$	$\Delta L_{tc} / \text{mm}$	$\Delta\alpha_{tc} / (')$
22	2.476	7.982	1.321	4.256	−3.160	−10.182
26	2.691	8.492	1.528	4.821	−3.815	−12.034
30	2.831	8.807	1.711	5.320	−4.482	−13.939
34	2.893	8.928	1.863	5.748	−5.156	−15.909
38	2.877	8.856	1.980	6.094	−5.834	−17.954
42	2.783	8.589	2.058	6.348	−6.512	−20.087
46	2.616	8.128	2.091	6.495	−7.186	−22.320
50	2.381	7.477	2.076	6.520	−7.855	−24.665
54	2.086	6.649	2.009	6.404	−8.515	−27.137
56	1.919	6.174	1.955	6.286	−8.841	−28.426
58	1.743	5.662	1.887	6.125	−9.164	−29.753
60	1.560	5.120	1.803	5.917	−9.484	−31.121

　　实例分析表明，对于射角精度要求高的发射车，油液的可压缩性和热胀冷缩性对高低射角精度的影响不可忽略。在制定发射车技术性能要求和进行发射车停留试验时，都应考虑这一影响，科学合理地制定设计要求和验收标准。

6.6　液压系统设计问题分析

6.6.1　引言

　　随着液压技术在发射车中的应用越来越广泛，从事液压系统设

计的人越来越多。他们设计出了不少实用、好用的液压系统。但也出现了一些由于设计不周、系统参数调节不当或忽视一些细微环节，造成液压系统达不到设计要求或不能正常工作，而不得不改进设计或采取应急对策。例如某发射车研制过程中液压系统发生的问题，分析其产生的原因供读者参考。

6.6.2　液压起竖系统

将导弹起竖到垂直或倾斜发射状态的液压系统称为液压起竖系统，它是发射车的关键系统，直接关系到发射车的实用性、安全性、可靠性和相关各项技术指标的实现。

图 6.6-1 是某发射车液压起竖系统最初的原理图。为保证导弹的起竖或下放要平稳，能准确可靠地停留在要求的发射位置上，采

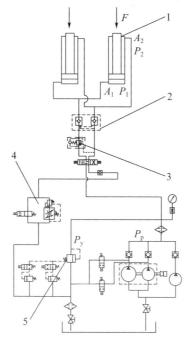

图 6.6-1　起竖系统原理图

1—起竖油缸；2—液压锁；3—平衡阀；4—比例调速阀；5—溢流阀

用了回油路电液比例调速阀系统。回油节流调速具有抵抗负值负载
的能力，并当负载变向时具有缓冲能力，能保证起竖机构运动平稳。
为了使下降时起竖系统不产生爬行振动，油路上装有平衡阀。考虑
到平衡阀的密封性能差，在平衡阀的前面紧靠油缸的地方装有双向
液压锁，用以保证导弹长时间停留在发射状态而射角不会改变。系
统设有三级压力以满足整个液压系统的需要。起竖油缸的上、下腔
装均设有安全阀，其开启压力高达 25 MPa（系统最高工作压力为
20 MPa），主要是为了当温度升高时，密闭在起竖油缸腔内的油液
膨胀而压力升高，当升高到安全阀开启压力时，泄压而保证油缸系
统的安全。

　　这样的一个液压起竖系统，在发射车调试中，发生了如下问题。

6.6.2.1　油缸的安全阀喷油

　　首次调试，供油压力 $P_y = 21$ MPa，当起竖到 35°角切入电液比
例阀调速时，发生了起竖油缸上腔安全阀开启喷油。发生起竖油缸
上腔安全阀开启喷油的原因是对回油节流调速和溢流调压的关系还
没有完全吃透。

　　图 6.6-1 中，电液比例调速阀装在回油路上，油泵的压力 P_y 由
溢流阀调整，当电液比例调速阀不工作时，回油直通油箱，起竖油
缸上腔（油缸杆腔）压力 P_2 近似等于零，当然不会发生起竖油缸上
腔安全阀开启喷油。但是，当电液比例调速阀工作时，起竖油缸上
腔压力 P_2 为

$$P_2 = (P_y - P_1)A_1/A_2 \qquad (6.6-1)$$

式中　　P_y——溢流阀调定压力，Pa；

　　　　P_1——由载荷确定的油缸无杆腔压力，Pa；

　　　　A_1——油缸活塞有效面积，m²；

　　　　A_2——油缸杆腔有效面积，m²。

　　发射车液压起竖系统是一个变载荷起竖系统，随着起竖角度的
增大，起竖油缸的受力不断地变小，图 6.6-2 是起竖油缸工作时的
压力曲线。

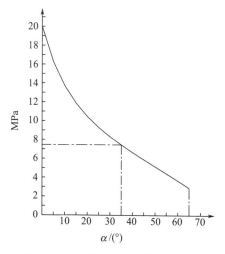

图 6.6-2　起竖油缸工作压力曲线

由式（6.6-1）可见，载荷压力 P_1 越小，则 P_2 越大，起竖油缸有杆腔有效作用面积 A_2 又比无杆腔有效作用面积 A_1 小得多，本例中 $A_1=2A_2$，当 P_1 减少到某一值时，P_2 就可能大到超过安全阀的开启压力 P_n，起竖油缸上腔安全阀便开启喷油了。保证起竖油缸安全阀不被打开的条件是：$P_2 < P_n$。

由式（6.6-1）得

$$(P_y - P_1)A_1/A_2 < P_n$$

则

$$P_1 > P_y - P_n A_2/A_1 \qquad (6.6-2)$$

鉴于对发生起竖油缸上腔安全阀开启喷油原因的分析，根据起竖过程中油缸压力的变化情况，需要有多级溢流阀压力，并确定何时切入何级压力，才能很好地解决起竖油缸上腔安全阀开启喷油的问题。

6.6.2.2　低频大幅值振动

起竖机构下降时发生低频大幅值振动。图 6.6-1 所示系统中为防止负载下降过程中超速运行，在油缸的回油路上设置有平衡阀，使油缸回油腔中产生一定的背压 P_b，用以平衡负载。结果造成安装在它上面的液压锁回油口压力即背压 P_b 很高，因而需要更高的开锁压力，如果原设定的开锁压力已无法开锁，将导致液压锁的活门关闭。活门关闭后，液压锁的回油口压力迅速降低，活门又被打开。就这样液压锁的活门一开一关，起竖油缸一降一停，造成起竖机构低频大幅值振动。理论分析如下。图 6.6 - 1 液压系统中的液压锁是由两个如图 6.6 - 3 所示的内泄式液控单向阀组成，分别用来锁住起竖油缸的上下腔。

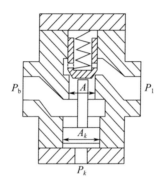

图 6.6 - 3　液控单向阀原理图

液控单向阀阀芯受力平衡方程

$$P_k A_k = P_1 A + P_b (A_k - A) + F_s \qquad (6.6 - 3)$$

起竖油缸活塞受力平衡方程

$$P_1 A_1 = P_k A_2 + F \qquad (6.6 - 4)$$

将式（6.6 - 4）代入式（6.6 - 3），得

$$P_k = \frac{FA + P_b (A_k - A) A_1 + F_s A_1}{A_k A_1 - A A_2} \qquad (6.6 - 5)$$

液压锁关闭状态下，背压 $P_b = 0$，则开锁压力为

$$P_{k0} = \frac{FA + F_s A_1}{A_k A_1 - A A_2} \qquad (6.6 - 6)$$

当平衡阀工作时，通过平衡阀在回油路上产生足够的背压 P_b 来平衡负载压力 P_1，保证起竖油缸的平稳下降。由于液压锁安装在平

衡阀前，这就使得液压锁反向出油口处背压增高，即 $P_b \cong P_1$ 且作用在控制活塞的上端（图 6.6-3）。

此时保证液压锁单向阀继续呈开启状态的控制压力为 P_{k1}

$$P_{k1} = \frac{FA_k + F_s A_1}{A_k(A_1 - A_2)} \qquad (6.6-7)$$

考虑到 F_s 与 F 相比很小可略去，$A_1 = 2A_2$，$A_k = 5.5A$，则

$$\frac{P_{k1}}{P_{k0}} = \frac{FA_k + F_s A_1}{A_k(A_1 - A_2)} \times \frac{A_k A_1 - AA_2}{FA + F_s A_1} \approx 10 \qquad (6.6-8)$$

式中　P_k——液压锁开锁压力，Pa；

　　　A_k——液压锁控制活塞面积，m^2；

　　　A——液压锁阀芯承压面积，m^2；

　　　A_1——起竖油缸下腔活塞有效面积，m^2；

　　　A_2——起竖油缸上腔活塞有效面积，m^2；

　　　P_b——背压，Pa；

　　　F——起竖油缸承受的负载，N；

　　　F_s——活门弹簧及摩擦阻力，N。

可见起竖机构下降而平衡阀工作时，需要的开锁压力要高得多。

基于上述分析，我们将液压锁安装到了平衡阀的后面，使回油流经平衡阀后进入液压锁，液压锁的回油通过电液比例阀进入油箱。在电液比例阀不进行节流调速时，液压锁回油口压力即背压 P_b 很小，即使在电液比例阀进行节流调速时，由于平衡阀的作用，试验证明背压 P_b 也不大。经采取上述措施后，起竖油缸负载下降时，不再发生低频大幅值振动现象。

6.6.2.3　进油节流调速

回油节流调速和进油节流调速，都能实现导弹起竖或下放的速度控制。通过实践让我们认识到，在导弹起竖机构中，采用进油节流调速比回油节流调速（图 6.6-1）更为合理。因为进油节流调速时，回油路压力低，平衡阀或液压锁的导控压力小，且容易确定，可避免因溢流阀压力或平衡阀导控压力设置不当，而造成起竖系统

回油路压力过高或低频大幅值振动，同时也提高了有效功率。进油节流调速的液压起竖系统原理如图 6.6 - 4 所示。

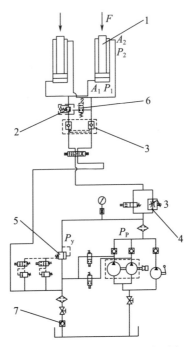

图 6.6 - 4　进油节流调速原理图

1—起竖油缸；2—平衡阀；3—液压锁；4—比例调速阀；

5—溢流阀；6—换向阀；7—单向阀

采用进油调速，平衡阀的反向出口背压 $P_b \approx 0$，则平衡阀的导控压力为

$$P_d = \frac{K_T(X_0 + X)}{A_d} \tag{6.6 - 9}$$

式中　K_T，K_s——弹簧刚度，N/m；

X_0——弹簧预压量，m；

X——阀口开度，m；

A_d，A_k——平衡阀、液压锁控制活塞面积，m^2。

目前一般取平衡阀的最小导控压力 $P_{min} = 2.5 \sim 3.5$ MPa。导控

压力小、功率小，但过小会造成平衡阀的工作不稳定。

如果在平衡阀后面加装液压锁，即回油先通过平衡阀后通过液压锁，则液压锁的导控压力为

$$P_k = \frac{K_s(X_0 + X)}{A_k} \qquad (6.6-10)$$

一般液压锁的导控压力 $P_k = 0.1\ \text{MPa}$。

进油节流调速，由于平衡阀或液压锁的回油背压近似为零，其导控压力要比回油节流调速小得多，也无须从复杂的约束关系中推导出保证打开活门的导控压力，更不会出现平衡阀或液压锁无法打开或活门一开一关，造成起竖机构低频大幅值振动的问题。

采用进油节流调速，起竖机构的微调性不仅与调速阀的微调性能有关，而且还取决于回油路上平衡阀的最小稳定流量。一般情况下，比例调速阀的最小稳定流量要比平衡阀小。当起竖机构受负值负载的情况下，即平衡阀发挥作用时，起竖机构的微调性能将取决于平衡阀的最小稳定流量。

6.6.2.4　平衡阀的内部泄漏

发射车总装试验中，规定了起竖到某一高低角后进行停留试验，在规定的时间内，高低角的变化值不得大于某值。此项考核指标当时发生严重超标。开始认为是油缸密封性不好或液压锁等元件密封性差造成的，也可能是油温的影响。将系统分解后，进行油缸、液压锁等单件试验，结果它们的密封性能都能满足要求。经反复检查试验，最终发现起竖油缸负载腔的油液，通过平衡阀的控制口向起竖油缸的反腔（杆腔）泄漏。

平衡阀如图 6.6 - 5 所示。按其性能说明，油口 1 到油口 2 的内部泄漏最多 5 滴/min。为何发生内部泄漏比其说明要大得多，而且会从控制口（图 6.7 - 5 中油口 3）向起竖油缸反腔泄漏？分析认为，这是由于在平衡阀的后面加装了双向液压锁的缘故（如图 6.6 - 4 所示）。当起竖油缸起升到某一位置停止时，由于液压锁的关闭，使油口 2 到液压锁之间存在压力，造成油口 1 无法完全关闭，于是油缸

的压力油经平衡阀油口 1 与油口 2 相通。从平衡阀的结构剖视图可知，油口 2 与油口 3 之间为滑动配合而无设置密封环节，则压力油便经油口 3 向低压油缸反腔泄漏，致使起竖油缸下降而不能停留在要求的位置上。

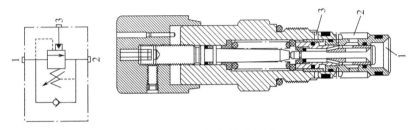

图 6.6-5　平衡阀示意图

在平衡阀的控制油路上加装了常闭二位二通电磁换向阀，使问题得以解决（图 6.6-4 中的序号 6）。

6.6.3　液压系统中的多余物

液压系统调试过程中，发现某换向阀卡死无法正常工作，经分解后发现阀芯阀套间有一铁屑，如图 6.6-6 所示。

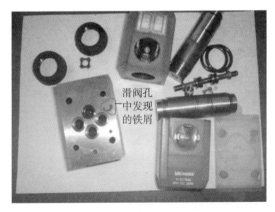

图 6.6-6　液压系统中的多余物

造成液压油中多余物的主要原因是对集成阀块和管路清洗不彻底。鉴于上述情况，只好对已经总装好的发射车液压系统进行了全面分解清洗和重新组装，不仅影响生产进度，也造成了人力和物力的极大浪费。

油液污染不仅会影响系统的正常工作和使用寿命，甚至会造成设备故障。据有关统计，由于油液污染引起的液压系统故障占总故障的 70%～80%，可见为保证液压系统工作灵敏、稳定、可靠和延长液压元件的使用寿命，就必须加强对油液污染的控制，以保持液压系统运行状态良好。

6.6.4　液压系统设计中易忽视的问题

液压系统设计时，往往在系统原理、元器件选择及管路配置上花费很多的精力，而常常忽视一些细微环节的设计。笔者根据发射车液压系统设计实践，举出几例供参考。

（1）液压系统内的空气难以排除

以发射车液压起竖系统的进油节流调速原理（图 6.6-4）为例，起竖油缸在 2 m 左右高度的回转平台上，油箱安装在 1.2 m 左右的汽车副梁上，发射车进行起竖的头几次，总是发现起竖油缸有爬行现象，经多次起竖下降循环运行后，爬行现象基本消失。怀疑通向起竖油缸的管路中有气体，经反复排气后，停一段时间后进行起竖，故障依然存在。

经分析认为，设计时采用了 Y 型技能的换向阀，由于液压缸位置较高，当换向阀处于中位时，液压缸两油路与油箱相通，管路中的油液因自重流向油箱，油箱油液中的气体上升填补管路上端流出油液的空间。当换向阀换向发射车开始起竖，气体就在管路中流动，造成了起竖油缸爬行。

在回油管路中装设一个开启压力 0.15 MPa 的直通式单向阀，即图 6.6-4 中的单向阀。在换向阀处于中位时，管路中的油液被封存在管路中，外界空气则无法进入。重新开机起竖，油缸爬行现象完全消失。

（2）吸油滤油器

在泵的吸油口安置过滤器，一定会增加吸油阻力。有些泵对其吸油口的真空度有严格要求的，不能装吸油滤油器。吸油滤油器的过滤精度一般选在 $40\sim125\,\mu m$ 之间，通常安装网式滤油器。一般通过滤油器的流量等于泵的流量的 2 倍，吸油滤油器的压力降最好小于 0.01 MPa。

液压系统已成为发射车的关键系统，由于设计、制造等多种原因，在研制过程中经常发生这样或那样的问题，使其达不到设计要求甚至不能正常工作，这给研制单位造成很大的经济损失。特别是最初的液压系统设计阶段，若出现设计失误，将严重影响以后液压系统的正常工作。系统设计缺陷是先天性的，也是最难彻底消除的。

要充分认识液压系统油液污染的危害性，制定并严格执行在设计、制造、使用和维修阶段全过程防止油液被污染的措施，对于提高发射车的运行质量和可靠性有着重要意义。

第7章 挂车系统设计

7.1 概述

一辆牵引车与一辆或一辆以上挂车的组合称为汽车列车。在汽车列车中，牵引车是驱动部分，挂车是被拖动部分。挂车是汽车列车组合中的载货部分，就其设计和技术特征而言，它是一种由牵引车牵引才能正常使用的道路车辆。一般挂车本身不带动力装置，离开了牵引车它便无法工作。

挂车按牵引方式可分为全挂车和半挂车两种。

（1）全挂车

全挂车是指至少具有两根车轴的挂车，利用牵引杆上的挂环与牵引车的牵引钩连接，牵引杆兼有牵引和转向的功能，挂车的载荷全部由自身承受。全挂车按车轴数的不同可分为双轴和多轴车两种。

（2）半挂车

半挂车是指将车轴（单轴或多轴）置于车辆质心后面，并具有可将水平力和垂直力传递给牵引连接装置的被牵车辆。半挂车上的牵引连接装置通常采用牵引销，通过牵引销与牵引车的牵引座连接，挂车的部分载荷通过牵引座由牵引车承受，摘挂时用支撑装置维持半挂车平衡。

车轴的多少直接影响到挂车的装载质量。根据装载质量的大小，半挂车车轴的数目可以有单轴、双轴和多轴三种。

7.2　半挂导弹发射车的结构与设计

半挂汽车列车由半挂牵引车和半挂车组成。由于半挂车和牵引车采用牵引座与牵引销的无间隙连接方式，因而缩短了列车总长度，提高了整车行驶的稳定性和机动性，容易倒车，方便驾驶。另外，半挂车的部分载荷由牵引车承受，从而提高了牵引车驱动轮的附着力，加大了牵引车的牵引力，使发动机的功率得到充分利用。许多型号的导弹发射车采用了半挂汽车列车的组合形式。

7.2.1　半挂导弹发射车的总体结构与设计

半挂导弹发射车的总体结构如图7.2-1所示。虽然半挂导弹发射车的形式很多，结构变化也很多，但总体结构上仍有一些共同的特点。

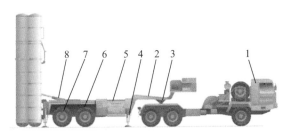

图 7.2-1　半挂导弹发射车

1—牵引车；2—车架；3—牵引机构；4—前支承；5—电控系统；
6—悬架系统；7—制动系统；8—起竖系统

在半挂车架前端下部的牵引机构，由挂车上的牵引销（图 7.2-2，图 7.2-3）与牵引车的牵引座（图 7.2-4）组成，两者配合牵引半挂车行驶。在转向时完成牵引车和挂车之间的相对运动。载荷通过牵引销分配到牵引车上，由挂车和牵引车共同承受。当挂车脱离牵引车时，半挂车前部的载荷由前支承承受。半挂车制动通过制动系统与牵引车连通，实现两者同时制动。

鹅颈式半挂车架，既照顾了牵引销的高度要求（由牵引车牵引座高度决定），又降低了发射车的高度。对于非公路运输的越野半挂车，因道路条件差，半挂车相对牵引车有较大的纵向俯仰，采用弧形（上翘）鹅颈形状的车架较好。

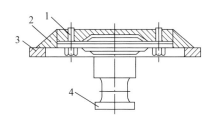

图 7.2-2　牵引销与支承板 A 型连接方式

1—连接螺钉；2—支承板；3—牵引板；4—牵引销

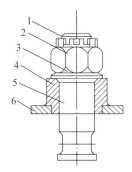

图 7.2-3　牵引销与支承板 B 型连接方式

1—开口销；2—槽形螺母；3—垫圈；4—支承座；5—牵引销；6—牵引板

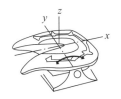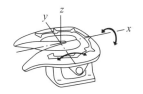

(a)单自由度固定型牵引座　　　　(b)双自由度固定型牵引座

图 7.2-4　固定式牵引座

7.2.2　半挂车和牵引车的连接尺寸

半挂车和牵引车的连接尺寸如图 7.2 - 5 所示。

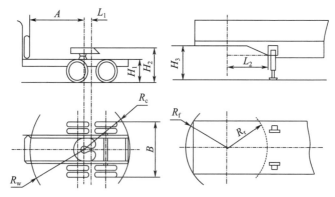

图 7.2 - 5　半挂车和牵引车连接尺寸示意图

图 7.2 - 5 中，H_1 为牵引车车架上平面离地面的高度，L_1 为牵引座的前置距。半挂车和牵引车的连接尺寸在 JT/T 328—1997《货运半挂车通用技术条件》和 JB/T 4185—1986《半挂车通用技术条件》中都有规定。

（1）半挂车的前回转半径和牵引车的间隙半径

半挂车前回转半径 R_f 是指牵引销中心至半挂车前端最远点水平面内投影的距离。牵引车的间隙半径 R_w 是指车牵引座中心至驾驶室后围或其他附件最近点平面内的投影距离。为保证半挂车和牵引车在运行中不产生干涉，$R_w - R_f \geqslant 70$ mm。

（2）半挂车的间隙半径和牵引车的后回转半径

半挂车的间隙半径 R_r 是指牵引销中心至鹅颈或前支承最近点水平面内投影的距离。牵引车的后回转半径 R_c 是指牵引座中心至牵引车后端最远点水平面内投影的距离。《半挂车通用技术条件》规定，后回转半径 R_c 的最大值不超过 1 310～2 200 mm，$R_r - R_c \geqslant 70$ mm，并与牵引车牵引座上的载荷有关。

（3）半挂车牵引板离地高度

半挂车牵引板离地高度 H_3 是半挂车处于满载状态下的高度，其值必须等于牵引车牵引座满载时的离地高度 H_2。满载时牵引座离地高度 H_2 在 1 130～1 400 mm 之间。

（4）挂车相对于牵引车的各种摆角

前俯角 α 是指半挂车前端最外点和牵引车车架相碰时，半挂车和牵引车在纵向平面内的相对夹角。后仰角 β 是指半挂车鹅颈处纵梁下翼板和牵引车尾端点相碰时在纵向平面内的相对夹角。铰接角 φ 是指半挂车绕牵引销中心左右方向的转角。

JT/T 328—1997 规定，一般后仰角范围 $\beta = 8° \sim 14°$，并随半挂车的总质量有所不同，前俯角 α 不应小于 $8°$，牵引连接装置应保证铰接角 $\varphi \geqslant 90°$。

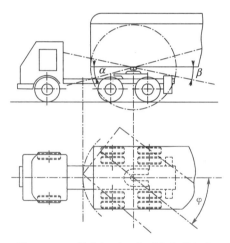

图 7.2-6　挂车相对于牵引车各种摆角

7.2.3　半挂车的轴荷分配

半挂车的轴荷是指牵引销支承处和半挂车轴上的承载质量。半挂车的轴荷分配是在总成（如支承装置、行走系统、储气罐、装载质量等）与部件确定后，通过画出总体布置图，估算或称重得到各总成和部件的质量，然后进行空载和满载下的轴荷分配。

当轴荷计算出后，首先校核牵引销处载荷和轮轴载荷是否超载。若不满足要求，则应调整轴距，即牵引销至半挂车轮轴中心的距离，直到满足要求。我国对挂车轴荷有严格要求，GB 1589—2004《道路车辆外廓尺寸、轴荷及质量限值》对此有相关规定。

7.2.4　车架设计

车架是半挂车的主要部件，连接着各个主要总成，承受着复杂的空间力系作用，要求车架具有足够的强度和刚度。

半挂导弹发射车的车架，具有起竖发射导弹和运输导弹的双重功能。两种状态下，车架的受力很不相同。一般在导弹开始起竖瞬间受力最大，按起竖状态下的受力计算车架的强度和刚度，用运输状态下的受力进行校核。半挂车的车架设计属导弹发射车的结构设计内容，可参照第 5 章结构设计的相关内容进行设计。

车架的需用应力 $[\sigma]$ 可按下述公式计算

$$[\sigma] = \frac{\sigma_s}{n_1 n_2} \qquad (7.2-1)$$

式中　σ_s——材料的屈服极限，目前国内半挂车的纵梁材料多用 16 Mn 或 Q235，对于 16Mn，$\sigma_s = 350$ N/mm²，而对于 Q235，$\sigma_s = 240$ N/mm²；

　　　n_1——疲劳系数，$n_1 = 1.3$；

　　　n_2——动载荷系数，$n_2 = 2.5 \sim 3$。

7.3　全挂导弹发射车的结构与设计

7.3.1　全挂车的总体结构与设计

7.3.1.1　全挂车的总体结构特点

全挂导弹发射车的结构如图 7.3-1 所示。全挂车和半挂车的最大不同是全挂车的全部载荷由挂车承载，牵引车只起牵引作用。因此，全挂车的前支承是挂车的轮轴结构。

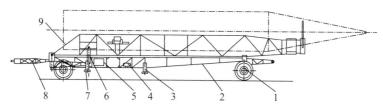

图 7.3 - 1　全挂导弹发射车

1—悬架系统；2—车架；3—中支柱；4—制动系统；5—电气系统；

6—起竖系统；7—液压支架；8—牵引臂；9—起竖臂

7.3.1.2　全挂车的总体尺寸及轴载质量分配

全挂车的总体尺寸应符合 GB/T 6420—2004《货运挂车系列型谱》和 GB/T 17275—1998《货运全挂车通用技术条件》。外廓尺寸不应超过 GB 1598—2004《道路车辆外廓尺寸、轴荷及质量限值》和 GB 146.2—83《标准轨距铁路机车车辆限界》中规定的最大限值。详见第 2 章中的表 2.2 - 2 和图 2.2 - 1。

前轴质量 m_1 可依据前轴质量分配系数来确定，即

$$m_1 = \mu m_0 \tag{7.3 - 1}$$

式中　m_0——全挂车的总质量，kg；

　　　μ——前轴质量分配系数，可取 $\mu = 0.45 \sim 0.47$。

7.3.2　全挂车的转向装置

全挂车的转向方式有两种：一种是轮转向式，转向时，车轮绕转向主销转动，车轴不转动。另一种是轴转向式，转向时，车轮与车轴一起绕车轴中心点垂直线转动。

轴转向装置一般为转盘转向方式。转盘转向方式又分为有主销式转盘转向和无主销式转盘转向。有主销式转盘转向装置，由于主销和主销座孔间有间隙，挂车行驶时会产生振动和冲击，目前基本上不再允许使用。无主销式转盘转向装置的结构如图 7.3 - 2 所示。

上转盘与车架连接，下转盘与牵引臂连接，全挂汽车列车运动

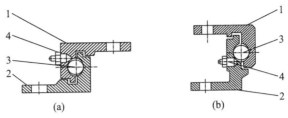

图 7.3 - 2　无主销式转盘转向装置的结构图
1—上转盘；2—下转盘；3—滚珠；4—注油嘴

中，水平和垂直方向的力都由转盘承受。由于滚珠与滚道之间的间隙小，所以有利于承受动载荷和提高行驶平稳性。

　　无主销式转盘转向装置所承受的载荷与全挂车的最大总质量有关，也与挂车制动失灵引起的冲击载荷有关。设计时，可根据 JT/651—2006《牵引杆挂车转盘》规定的转盘的基本系列参数初步选择转盘的主要尺寸，然后再根据挂车的有关尺寸作最后确定。

7.4　挂车悬架的结构与设计

7.4.1　挂车悬架的结构

　　挂车悬架是把挂车车架与车轴弹性连接起来的装置。其主要功能是传递作用在车轮或车架之间的各种力和力矩，并减轻或消除路面通过车轴传给车架的冲击载荷和振动，以改善挂车行驶的平稳性。

　　典型的挂车悬架由弹性元件、减振器以及导向机构等组成，这三部分分别起缓冲、减振和传递力的作用。悬架的弹性元件很多，挂车常用的弹性元件主要有钢板弹簧、空气弹簧、油气弹簧、液压弹簧和扭杆弹簧等。挂车悬架应用最普遍的是纵置钢板弹簧非独立悬架、独立的或非独立的空气悬架、钢板弹簧平衡悬架和油气弹簧平衡悬架等。

　　悬架把车架与车轮弹性地联系起来，关系到汽车的多种使用性能。从结构上来看，汽车悬架是由一些杆、筒以及弹簧等简单构件组成，但汽车悬架却是一个非常难达到完美要求的汽车总成。这是因为悬架既要满足汽车操纵稳定性的要求，又要保证汽车的舒适性要求，而这两方面是相互矛盾的。为了取得良好的舒适性，需要大大缓冲汽车的振动，这样弹簧就要设计得软些，但弹簧软了却容易使汽车发生刹车"点头"导致汽车操纵不稳定等。

独立悬架系统是每一侧的车轮都是单独地通过弹性悬挂系统悬挂在车架下面的。其优点是：1）质量轻，减少了车身受到的冲击，并提高了车轮的地面附着力；2）可用刚度小的较软弹簧，改善汽车的舒适性；3）汽车重心也得到降低，从而提高汽车的行驶稳定性；4）左右车轮单独跳动，互不相干，能减小车身的倾斜和振动。不过，独立悬架系统也存在着结构复杂、成本高、维修不便的缺点。

非独立悬架系统的结构特点是两侧车轮由一根整体式车轴相连，车轮连同车桥一起通过弹性悬挂系统悬挂在车架的下面。非独立悬架系统具有结构简单、成本低、强度高、保养容易等优点，多用于货车和大客车上。

7.4.2 钢板弹簧平衡悬架

为了保证各车轮均与地面有良好的接触，多采用平衡悬架。钢板弹簧平衡悬架分为单轴、双轴、三轴悬架。每副钢板弹簧又可由不同的片数组成，以满足不同的最大装载质量的要求。按钢板弹簧相对于车轴的位置，铜板弹簧平衡悬架又可分为上置式和下置式。下置式钢板平衡悬架可以降低挂车高度。

图 7.4-1 为双轴钢板弹簧平衡悬架结构。它在前后两组钢板弹簧之间装有平衡臂，用平衡臂支架将平衡臂悬吊在车架上。钢板弹簧端部采用滑板式结构与平衡臂连接。在不平路面上行驶时，靠平衡臂的作用（摆动）使前后车轴的位置与路面高低相适应，使其载荷保持平衡，从而使车轮与路面保持良好的接触，使挂车具有良好的附着性能。平衡臂、平衡臂轴和平衡臂支架间装有锥形橡胶衬套，该衬套不需润滑，并起到缓冲的作用。车轴的牵引是靠可调拉杆总

成或不可调拉杆总成来实现的。调整拉杆的长度，可使车轴中心线调到与车架纵向对称线垂直的理想位置，从而减少因侧滑引起的车轮不正常磨损。

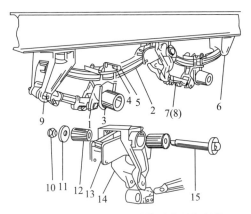

图 7.4 - 1　双轴钢板弹簧平衡悬架结构

1—弹簧座；2—钢板弹簧；3—U 形螺栓；4—螺母；5—钢板弹簧盖板；

6—钢板弹簧后支架；7—可调拉杆总成；8—不可调拉杆总成；

9—钢板弹簧前支架；10—螺母；11—支腿垫片；12—锥形橡胶衬套；

13—平衡臂；14—平衡臂支架；15—平衡臂轴

在两轴挂车上常采用的一种钢板弹簧平衡悬架结构如图 7.4 - 2 所示。

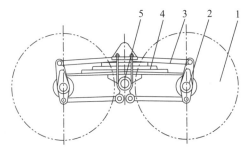

图 7.4 - 2　钢板弹簧平衡悬架结构简图

1—车轮；2—车轴；3—纵拉杆；4—板簧；5—平衡轴

在全挂导弹发射车上，根据前轮组转向的特点，设计了一种钢板弹簧横置的半独立悬架，其结构如图 7.4 - 3 所示。

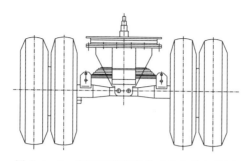

图 7.4 - 3　钢板弹簧横置的半独立悬架简图

7.4.3　油气弹簧悬架

油气悬架是一种新型的底盘悬架技术，是空气悬架的一种特例，具有普通钢板弹簧悬架不可比拟的优点，是发展特种车辆、大型工程车辆及其他多轴车辆必不可少的关键技术。它始于 20 世纪 60 年代后期哈诺普（Karnopp）发明的油气减振器，最先应用在重型车辆上，后来逐步推广到军用车辆及其他工程机械车辆上。

以钢板弹簧和筒式减振器连接车架与车轴的车辆悬架系统，其悬架变形与簧载质量之间呈线性关系。也就是说，当簧载质量增大时，悬架垂直变形（挠度）增大，固有振动频率降低；而当簧载质量减小时，悬架挠度减小，固有振动频率增大。簧载质量变化范围越大，则固有振动频率变化范围越大，这一变化显著时将导致车辆行驶平稳性和乘坐舒适性差。而在油气悬架中，弹性元件的刚度具有非线性、渐增（减）的特点，这就有可能通过参数优化设计来保持车体的振动频率不随车体质量的变化而变化或变化很小。

油气悬架系统采用悬架油缸与导向推力杆连接车架与车轴，悬架油缸将垂直轴荷转换为油缸内油液的压力，压力通过管路传递至液压控制单元与蓄能器。蓄能器内以有一定初始压力的惰性气体（通常为氮气）为弹性介质，悬架油缸内部油路上具有数个节流孔与单向阀，能起到减振的作用。油气悬架系统显著改善车辆的行驶平稳性和乘座舒适性。另外，油气悬架系统还具有较易实现多轴车辆的轴荷平衡、车身高度可在一定范围内调整、悬架可刚性闭锁等优点。因此，油气悬架技术是发展特种车辆、大型工程车辆及其他多轴车辆等专用底盘的必不可少的关键技术。随着现代加工工艺能力的不断提高，油气悬架关键元件悬架油缸的制造已经取得了突破，因此油气悬架技术将具有更加广阔的发展空间。

　　油气悬架机构主要由 2 个悬架油缸与 4 根导向推力杆组成。悬架油缸左右对称并与铅垂面成一夹角，倾斜布置在车轮与车架大梁之间，其上下两端采用铰接方式分别连接在车架大梁与车轴（转向桥为车轴主销）上，只能承受轴向力，主要起承受垂直载荷与侧倾稳定作用。4 根导向推力杆分上下 2 层错开布置，一般上层 2 根推力杆与车辆纵向中心存在一个水平夹角，下层 2 根推力杆与车辆纵向中心平行，4 根推力杆两端亦采用铰接方式进行连接，主要起承受车辆牵引力与制动力及车轮定位的作用。图 7.4 - 4 为油气悬架机构与车架、车桥间的连接示意图。

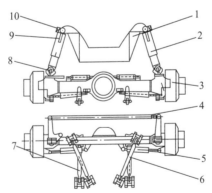

图 7.4 - 4　油气悬架机械系统结构示意图

1—车架；2—悬架油缸；3—轮辋；4—横拉杆；5—转向油缸；6—斜推力杆；

7—纵推力杆；8—油缸铰接；9—位移指示标记；

10—蓄能器连接液压节头

7.4.4　挂车悬架设计要点

在设计汽车列车悬架时，必须解决以下几个主要问题：1）悬架结构参数与整车参数及有关系统具有最佳的匹配，保证列车有良好的行驶性能；2）正确选择弹性元件、减振器及导向装置的最佳特性；3）确定悬架所有零部件的最合理的结构形式和尺寸，工艺性好，制造成本低；4）保证悬架中各零部件的必要可靠性及寿命；5）设计的悬架系统应保证各车轴相互平行并始终与车架垂直；6）悬架调整方便，润滑点少，使用维护费用低等。

挂车悬架基本参数的选择，主要是选择前后悬架的静挠度、动挠度，悬架弹性的特性、阻尼和它们相互之间的匹配。

无论是牵引车或挂车，前后悬架与其簧载质量组成的振动系统的固有频率，是影响列车行驶平稳性的主要参数之一。悬架的固有频率主要与其悬架的静挠度直接相关。一般来说，静挠度越大，弹簧越软，固有频率越低。

前、后悬架静挠度的匹配，对列车行驶平稳性影响也很大。一般希望前、后悬架的静挠度值及其固有频率都比较接近，以减少车辆共振的发生率。同时希望后悬架的静挠度小于前悬架的静挠度，以减少车身的纵向角振动。一般取 $f_{c2} = (0.7 \sim 0.9) f_{c1}$，其中 f_{c1}、f_{c2} 分别为前、后悬架的静挠度。

一般悬架的动挠度是按其相应的静挠度大小来选取，对于货运汽车列车，一般取 $f_d = (0.7 \sim 1.0) f_c$。动挠度小了，车轴冲击车架的次数、力度都有所增加，弹簧容易损坏，车架的寿命也受到影响。另一方面，动挠度增加，动应力也增大，弹簧的寿命也会减少。

减振器阻力系数的选择要与悬架的刚度和簧载质量相匹配。选择不恰当的减振器，可能不但起不到减振的作用，有时还会加剧车身的振动和冲击。悬架设计，可参考有关汽车设计的书籍。

7.5　挂车制动系统

7.5.1　引言

由牵引车拖带的挂车式发射车，因车身长、轴距大、载重大，若挂车（发射车）无制动系统，挂车的动能完全要由牵引车的制动系统来承担，将大大降低发射列车的制动性能。更为严重的是在发射列车制动过程中，挂车会撞击牵引车，造成机件和导弹的损坏，引起牵引车的侧滑，甚至发生倾翻。为了保证发射列车制动时的安全，挂车的各个车轮上也应安装制动器，以充分利用其附着力，提高发射列车的制动性能。

7.5.2　挂车制动机构

发射列车挂车的制动传动机构形式，主要随牵引车的制动传动机构形式而定。当牵引车具有压缩空气源时，挂车采用气压制动传动机构。

由于挂车离牵引车的气源较远，挂车应有自己的贮气筒，平时由牵引车对它进行充气。当挂车各车轮上的制动气室与贮气筒连通时，挂车便实现制动。与大气相通时，解除制动。实现制动还是解除制动，由挂车上的分配阀来控制，而挂车上的分配阀又由驾驶员通过牵引车上的制动阀来控制。

挂车分配阀的控制方式有放气制动（或称降压制动）和充气制动（或称升压制动）两种。不论采用那种挂车制动方法，都要在结构上满足挂车与牵引车的制动同时发生，最好挂车的制动略早于牵引车，否则挂车将撞击牵引车。

当挂车意外自行脱挂时，挂车能自行立即制动。

7.5.2.1　放气制动

放气制动是挂车制动采用较为普遍的控制方法，这种控制方法的制动传动机构和管路系统如图 7.5-1 所示。

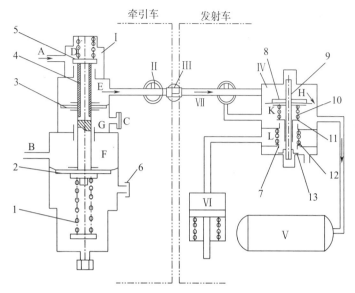

图 7.5-1　挂车放气制动系统示意图

Ⅰ—挂车制动阀；Ⅱ—分离开关；Ⅲ—气接头；Ⅳ—分配阀；Ⅴ—贮气筒；

Ⅵ—挂车制动气室；Ⅶ—挂车制动主管路；1—平衡弹簧；

2—传力活塞；3—平衡活塞；4—芯管；5—阀门；6—通气塞；

7—排气阀座；8—活塞；9—芯杆；10—进气阀弹簧；

11—进气阀；12—排气阀弹簧；13—排气阀

在牵引车上装有挂车制动阀，它由驾驶员通过牵引车制动阀间接控制。孔口 A 接牵引车通气管路，孔口 B 接牵引车制动阀出气口。不制动时，挂车制动阀气室 F 经牵引车制动阀通大气。在平衡弹簧的作用下，传力活塞、芯管、平衡活塞处于上限位置，芯管上口紧压着阀门，并将它顶离阀门座，牵引车的压缩空气，经孔口 A、气室 E 和挂车制动主管路充入挂车分配阀的上气室 H 中。分配阀在气室 H 和 K 中气压相等的情况下，进气阀关闭，排气阀打开，使挂车制动气室 L 与大气相通。此时，牵引车的压缩空气经气室 H、K 给挂车贮气筒充气。当贮气筒压力升高到一定值时（一般规定

0.5 MPa左右），挂车制动阀平衡活塞上的气压作用力正好压缩弹簧而使阀门落到阀座上，于是充气停止。若挂车贮气筒压力不符合规定，可调整平衡弹簧，以达到要求。

踩下制动踏板时，牵引车贮气筒的压缩空气经牵引车制动阀一方面进入牵引车制动室，使牵引车制动；另一方面经孔口 B 进入挂车制动阀的气室 F，推动传力活塞，压缩平衡弹簧，使芯管下移打开阀门，于是分配阀气室 H 的压缩空气经由阀门、芯管、放气口 C 与大气相通。活塞（图 7.5 - 1 中序号 8）的皮碗在气室 K（与挂车贮气筒相通）的压缩空气作用下，使活塞、芯杆上移，从而关闭排气阀，打开进气阀，挂车贮气筒的压缩空气经进气阀、气室 L，进入挂车制动室，实现挂车制动。

如果挂车意外地自行脱挂，挂车充气管路被拉断，挂车分配阀的气室 H 便立即通大气，挂车立即制动。此时要想解除挂车制动，以便推动挂车，必须将挂车上的分离开关转到关闭位置，使气室 H 与大气隔绝，而与气室 K 相通。这样使得活塞（图 7.5 - 1 中序号 8）上下气压平衡，芯杆和活塞就回到使进气阀关闭而排气阀打开的位置上，挂车便解除制动。

挂车与牵引车重新接好后，再将两车上的分离开关转到开启位置上。

7.5.2.2　充气制动

采用充气制动方法来控制挂车制动时，要求牵引车有两条供气管路，一条是对挂车贮气瓶进行正常充气的充气管路；另一条是加速分配阀的控制管路，它由牵引车制动阀引出。充气制动的制动传动机构和管路系统如图 7.5 - 2 所示。

挂车上的加速分配阀的结构如图 7.5 - 3 所示。工作原理如图 7.5 - 4 所示。

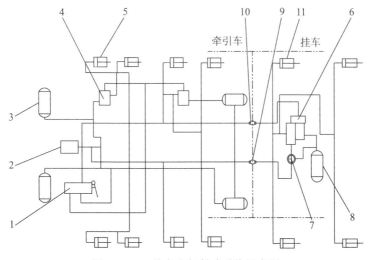

图 7.5 - 2　挂车充气制动系统示意图

1—牵引车制动阀；2—空气压缩机；3—贮气瓶；4—继动阀；

5—牵引车制动气室；6—加速分配阀；7—手动三通阀；

8—贮气瓶；9—充气接头；10—控制气接头

　　解除制动时，如图 7.5 - 4（a）所示，膜片阀（序号 2）上方的控制气室经牵引车制动阀通大气，锥形阀（序号 1）在弹簧的作用下关闭，膜片阀（序号 2）开启。膜片阀（序号 5）在从牵引车充气管路来的压缩空气的作用下，中部压在上阀座上，周边离开下阀座，锥形阀（序号 4）向上开启。牵引车空气压缩机提供的压缩空气经膜片阀（序号 5）周边与下阀座之间的间隙充入挂车贮气瓶。当挂车贮气瓶的压力升高到规定值时，膜片阀（序号 5）完全与下座贴合，停止充气。此状态下，挂车制动气室经锥形阀（序号 4）、导向活塞上的缺口和膜片阀（序号 2）与大气相通。

　　制动时，如图 7.5 - 4（b）所示，牵引车驾驶员踩下制动板，打开牵引车制动阀的活门，空气压缩机和贮气瓶提供的压缩空气经制动阀后分成两路，一路进入牵引车的继动阀（锥形阀，序号 4），打开相应的阀门，牵引车贮气瓶的压缩空气进入牵引车制动气室，实

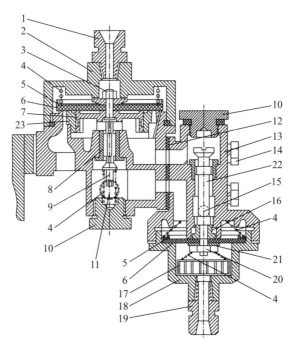

图 7.5 - 3　加速分配阀

1—控制管路接管嘴；2—阀盖；3—连接杆；4—弹簧；5—座圈；6—膜片；

7—导向塞；8—阀座；9—阀杆；10—螺塞；11—贮气瓶接嘴；

12—密封垫；13—阀体；14—螺栓；15—制动室接嘴；

16—止动套；17—滤网；18—阀盖；19—充气管路接嘴；

20—螺母；21—垫圈；22—阀杆；23—导向套

现牵引车制动。另一路通过挂车控制管路进入加速分配膜片阀（序号 2）的上方气室，迫使膜片阀（序号 2）向下移动，关闭排气阀，打开锥形阀（序号 1），挂车贮气瓶的压缩空气经锥形阀（序号 1 和4）进入挂车制动气室，实现挂车制动。

　　在列车行驶中，如果挂车发生意外脱挂时，挂车的控制管路和充气管路都断开，如图 7.5 - 4（c）所示，在挂车贮气瓶提供的压缩空气的作用下，膜片（序号 5）中部向下拱，离开上阀座，挂车贮气

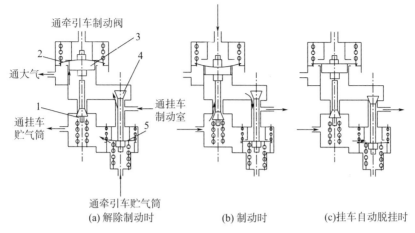

(a) 解除制动时　　　　　　(b) 制动时　　　　　(c)挂车自动脱挂时

图 7.5 - 4　加速分配阀工作原理

1—锥形阀；2—膜片阀；3—导向活塞；

4—锥形阀；5—膜片阀

瓶的压缩空气经膜片（序号 5）与上阀座之间的间隙，向挂车制动气室充气，实现挂车意外脱挂式，自行制动。

在挂车控制管路和充气管路都断开的情况下，不可能由牵引车向加速分配膜片阀（序号 5）下方气室充气以解除制动。此时要想解除制动，必须将挂车上的手动三通阀（如图 7.5 - 2 所示序号 7）搬动一个角度，使挂车贮气瓶与加速分配膜片阀（序号 5）下方气室相通，在挂车贮气瓶提供的压缩空气的作用下，膜片（序号 5）中部上移紧压在上阀座上，切断贮气瓶向挂车制动气室充气。同时锥形阀（图 7.5 - 4 中的序号 4）向上开启，挂车制动气室经锥形阀（序号 4）、导向活塞（序号 3）的缺口和膜片（序号 2）与大气相通，从而解除制动。

挂车与牵引车制动管路重新连接好后，应将挂车上的手动三通开关转回到原来的位置上。

7.5.3　挂车制动滞后与计算

7.5.3.1　挂车制动滞后

　　挂车的理想制动，应该是牵引车与挂车的全部车轮同时抱死。这样的制动效率最高，即制动减速度最大，制动距离最小，制动稳定性也好。但是，由于挂车的车身长、轴距大、制动管路长等原因，发射列车大都存在着挂车的制动滞后于牵引车的制动现象。由于挂车的制动滞后，列车在紧急制动时，牵引车会受到挂车的撞击而偏离行驶方向。牵引杆因撞击而受压，严重时会造成牵引机构的损坏和交通事故。制动滞后也会使制动距离增大，增加行车的不安全性。

7.5.3.2　制动滞后时间的计算

　　从踏下制动踏板的瞬时到挂车制动器建立起最大制动力的一段时间，称为制动滞后时间。以一全挂式发射列车制动系统为例，求证制动滞后时间的计算方法。

　　当司机踏下制动踏板时，制动总阀开启，空压机和贮气瓶里的压缩空气经制动总阀分成两路，一路通过挂车控制管路，进入挂车上的加速分配阀，打开相应阀门，挂车上的储气筒便向挂车制动室充气，推动制动气室活塞，实现挂车制动；另一路进入牵引车继动阀，打开相应阀门，牵引车上两个储气筒里的压缩空气进入牵引车制动室，实现牵引车制动。

　　从上述制动过程来看，挂车制动滞后时间应包括下列几个方面：气体从制动总阀扩张到加速分配阀的时间 t_1，加速分配阀的开启时间 t_2，气体从挂车储气筒扩张到挂车制动室的时间 t_3，制动气室起动时间 t_4，气室活塞运动的时间 t_5，气室活塞停止运动到压力升高到建立起最大制动力的时间 t_6，即

$$t = t_1 + t_2 + t_3 + t_4 + t_5 + t_6 \qquad (7.5-1)$$

　　牵引车上的继动阀相当于挂车上的加速分配阀，牵引车的制动滞后时间也有类似的计算公式，即

$$T = T_1 + T_2 + T_3 + T_4 + T_5 + T_6 \qquad (7.5-2)$$

挂车相对于牵引车的制动滞后时间为

$$\Delta t = t - T \qquad (7.5-3)$$

挂车制动气室内建立制动压力与所需时间的关系曲线如图 7.5-5 所示。

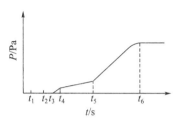

图 7.5-5　制动气室压力-时间曲线

公式（7.5-1）和公式（7.5-2）中各段时间计算如下。

（1）压力波的扩张时间 t_1、t_3 或 T_1、T_3

t_1、t_3 或 T_1、T_3 由下式计算

$$t_1 = \frac{L_G}{a} \qquad (7.5-4)$$

式中　L_G——管路长度，m；

　　　a——声速。当 $T = 290$ °K 时，其值等于 341 m/s。

（2）加速分配阀的开启时间 t_2

当压缩空气由制动总阀经挂车控制管路到达加速分配阀的控制腔后，压力开始升高，当压力升高到加速分配阀的开启压力时，加速分配阀便开启。此段时间可近似用绝热充气公式计算。

当 $P_2/P_s \leqslant 0.528$ 时

$$t_2 = 6.156 \times 10^{-2} \frac{V}{S \sqrt{T_s}} \left(\frac{P_2}{P_s} - \frac{P_0}{P_s} \right) \qquad (7.5-5)$$

当 $P_2/P_s > 0.528$ 时

$$t_2 = 0.115 \frac{V}{S \sqrt{T_s}} \left[\sqrt{1 - \left(\frac{P_0}{P_s} \right)^{\frac{1}{3.5}}} - \sqrt{1 - \left(\frac{P_2}{P_s} \right)^{\frac{1}{3.5}}} \right]$$

$$(7.5-6)$$

式中　V——气缸容积（包括管路和阀内形成的容积），m^3；

　　　T_s——绝对温度；

　　　P_s——供气压力，Pa；

　　　P_0——充气开始时容器内的压力，Pa；

　　　P_2——充气结束时容器内的压力，Pa；

　　　S——管路系统整体有效面积，m^2。

在制动气路中，当有 n 个阀类元件连接使用时，如已知各阀类元件的有效面积，便可根据下式求出整体有效面积

$$\frac{1}{S^2} = \frac{1}{S_1^2} + \frac{1}{S_2^2} + \frac{1}{S_3^2} + \cdots + \frac{1}{S_n^2} \qquad (7.5-7)$$

管路的有效面积，可根据管路的长度与内径的比值 L/d，通过参考文献 [1] 查得。

（3）气室的起动时间 t_4

挂车储气筒里的压缩空气，经由加速分配阀到达制动气室，直到气室压力升高至气室活塞的起动压力，气室活塞才开始运动。气室活塞启动压力为

$$P_k = \frac{F_r + N_k}{A} + P_0 \qquad (7.5-8)$$

式中　F_r——摩擦力，N；

　　　N_k——活塞开始运动时的载荷，N；

　　　P_0——大气压力，Pa；

　　　A——活塞面积，m^2。

气室活塞的起动时间仍可近似地用绝热公式（7.5-5）计算，只需用气室活塞的起动压力 P_k 取代 P_2 即可。

（4）气室活塞运动时间 t_5

气室活塞开始运动到使制动蹄与制动鼓压紧后停止运动的时间，采用下式计算

$$t_5 = 0.004\,92K\frac{D^2Z}{S} \qquad (7.5-9)$$

时间系数 K 可由惯性系数 J 和摩擦系数 G 的值，通过参考文献

[57] 查得

$$J = 0.012\,9\,\frac{P_{\mathrm{H}}D^6Z}{WS^2} \tag{7.5-10}$$

$$G = 1.273\,\frac{F_{\mathrm{r}}}{P_{\mathrm{H}}D^2} \tag{7.5-11}$$

式中　P_{H}——供气压力，Pa；

　　　D——气缸内径，cm；

　　　Z——气缸行程，cm；

　　　W——气缸传动装置平移部分的重力，N；

　　　S——回路的有效截面积，mm^2。

（5）气室活塞停止运动到气缸压力升高至最大制动力所需时间

气室活塞停止运动后，气室内的压力继续升高直到达到最大制动力。最大制动力取决于地面附着力，即

$$F_{\max} = N\varphi \tag{7.5-12}$$

式中　N——地面对车轮的垂直反力；

　　　φ——路面附着系数。

制动气室内对应最大制动力的压力为 P_{a}，气室活塞停止瞬时压力为 P_{b}，气室内压力从 P_{b} 升高到 P_{a} 的时间 t_6 仍采用绝热充气公式（7.5-5）、公式（7.5-6）计算。气室活塞停止瞬时的压力 P_{b} 由下式计算

$$P_{\mathrm{b}} = \frac{F_{\mathrm{r}} + N_{\mathrm{T}}}{A} + P_0 \tag{7.5-13}$$

式中　N_{T}——活塞运动停止时的载荷，N。

7.5.3.3　汽车列车制动滞后试验

汽车列车处于静止状态时，对汽车列车实施原地紧急制动。测量挂车及牵引车制动气室、控制管路等处压力与时间，并绘出其关系曲线，用以判断挂车及牵引车的制动滞后时间。在各测量点上安装 PBR-2 型压力传感器，压力传感器的输出信号经 YD-15 型动态

仪放大，用 SC - 16 光线示波器记录在相纸上。

7.5.3.4　计算试验实例

已知某汽车列车制动总阀到加速分配阀的控制管路长 $L_1 = 25$ m，挂车储气筒到挂车前、后轴制动气室的管路分别长 $L_3 = 10$ m、$L_2 = 20$ m；加速分配阀控制腔容积 $V_1 = 0.1 \times 10^{-3}$ m³，阀门有效面积 $S_1 = 40$ mm²、$S_2 = 20$ mm²，开启压力 $P_1 = 0.049$ MPa；挂车储气筒压力为 $P_2 = 0.52$ MPa；制动总阀到继动阀的管路长 $L_I = 6$ m，牵引车储气筒到牵引车后轴制动室的管路长 $L_{II} = 10$ m；继动阀控制腔容积 $V_I = 0.05 \times 10^{-3}$ m³，阀门有效截面积 $S_I = 50$ mm²，开启压力 $P_I = 0.049$ MPa；牵引车储气筒压力 $P_{II} = 0.52$ MPa；挂车、牵引车制动气室初始容积 $V_0 = 0.118 \times 10^{-3}$ m³，最大容积 $V_m = 0.5 \times 10^{-3}$ m³；制动总阀进口压力 $P = 0.64$ MPa，阀门有效面积 $S = 80$ mm²；牵引车、挂车制动气室内径 $D = 100$ mm，工作行程 $Z = 70$ mm，气室移动部分的质量 $m = 10$ kg，停止运动时的载荷 $N_T = 280.5$ N，活塞摩擦力 $F_r = 49$ N，开始运动时的载荷 $N_k = 113.8$ N。计算列车原地紧急制动时，牵引车、挂车后轴制动室内压力达到 $P_a = 0.26$ MPa 时的滞后时间。

运用前面给出的公式计算，结果如下：

1) 挂车

$$t_1 = 0.09 \text{ s}, \ t_2 = 0.04 \text{ s}, \ t_3 = 0.06 \text{ s}, \ t_4 = 0.03 \text{ s},$$
$$t_5 = 0.35 \text{ s}, \ t_6 = 0.49 \text{ s},$$
$$t = t_1 + t_2 + t_3 + t_4 + t_5 + t_6 = 1.06 \text{ s}$$

2) 牵引车

$$T = 0.41 \text{ s}$$

3) 挂车相对于牵引车的制动滞后时间

$$\Delta t = t - T = 0.6 \text{ s}$$

本例的试验结果为：$t_{sg} = 1.6$ s，$T_{sq} = 0.38$ s，$\Delta t = 1.22$ s（t_{sg}，t_{sq} 分别为挂车、牵引车试验制动时间）。可见，挂车的理论计算与试验结果相比差异较大。其主要原因在于：

1) 本试验用的加速分配阀（QH20 - 75）质量较差、灵敏度差，其阀门的开口量又较小且不容易保证。阀门的实际有效面积有可能比理论计算取的值还要小，因而造成挂车制动滞后时间的试验值较大，而理论计算值偏小。

2) 在理论计算中，只考虑了制动总阀、继动阀、加速分配阀等阀的有效截面积，实际上，列车制动系统（特别是挂车制动系统）尚有一些单向阀、接头、弯头、制动软管等元件，如果考虑它们的影响，整体有效截面积 S 将变小，理论计算结果就会增大。如果在理论计算中定量地考虑这些元件的影响，将整体有效面积 S 乘以修正系数 K（$K = 0.7 \sim 0.9$），这样计算得到的滞后时间就比较准确。但我们认为，仅通过某一制动系统的试验，就给出一个修正系数不妥，故在本书的理论计算中，对上述因素未加考虑，从而使得计算值偏小。

3) 列车制动过程中，各阀门的开口量随着制动气室内压力的升高而变小，即控制阀门的有效截面积是时间的函数，这使制动滞后时间的计算变得更加复杂，本书的理论计算，将各控制阀门的有效截面看作常数，并取其最大值，这也在一定程度上使理论计算值偏小。

7.5.3.5　影响制动滞后时间的因素

制动滞后时间的长短，除了受驾驶员踏制动踏板的速度影响外，通过上述计算与试验结果表明还与下列因素有关：

1) 制动管路过长，管径选择过小，使制动滞后时间增大。压缩空气在管内流动时，由于流体的黏滞性，在气体内部和气体与管道壁之间就必然会产生摩擦阻力，这种阻力阻碍气体的流动，气体为克服这种阻力而造成压力损失。管路越长，管径越小，压力损失就越大。而且，长管路形成的容器具有储气罐的作用，向储气罐中充气建立压力也需要时间。因此，制动气室内压力建立总是滞后于输入端的压力。

2) 制动系统中各阀门的开口量直接影响制动滞后时间。制动系统中，各控制阀门的开口量设计过小，造成制动滞后时间增大。本试验用的加速分配阀（如图 7.5 – 3 所示），就存在开口量较小的问题。

3）储气筒内压力高低对制动滞后时间也有明显的影响，牵引车及挂车储气筒内压力高，滞后时间减小，而压力低，滞后时间增大。

第8章 电气系统设计

电气系统设计，包括控制系统设计和供配电系统设计。不同功能的火箭导弹发射车，或功能相同但自动化程度不同的发射车，电气系统有所不同。早期拖挂式发射车的电气系统，主要用来提供照明、信号指示、传递控制信号和操纵电机、电磁阀门等，完成发射车的展开、起竖导弹、回抱撤收和转载导弹。多功能火箭导弹发射车的电气系统，除了具备上述功能外，一般还随车带有发电机组、导弹温控系统、发射测试系统、发控系统、通信系统、导航定位系统、定向瞄准系统、供配电系统等。车载控制设备的种类增多，相应的受控对象数目增多。

8.1 控制系统设计

火箭导弹发射车的控制系统设计方案归纳起来有三种：

1）继电器控制方式；

2）微型计算机控制方式；

3）可编程控制器控制方式。

另外，控制器局部网，也称 CAN（Controller Area Network）总线，是近些年来非常流行的几种总线之一。CAN 总线是一种多主方式的串行总线，可以组建多主对等的总线通信系统；具有非破坏性总线仲裁技术，让优先级高的信息得到更加快速的处理；具有强大的错误检测机制，可以检测到总线上的任何错误；采用短帧结构、位填充和 CRC 校验等措施，使传输具有高可靠性。这些优点使 CAN 总线在多功能火箭导弹发射车控制系统中得到广泛的推广和应用。

8.1.1 继电器控制方式

早期的拖挂式导弹发射车，多采用继电器控制方式，这种控制方式后期已逐步为微机控制所代替。采用继电器控制方式的实例如图 8.1-1 所示。

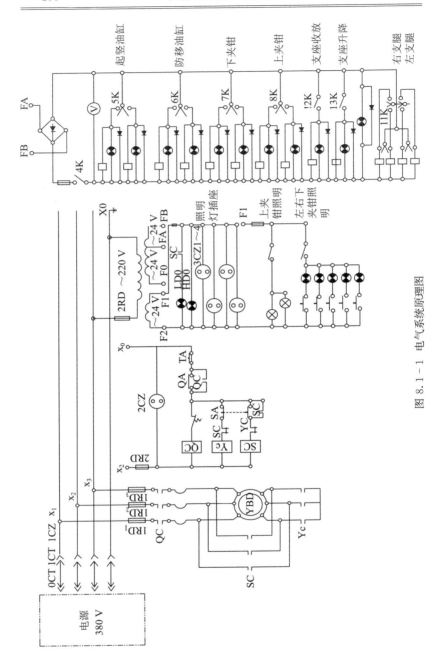

图 8.1 - 1　电气系统原理图

图 8.1－1 电气系统原理图由三部分组成：油泵电机控制，照明及信号指示，全部电磁阀控制。

8.1.1.1 电机控制

电机控制是指带动油泵的电机启动、运行、停止及保护。它由 3 台相同的接触器 QC、YC、SC，1 台热继电器 RJ 及控制按钮 QA、SA、TA，信号指示灯 LD0，保险器 1RD1、2RD1、3RD1 等组成。由外部提供 380 V 交流电。

电机启动时为降低启动电流，采用 Y 接线启动，而后转换成 △ 接线工作。当按下启动按钮 QA 时，接触器 QC、YC 同时吸合，电动机绕线组结成 Y 启动。电动机工作 2～3 s 达到额定转数后，再按下工作按钮 SA，接触器 YC 断开，SC 吸合，电动机绕线组转接成 △ 工作。与此同时，显示电动机正常工作的信号灯 LD0 亮。当按下停止按钮 TA 接触器 QC、SC 断开，电动机断电停止工作。

装在电动机控制线路中的三相热继电器 RJ 和保险丝 1RD1～1RD3，分别用于对电机的过载保护和短路保护。保险丝 2RD 是对控制回路的保护。电动机控制回路中的插座 2CZ，用于电气系统维修用电，电烙铁转接 220 V 交流电源。

8.1.1.2 照明及信号指示

系统中提供了 24 V 照明插座 4 个，即 3CZ1～4。闭锁装置（上、下夹钳）均设有工作到位的行程开关和到位信号指示灯，考虑到导弹起竖呈垂直状态，专为处在高空的上夹钳设置了照明信号灯。

8.1.1.3 电磁阀的控制

当合上开关 4 K 时，回路中的电压表指示出直流电压为 27 V。

控制回路中装有 3 位钮子开关 5K～11K 和 2 位钮子开关 12K、13K，分别控制着相关电磁阀，实现起竖臂的升降、支腿油缸的伸缩、上夹钳的开关、下夹钳油缸的提放、防移油缸的顶紧与松开、起竖油缸底座的提升与下降或收起与下放。

8.1.2　可编程控制器方式

可编程逻辑控制器（PLC）是一种数字运算操作的电子系统，专为在工业环境下应用而设计。它采用一类可编程的存储器，用于其内部的存储程序，执行逻辑运算、顺序控制、定时、计数和算术操作等方面向用户的指令，并通过数字式或模拟式输入/输出控制各种类型的机器或生产过程。

PLC 是为工业环境下应用而设计的专用计算机，它可靠性高，抗干扰能力强，编程简单，易于安装，便于维修。PLC 的顺序逻辑控制取代了传统的继电器顺序控制，要改变控制逻辑，只需改变程序即可。

PLC 的硬件配置如图 8.1-2 所示，PLC 通过模拟量 I/O 模块，

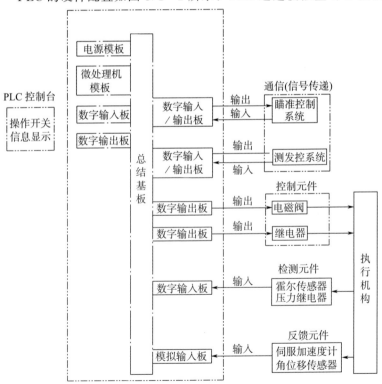

图 8.1-2　PLC 的硬件配置

实现 A/D 转换和 D/A 转换，并对模拟量实行闭环比例-积分-微分（PID）控制。当某个变量出现偏差时，PID 控制算法会计算出正确的输出，把变量保持在设定值上。

　　PLC 具有远程通信能力，可与测发控系统等进行数据通信，从而实现了集中管理、分散控制的分布式控制，为整个地面设备实现自动控制奠定了基础。

　　PLC 和微机控制在设计上有许多是共同的，系统设计和软件设计中的各种细节可参阅有关专著。

8.1.3　微型电子计算机控制方式

　　随着电子计算机技术的迅速发展、计算机的成本下降，它在控制系统中的应用也越来越广泛。

　　计算机控制系统的硬件包括微处理器（CPU）、内存储器（ROM、RAM）、模拟量和数字量输入/输出通道、开关量输入/输出通道、人机对话设备、运行控制台等，它们通过系统总线构成一个完整的系统，如图 8.1 - 3 所示。

　　微机控制部分的软件包括操作系统和实用程序。操作系统包括 CPU 管理、存储器管理、输入输出管理、文件管理等。实用程序根据控制动作的要求编写，编写实用程序可以用机器语言、汇编语言和高级语言。

　　发射车微机控制部分应具有如下功能：

　　1）可按不同的工作状态完成预定的工作。这些工作状态是指自动状态（按顺序完成规定工作）、步进状态（完成某一步动作后按键才转向下一步）和选步状态（可从任意步开始顺序执行，也可按操作员的意愿执行任意步）。

　　2）能实现无条件转移。用强制执行的办法顺序完成各组动作。当检测元件、反馈元件发生故障时，可采用这种方法。

　　3）能实现条件转移。当系统故障使某步动作未能在规定的时间内完成时，可以等待，直到这一动作完成才转入下一步。

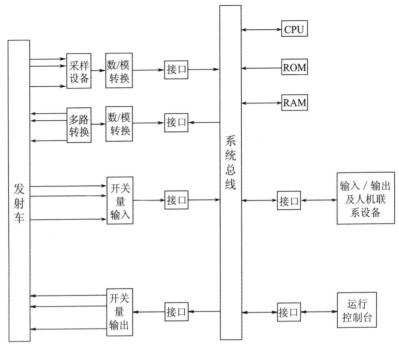

图 8.1 - 3　微机控制硬件组成

4）可显示当前状态。当前状态是指正在执行的程序步号、起竖角度值、调平误差值等。

5）能进行故障查寻。能显示故障的输入、输出通道编码和对传感器等进行断线识别和溢出判定，并显示相关信息。

6）能进行人工干预。对某些重要组件可以进行人工干预，使之急停而不影响整套动作的顺序执行。在选步状态下，可在控制台上使液压系统或电气系统的任何一个控制元件（如电磁阀、继电器等）或任一个执行机构动作。

微机控制的使用环境应适应发射车的使用环境，如温度、湿度、振动冲击环境等。如不能适应，应采取措施。要注意提高可靠性和防止电磁干扰。

8.1.4　CAN 总线技术在发射车控制系统中的应用

8.1.4.1　目的与意义

多功能火箭导弹发射车具有导弹装填、运输、短期存放、信息化指挥、测发控、供配电、调平起竖、导航定位、定向瞄准以及温控等多种功能。这些功能的集成使得车载控制设备的种类大大增多，相应的受控对象数目增多，如果沿用原有的集中控制方式，则带来布线困难、扩展不便、易受干扰等诸多问题。

采用 CAN 总线技术作为发射车电气控制系统的通信网络结构，按照分布式系统的要求，进行各节点控制单元的布置，采用"主控从协"的控制策略，实现发射车多项控制功能。CAN 总线技术的应用，很好地解决了控制设备种类多、受控对象数目多、布线困难、扩展困难等诸多难题。为发射车的信息共享和资源共享，实现自动化、智能化和远程控制等提供了技术基础。

8.1.4.2　CAN 总线的产生与特点

随着计算机硬件、软件技术及集成电路技术的迅速发展，工业控制系统已成为计算机技术应用领域中最具活力的一个分支，并取得了巨大进步。由于对系统可靠性和灵活性的高要求，工业控制系统的发展主要表现为控制面向多元化、系统面向分散化。

分散式工业控制系统就是为适应这种需要而发展起来的。这类系统是以微型机为核心，将 5C 技术——计算机技术、自动控制技术、通信技术、显示技术和转换技术紧密结合的产物。它在适应范围、可扩展性、可维护性以及抗故障能力等方面，较之分散型仪表控制系统和集中型计算机控制系统都具有明显的优越性。

典型的分散式控制系统由现场设备、接口与计算设备以及通信设备组成。现场总线能同时满足过程控制和制造业自动化的需要，因而现场总线已成为工业数据总线领域中最为活跃的一个领域。现场总线的研究与应用已成为工业数据总线领域的热点。CAN 总线正是在这种背景下应运而生的。

CAN 总线是近些年来非常流行的几种总线之一。CAN 总线是一种多主方式的串行总线，可以组建多主对等的总线通信系统；具有非破坏性总线仲裁技术，让优先级高的信息得到更加快速的处理；具有强大的错误检测机制，可以检测到总线上的任何错误；采用短帧结构、位填充和 CRC 校验等措施，使传输具有高可靠性。这些优点使 CAN 总线在众多工业领域尤其是汽车、航天等产业中得到了广泛的推广和应用。

CAN 总线与一般的通信总线相比，它的数据通信具有突出的可靠性、实时性和灵活性。其特点如下：

1）CAN 是具有国际标准的现场总线；

2）CAN 为多主工作方式，网络上任何一个节点均可在任意时刻主动地向网络上其他节点发送信息，而不分主从；

3）在报文标识符上，CAN 上的节点分成不同的优先级，可满足不同的实时要求，优先级高的数据最多可在 134 μs 内得到传输；

4）CAN 采用非破坏总线仲裁技术，当多个节点同时向总线发送信息出现冲突时，优先级低的节点会主动地退出发送，而优先级高的节点可以不受影响继续传输数据，从而大大节省了总线冲突的仲裁时间，尤其是网络负载很重的情况下，也不会出现网络瘫痪的情况（以太网则可能）；

5）CAN 节点只需通过报文的标识符滤波即可实现点对点、一点对多点及全局广播等几种传送接收数据方式；

6）CAN 的直接通信距离最远可达 10 km（速率 5 kbps 以下），通信速率最高可达 1 Mbps（此时通信距离最长为 40 m）；

7）CAN 上的节点数主要取决于总线驱动电路，目前可达 110 个，在标准帧的报文标识符有 11 位，而在扩展帧的报文标识符（29 位）个数几乎不受限制；

8）报文采用短帧格式，传输时间短，受干扰概率低，保证了数据出错率极低；

9）CAN 的每帧信息都有 CRC 校验及其他检错措施，具有极好的检错效果；

10）CAN 的通信介质可以为双绞线、同轴电缆或光纤，选择灵活；

11）CAN 节点在错误帧的情况下具有自动关闭输出功能，而总线上其他节点的操作不受影响；

12）CAN 总线具有较高的性能价格比，它结构简单，器件容易购置，每个节点的价格较低，而且开发技术容易掌握，能充分利用现有的单片机开发工具。

8.1.4.3　分布式电气系统控制方案

针对 CAN 总线分布式控制的特点，按照分布式的结构进行节点规划。将传感器和执行器按照分布情况进行整合，依照就近原则，按控制区域、辅以对象关联性考虑，制定节点控制单元划分的原则。

这一划分原则能很好地适应火箭导弹发射车上传感器和执行器遍布全车的特点，能缩短线缆长度，易于布置，有利于提高系统的抗干扰能力。并且，在保证节点单元后备适量硬件接口的条件下，对于添加或取除传感器或执行器，更易于实现调整或更改。也易于适应传感器、执行器位置变化情况的出现。

目前火箭导弹发射车上绝大部分的传感器都是开关量信号，或 4～20 mA 电流信号；绝大部分执行器都是开关量控制。由于多数传感器、执行器的电气参数具有典型的一致性，因此易于实现大部分电路的通用型设计。各控制单元采用通用的控制主板与典型功能扩展板组合的方式。采用这种硬件设计方案，可以简化、减少、统一电路的种类，组合方式更加灵活，也有利于实现三化设计和提高可靠性。

分布式电气控制系统中，通过 CAN 总线网络，所有操作都通过发射车的上位机完成。在控制过程中，上位机依照控制流程的要求向网络内各 CAN 节点控制单元发送指令，最大程度地自动完成发射车的各种控制功能。避免人为误操作，并能缩短发射准备时间。同时，系统能够进行设备自检和故障诊断，能够存储总线上传输的数据内容、历史故障信息和操作日志等内容，为指挥员决策以及系统的管理、维护提供依据。在控制过程中，一旦发现当前使用的总线通道出现故障，则将故障信息由备用通道发送至总线，同时所有控制单元将通信内容转至备用总线通道，控制系统继续正常工作。

系统的结构示意图如图 8.1 - 4 所示。系统中由一台监控计算机和一台主控制器组合成冗余结构，构成系统的上位机。

监控计算机直接管理、控制总线上所有的节点控制单元，通过 CAN 总线获取和存储操作日志、总线状态、各节点单元的工作状态、主要数据及历史故障等详细内容。并且，能够进行已存储信息的查询；能够进行电子地图匹配计算，显示导航定位信息；能够进行故障诊断；能够向控制单元发送指令，完成相应的控制工作，包括行军过程中的控制、手动（调试）控制等。

主控制器进行发射过程中的配电、调平瞄准、起竖等控制操作。分布式电气系统控制中的各子系统，采用一个或多个 CAN 节点控制单元，由上位机通过指令进行控制，从而实现各自的功能。

8.1.4.4　系统的控制策略及节点单元控制软件架构

采用"主控从协"的控制策略。主控从协策略是指上位机负责全部直接控制指令的发送，接收来自各节点控制单元采集的数据，在内部控制算法的支持下，实现对执行器的控制。节点控制单元是介于监控计算机和受控器件之间的控制单元，其中大部分控制单元仅负责采集数据和对执行器的控制，功能相对单一，内部无特殊的控制算法，无自主性，少部分节点控制单元用于实现某些特殊的功能，如瞄准、定位等节点控制单元。

在这种控制策略下，尽管上位机要处理大量的数据，程序复杂，但控制流程清晰，软件易于编写和维护。对于各节点控制单元（不包括控制程序独立那些节点控制单元），在各自接口统一的前提下，可共用一套通用的控制软件，更易于调试和维护。这有利于三化设计。下面以节点控制单元的软件为例，来说明分布式控制系统软件的基本结构。

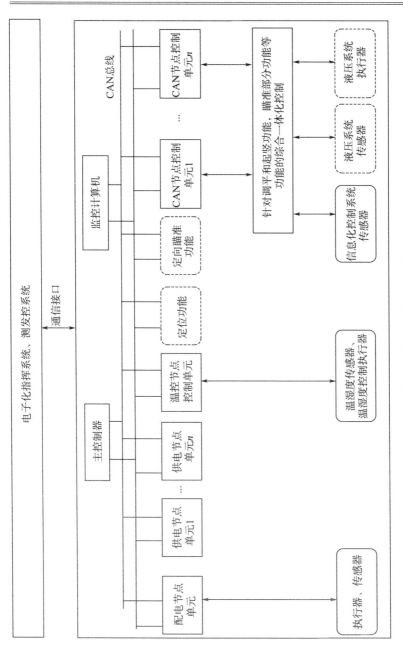

图 8.1 - 4　分布式控制系统网络结构示意图

CAN 节点控制单元的控制软件，驻留并运行在不同的 CAN 节点控制单元内，无论是通用型软件还是自主型软件，它们的软件架构可分为 3 层：

1）最底层为驱动层，含 CPU 初始化、CAN 驱动支持、输入/输出（I/O）、模数转换（AD）、数模转换（DA）等驱动；

2）第二层为 CANopen 协议层和数据封装层，CANopen 协议层主要完成两大任务，一方面将发送数据按照 CAN2.0B 的通信标准进行编码，另一方面将接收数据进行数据解析，获取传输的信息内容；

3）第三层为应用程序层，含数据发送、指令解析和算法控制等。

在一定程度上，软件分层结构有利于实现三化设计。

8.1.5　火控系统

火控系统，全称火力指挥与控制系统，是控制射击武器自动实施瞄准与发射的装备总称，是多功能火箭导弹发射车的重要组成部分。

8.1.5.1　控制原理

火控系统的控制原理如图 8.1 - 5 所示。

接到作战命令后，启动火控计算机、操作控制台（远程控制器）、车载方向仪、北斗或 GPS/GLONASS 定位仪，根据敌方目标坐标和定位仪测定的出发点坐标，导航发射车驶向发射区域，临近发射区域时，火控计算机首先根据气象仪测量的气象参数，车载寻北仪的北向角，定位仪给定的发射车坐标，操控台输入的弹道参数、目标坐标，自动进行弹道解算、射击诸元解算、操瞄解算并控制发射车随动系统瞄准到位。火控计算机实时采集方位仪的北向角、发射车的纵向角、横向角，方位、高低角传感器测到的方位角高低角，控制发射车瞄准系统的稳定性。接到上级指挥系统的发射命令后，启动发射按钮，按既定的发射弹数和控制时序，在预定的时间间隔内依次点火发射火箭、导弹。发射完成后，归零到行军状态，准备撤出发射区。

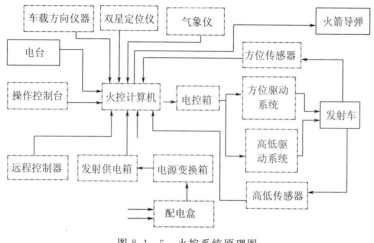

图 8.1-5　火控系统原理图

8.1.5.2　信息流程

火控系统信息流程如图 8.1-6 所示。流程包括 8 个步骤：

1）根据作战命令，键盘输入目标区经纬度坐标值；

2）确定发射车所在经纬度值；

3）选择航线，导航发射车到作战区；

4）采集作战区气象数据；

5）计算射击诸元；

6）控制发射车到发射位置，给出发射命令；

7）满足发射要求，发射火箭导弹；

8）发射结束，控制发射车到行军状态，返航。

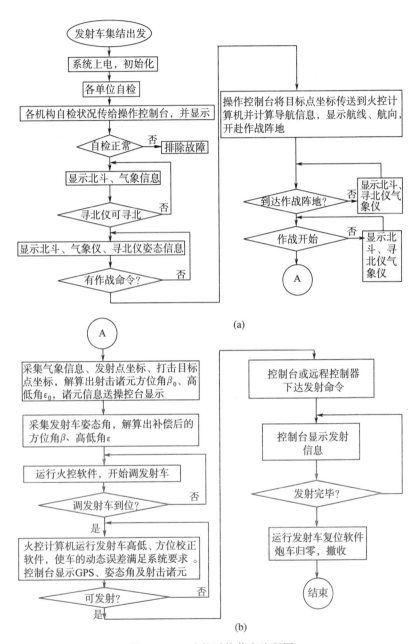

图 8.1-6　火控系统信息流程图

8.2 供配电系统设计

8.2.1 供电系统的组成及特点

8.2.1.1 供电系统的组成

电源是火箭导弹发射车的重要组成部分，导弹起竖、导弹测试与发射控制、温控系统、指挥通信系统、定位、定向和瞄准等系统等都需要供电，电源质量优劣直接影响着各种电子设备能否安全可靠地工作。

供电系统一般由发电设备、配电设备、输电设备等部分组成。

（1）发电设备

多功能火箭导弹发射车的发电设备（将其他能源转变为电能）也称一次电源，大致有 4 种模式：柴油发电机组，汽车底盘取力带动发电机，蓄电池供电，或上述几种模式的组合。

当导弹起竖系统采取由汽车底盘取力带动液压油泵驱动起竖油缸完成导弹起竖的条件下，电源功率减少，采用蓄电池组为其他用电系统供电，成为战术导弹多功能发射车的一种清洁能源选择。

（2）配电设备

多功能火箭导弹发射车的用电设备多，而且分布在整个发射车上。配电设备的任务是按照各个用电设备的要求，把电能合理地分配给它们。由于系统中各种用电设备要求不同的电压、电流、频率以及电能品质指标，必须经过变电设备的改变，以满足它们的各自要求，也称为二次电源。

（3）输电设备

输电设备的任务是把电能传输到各用电设备。火箭导弹发射车采用电缆输电。

8.2.1.2 供电设备的特点

供电设备的体积、质量直接影响发射车的机动性和灵活性。电源的性能指标与导弹发射的可靠性紧密相连。自动化的程度，直接影响武器系统的快速反应能力。发射车的随车供电设备有如下特点：

1) 体积小、质量轻，供电容量小，一般供电总容量在十几千瓦到几十千瓦；

2) 适应能力强，适应高温、低温及车载越野行驶的要求；

3) 供电品质指标高，供电电压、频率、波形等都有高要求；

4) 供电可靠性高，可靠度要求常为 98%，若供电系统运行中发生供电中断，将贻误战机，降低生存能力。

8.2.2　供配电系统设计

供配电系统设计要根据设计任务书的要求进行。设计任务书的要求一般包括以下内容：

1) 自然环境条件，如海拔高度、工作温度、高、低温度等，越野机动要求，最高车速、续驶里程、振动加速度等；

2) 供电方式，供电设备，供电程序，供电用量，供电品质等；

3) 供电工况，如行驶状态、待机状态、贮存状态等工况下的供配电要求等；

4) 安全性、可靠性、维护性等。

下面举例说明供配电设计的主要内容和方法。图 8.2-1 是一种多功能火箭导弹发射车的供配电系统方案设计示意图。

图 8.2-1 中，柴油发电机组输出的工频交流电，与市电的输入并联（互锁），经交流配电箱配电后，为空调和温控系统及车载电子设备、AC/DC 提供交流用电，交流配电箱具备市电/机组切换功能。AC/DC 主要给导弹地面设备供电和给射前对火工品电路供电。当市电/机组出现故障时，可采取汽车取力的发电机供电。汽车取力发电是发电机组的备份。在行军时，整车系统用电由发电机组提供。

8.2.2.1　发电机组选型

导弹发射程序确定后，供电系统的负荷曲线便是已知的。供电系统的供电容量为

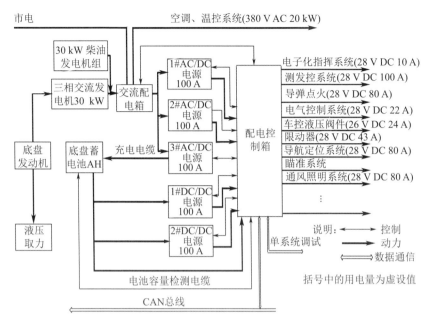

图 8.2-1　供配电系统示意图

$$S_{sm} = S_{Lm}(1 + \alpha) + \Delta S \qquad (8.2-1)$$

式中　S_{sm}——供电系统的供电容量，kW；

S_{Lm}——负荷曲线中最大负荷量，kW；

α——备用系数，$\alpha = 0.05 \sim 0.1$；

ΔS——输电线路的功率损失，kW。

根据 S_{sm} 值和其他要求选择发电机。柴油机的功率应为

$$P_N \geqslant \frac{S_{sm}}{\eta_1 \eta_2 \eta_3} \qquad (8.2-2)$$

式中　P_N——柴油机的功率，kW；

η_1——发电机效率，$\eta_1 = 0.83$；

η_2——海拔 3 000 m，+40 ℃功率修正系数，$\eta_2 = 0.735$；

η_3——传动效率，$\eta_3 = 0.95$。

8.2.2.2　控制箱

控制箱由控制主机［主机资源包括 2407DSP、16 路 10 位 A/D、

最多 40 路通用 I/O 输入/输出和两个 CAN 通信接口、1 个异步串行接口（SCI）、1 个同步串行口（SPI）]、直流变换器、电压/电流传感器、继电器、直流接触器等组成。

在自动方式下（或手动方式，由各操作按钮发出操作指令），接通相应继电器，完成发电机组控制和电源及配电任务控制。同时，发电机组状态、电源状态、负载接通状态由布置在控制箱上的电压、电流等仪表及相应状态指示灯显示，并通过 CAN 总线发送到中央控制单元显示。

8.2.2.3　交流配电箱

由图 8.2 - 1 可知，交流配电箱处于核心位置，联系着发电设备（包括发电机组和底盘取力发电）和供电设备（AC/DC 电源和发射车电子设备）。它的主要功能为：

1）通过 CAN 总线接收来自中央控制单元的操作指令，完成发电机组的控制功能（启、停、调速、发电控制）；

2）通过 CAN 总线接收来自中央控制单元的操作指令，完成对用电负载的配电功能；

3）检测发电设备和各个供电设备及负载的状态信息，按中央控制单元远程请求实时发送状态数据及故障报警信号；

4）保证在总线控制方式失败或单机控制方式下，能利用保留的手动操作功能完成启动机组、发电和负载配电的任务等。

在自动方式下，中央控制单元的指令通过 CAN 接口下达到配电控制 CPU，再由 CPU 根据操作程序驱动 I/O 口，接通相应继电器，完成机组控制、配电操作。发电机组状态、各电源状态通过 A/D 转换送入配电控制 CPU，由 CPU 按通信协议将数据打包，通过 CAN 总线发送到中央控制单元显示。发电机组、各电源及负载接通状态、保护和报警信号由 I/O 口循环检测，结果由 CPU 打包送入中央控制单元。单系统调试模式为单系统功能调试时使用，通过 RS - 232 口连接调试计算机，控制功能同自动方式，完成自动方式下所有功能的单系统验证和调试。

另外，供配电系统的一次电源采用发射车底盘蓄电池，如图 8.2 - 2 所示。在短程战术导弹发射车上也得到应用。

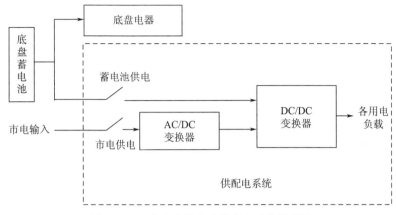

图 8.2 - 2　车底盘蓄电池供配电系统示意图

供配电系统的工作原理：在发射阵地和技术阵地，均采用底盘蓄电池作为供配电系统的一次电源，经过 DC/DC 变换器后，形成相互隔离的直流输出为各负载供电；在技术阵地也可选用市电作为一次电源，经 AC/DC 和 DC/DC 变换后，形成相互隔离的直流输出为各负载供电，底盘蓄电池的充电则由发射车底盘充电发电机提供。

该方案优点：使系统操作简单、可靠，不用专门安排蓄电池充电（只要底盘发动机启动，蓄电池就会处于浮充状态）；成本大幅度下降；系统体积、质量减小；系统内单机的数量减少，便于维护等。

8.2.3　供配电系统的发展方向

为适应导弹机动快速发射的需要，研发轻小、可靠的汽车取力发电和变速恒压、变速恒频系统，研发多种燃料转子发动机、燃气轮机等体积小、质量轻的新一代发动机和发电机组。为适应伪装、静音的要求，研发低噪声机组和高比能的燃料电池以及高精度的能量自动管理单元。为提高电源品质和供电可靠性，研发可逆励磁调节器和无须调压的纯永磁发电机。研发自动诊断、自动保护和具有远程通信功能的新型 CAN 总线模块。在系列化、模块化、多机自动并联上开展工作。

　　未来国际电力电子技术主要发展方向为高度集成化，已出现高压集成电路（HVIC）和智能集成电路（SmartPIC）。未来将功率器件、各种 AC/DC、DC/DC、DC/AC 主回路拓扑与逻辑、模拟控制电路及传感、保护等电路集成于一个器件芯片内，这样一个功率器件就是一台电源。将使未来电源的体积、质量大幅减少，各项电气性能参数大幅提高。

第9章　定位定向与瞄准

随着侦察技术的发展和武器打击精度的提高，导弹武器系统的战场生存能力受到严重的威胁，有依托、固定阵地的导弹发射，已无法适应未来信息化战争的需要。实现机动、任意点、随机发射是提升发射装备生存能力、快速反应能力的重要途径。为此，发射装备自主定位、定向和快速瞄准技术是必须重点攻克的技术问题。

9.1　定位技术

用于确定导弹发射点的大地坐标（经纬度），是实现机动无依托发射的关键技术之一，且定位精度直接影响导弹的命中精度。目前，国内外定位技术主要有卫星定位、惯性定位、无线测量定位、地理信息定位及组合定位等。

9.1.1　卫星定位

卫星定位具有定位精度高、设备简单、操作方便成本低等特点。目前卫星定位有美国的 GPS、俄罗斯的 GLONASS 和正在建设中的欧洲的伽利略系统及中国的北斗系统。卫星定位受电磁干扰及其他因素制约，在军事领域的应用受到一定程度的限制。

9.1.2　惯性定位

惯性定位系统是由惯性平台、计算机、控制显示器和车载电源等组成的车载定位导航系统。惯性定位系统的一般工作原理为：首先对平台系统通电加温，约 20～40 min 后，启动平台，当达到规定温度后，平台自动调平。利用平台上的陀螺水平轴与北向对准，用

5～10 min 的时间对平台进行测漂和补偿。补偿结束后，平台进入导航状态。从一个已知坐标点出发，每隔一个时间周期停车进行零速修正。零速修正的基本原理是：停车时，车速为零，计算机输出的导航速度也应为零，如不为零便是零速误差，以零速误差为观测量，应用相应的计算方法进行补偿。

惯性定位的显著特点是不受外界因素的影响，实现全自主定位，这对于实现机动无依托发射导弹至关重要。但其结构复杂，成本高，定位精度随车辆行驶时间（或距离）的增大而降低，需进行零速修正，给使用带来了不便。

9.1.3　无线测量定位

无线测量定位依据电磁波的恒定传播速率和路径可测性原理。无线电导航技术在航海和航空领域应用广泛，但由于无线信号容易受到地面障碍物的干扰，产生信号衰减和多径误差，导致定位失效或精度下降，在车载导航系统中应用很少。

9.1.4　地理信息定位

在公路上适宜导弹发射的地段上，通过平时大地测量的手段，预先测量出若干个发射坐标点，并设立标志提供战时使用。标志点可以专门设立，并标于电子地图上。这种定位方法成本低，平时用 GPS 测量速度也很快，精度比卫星、惯性定位高。平时一般也不需要进行专门管理和维护，这种方法适用于预选点发射。

9.1.5　组合定位

为提高定位系统的实用性和降低装备成本，卫星定位和惯性定位组合加高精度电子地图校正的组合式定位，已成为一条有效的技术途径。

将 GPS、GLONASS、北斗相结合使可视卫星数目增多，提高了系统的有效性、完整性和精度。利用惯性导航部件（INU）组成的航位推算系统，保证卫星信号丢失时车辆位置输出，利用地图匹配技术进一步提高定位精度。

地图匹配是一个伪定位系统，它必须和其他传感器组合在一起才能构成一个完整的车辆定位系统。正常地图匹配的前提是车辆行驶的道路存在于数字地图数据库中，车辆行驶受到数字地图库内道路网络的约束。地图匹配技术是利用数字地图数据库中的精确数据，修正传感器采集的车辆位置信息中的误差，从而得到精确的车辆位置信息。

在未来一段时间内，组合定位系统将得到倡导和发展。预先测量并埋设有感应器件的坐标点，发射车接近地标点时，定位系统扫描到地标点内的感应器件，通过修正信息数据库自动进行点位修正，是组合定位系统提高定位精度的一种有效方法。

9.1.6　基于航迹推算的惯性定位系统

基于航迹推算的惯性定位系统是应用比较多的惯性定位系统，这主要是因为它的技术比较成熟、价格较别的定位系统便宜、定位精度适中等。

基于航迹推算的惯性定位系统一般由寻北仪、方位保持仪、里程计、高程计和导航显示控制器等组成。其组成框图如图 9.1-1 所示。

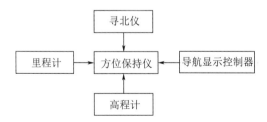

图 9.1-1　基于航迹推算的惯性定位系统组成框图

寻北仪在车辆静止时完成寻北，得到载车与真北的夹角。方位保持仪实时测量载车方向与初始行车时的夹角，它一般由陀螺、旋转变压器和计算机等组成。一般方位保持仪中的计算机还承担着航迹推算的任务。里程计固联在载车的车轮上，车轮转动就能反映在里程计上，里程计能测量出载车行驶的里程。里程计一般采用光学原理，由光电器件、码盘光电接收器件和有关电路组成。高程计通过测量大气的压强推算得到当地的海拔高度，把高程信息传递给方位保持仪。导航显示控制器是一个定位系统的人机界面，显示定位系统的测量信息和工作信息，可进行人机对话，进行人工数值装订等。

方位保持仪中的计算机实时地采集载车的方位信息、高程信息和里程信息，以一定的规律进行航迹推算，从而实时地得到载车的航向和位置。

9.2 定向

实现导弹武器的准确打击，需要精确地确定射向。快速、精确地测出真北方向是确定射向的基准。在固定阵地有依托的导弹发射方式中，基准方向一般是通过大地测量法或天文测量法事先确定好的，然后通过固定磁标、棱镜及平行光管将基准储存。

在机动、无依托、任意阵地发射方式中，只能采用自主定向。一般而言，洲际弹道导弹的机动发射要求定向时间小于 10 min，定向精度 $10''$ 左右。战术导弹机动发射，要求定向时间小于 5 min，定位精度小于 $40''$。某些兵种要求定向时间小于 3 min，定向精度 1 密位左右（1 密位 $=3.6'$）。

9.2.1 定向方法

从定向设备工作时依赖的对象来划分，定向方法大体上可分为 3 种。

（1）地磁法定向

通过测量当地地球磁场方向来确定北向方位。基于此方法的有磁罗盘及电子磁罗盘，但由于磁偏角的影响及受到应用场区铁磁性物质的影响，磁罗盘定向精度不高。磁罗盘定向常用在对定向精度要求不高的场合。

（2）天文法定向

通过观测天体位置来进行定向，例如通过观测北极星来定向，可以来建立高精度基准方向，可作为弹道导弹、远程战略轰炸机等空中辅助定位手段。但是，其测量过程复杂，测量周期长。这对于需要提高武器系统快速反应能力的陆基机动发射来说，不宜采用。

（3）陀螺经纬仪

利用陀螺仪敏感地球自转角速度的原理来定向。陀螺盘工作不依赖于地磁场，也不受外界磁场、地理位置、环境、气象条件等影响。而且测量时间短、精度高，因而在地面机动武器系统中得到了广泛应用。

在地面使用的陀螺经纬仪有多种，按寻北方式可分为摆式、捷联式及平台式。按精度等级分为低精度（精度低于 1 密位）、中精度（精度为 $20''\sim 1$ 密位）、高精度（精度高于 $20''$）。

摆式陀螺经纬仪按摆的构成又分为悬丝摆式、磁悬浮摆式、液浮摆式、气浮摆式等。摆式寻北仪的特点是由常规陀螺马达构成，结构简单，定向精度高。常用在对定向精度要求较高的地方，如中远程弹道导弹、战术导弹的初始定向等。高精度摆式陀螺经纬仪，也可作为低等级寻北仪的战地校准装置。但陀螺经纬仪工作时必须架设在稳定的基座上，且对调平精度要求较高。

捷联式陀螺经纬仪，常采用挠性陀螺仪构成，它的特点是在倾斜状态下仍能工作。常为车载型，精度一般为中低等级。

陀螺寻北技术是信息化战争中确保武器系统快速、精确打击的重要保障技术之一，国际上众多国家均在研制高性能战略、战术武器的同时，投入大量的人力、物力研制开发高精度的快速寻北系统。表 9.2－1 给出了国外常见的寻北仪的简况。

表 9.2 - 1　国外常见寻北仪

名称	厂家	精度	反应时间	备注
AAMS	美国空军地球物理实验室和波士顿大学	±2.1″	80 min	
MARCS 陀螺指北仪	美国利尔宇航设备公司	±2″	10 min	吊丝
MW77	德国 WBK	±5″	10 min	吊丝
GYROMAX - 2000 陀螺指北仪	德国 WBK 矿山研究所	±3″(1σ)	9 min	吊丝
NSK50	德国 TELDIX	±1′	4 min	
NFM 指北装置	德国利顿公司	2′	2.4 min	动调陀螺
MOMG - B21 GYMOG1 - B1A	匈牙利光学仪器厂	±3′		吊丝
GI - 001 陀螺指北仪	匈牙利 MOM 光学厂	3~5″(1σ)	30 min	吊丝
ГК30 陀螺指北仪	乌克兰中央设计局	30″	5 min	磁悬浮陀螺摆式
ГТ3 陀螺指北仪	乌克兰中央设计局	3″	7 min	磁悬浮陀螺摆式
GS908 自动子午线指示仪	英飞机公司	<3′	4 min	静压气浮陀螺摆式
GG1	瑞士 WILD	±60″ ±60″ ±20″	1.5 min 2 min 20 min	吊丝

9.2.2　陀螺经纬仪

陀螺经纬仪是将陀螺仪和经纬仪结合起来的仪器，由于不受时间和环境的限制，观测简单方便、效率高，能保证较高的精度。在火箭导弹武器系统中，陀螺经纬仪是应用最广泛的一种自主定向设备。

陀螺经纬仪的组成如图 9.2 - 1 所示。

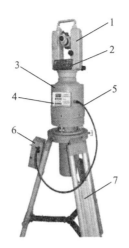

图 9.2-1　陀螺经纬仪

1—经纬仪；2—经纬仪操作界面；3—陀螺仪；4—陀螺仪操作界面；

5—连接电缆；6—供电指示盒；7—三脚架

9.2.2.1　陀螺仪的特性

没有任何外力作用，并具有 3 个自由度的陀螺仪称为自由陀螺仪。图 9.2-2 为自由陀螺仪原理示意图。

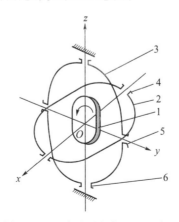

图 9.2-2　自由陀螺仪原理示意图

1—转子；2—内环；3—外环；4—轴承；5—轴承；6—轴承

　　转子安装在内环上，内环又安装在外环上，内环和外环保证了陀螺仪围绕在相互垂直的 3 个旋转轴的 3 个自由度。其中，转子轴 x 轴叫做陀螺仪的自转轴或主轴，y 轴和 z 轴叫万向结构轴。陀螺仪主轴绕 y 轴旋转，改变其与水平面间的夹角，通常叫做高度变化。陀螺仪主轴绕 z 轴旋转，改变 x 在地平面之内的位置，通常称为方位变化。3 个轴的交点叫陀螺仪的中心点，陀螺仪的灵敏部（包括转子和内外环）的重心与陀螺仪中心点重合。

　　自由陀螺仪有两个特性：

　　1）陀螺仪主轴在不受外力矩作用时，它的方向始终指向初始恒定的方位，即所谓定轴性；

　　2）陀螺仪在受外力作用时，将产生非常重要的效应——"进动"，即所谓进动性。

　　陀螺的定轴性和进动性统称为陀螺效应，这是转动刚体的固有属性。陀螺转速越高，陀螺效应越明显。用陀螺进行测量，主要是利用其定轴性和进动性。如果在转子轴 x 轴加以配重，把陀螺仪的重心从中心 O 下移 O_1 点，如图 9.2-3 所示。

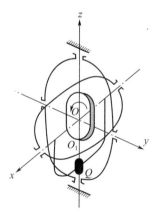

图 9.2-3　摆式陀螺仪原理示意图

　　这样便限制了陀螺绕 y 轴的旋转自由度，只能绕 y 轴旋转很小的角度，此时陀螺具有 2 个完全自由度和 1 个不完全自由度。为什

么要使用配重限制 y 轴的旋转自由度呢？这正是陀螺仪设计巧妙的地方，它一方面可以让陀螺转子只能在水平面内指北，另一方面可以为陀螺仪的进动提供力矩。

如果将灵敏部用悬挂带挂起来，陀螺既能绕自身轴高速旋转，又能绕悬带摆动（进动），形似钟摆（重心位于通过中心的铅垂线上且低于中心），所以称为摆式陀螺仪。

9.2.2.2　陀螺经纬仪的工作原理

（1）地球自转及其对陀螺仪的作用

地球以角速度 ω_e（$\omega_e = 7.25 \times 10^{-5}$ rad/s）绕其轴旋转，所以地球上的一切东西都随着地球转动，如图 9.2 - 4 所示。

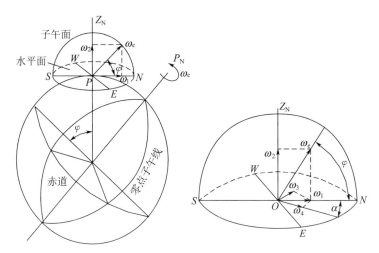

图 9.2 - 4　地球自转角速度 ω_e 分量示意图

设陀螺仪开始工作时，转子轴与当地水平面平行，初始位置处于子午面东边，与子午面夹角为 α（如图 9.2 - 4 所示）。ω_e 可分解为水平分量 ω_1（沿子午线方向）和垂直方向 ω_2，ω_1 又分解成 ω_3（沿陀螺 y 轴）和 ω_4（沿陀螺主轴 x 轴）

$$\omega_1 = \omega_e \cos\varphi \tag{9.2 - 1}$$

$$\omega_2 = \omega_e \sin\varphi \tag{9.2 - 2}$$

$$\omega_3 = \omega_1 \sin\alpha \qquad (9.2-3)$$

$$\omega_4 = \omega_1 \cos\alpha \qquad (9.2-4)$$

式中 φ——地面 P 点的纬度，ω_e 和当地水平面夹角。

ω_4 表示地平面绕陀螺仪主轴旋转的角速度，对陀螺仪主轴在空间的方位没有影响。ω_3 表示地平面绕陀螺仪 y 轴旋转的角速度，对陀螺仪 x 轴的进动有影响。因为陀螺一旦起动，其转子轴由于其定轴性指向惯性空间某一方向不动，而地球的转动，地平面东降西升，陀螺的转子轴相对地平面渐渐升起，与地面之间产生了不断增大的俯仰角 β。如图 9.2-5 所示。

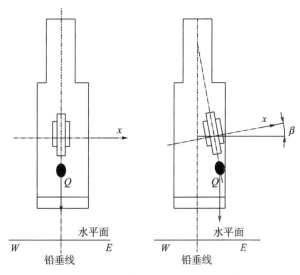

图 9.2-5 陀螺仪与重力矩的关系示意图

与此同时，陀螺仪灵敏部的配重偏离悬带所在的铅垂方向，进而产生了绕 y 轴方向的重力矩，在此力矩作用下由于陀螺的进动性可知，进动角速度为 z 轴的正方向。陀螺转子向当地的子午面（正北方向）开始进动。但是，此时重力矩很小，进动角速度小于地球自转的垂直分量 ω_2，因此转子轴 x 仍继续相对子午面向东偏移，同时相对水平面的 β 继续增大，一直到 x 轴相对水平面俯仰到一点 β_0，即进动角速度与地球垂直分量 ω_2 相等，此时 x 轴不再向东运动。但是由于地球自转角速度水平分量 ω_1，东部地平面依旧不断下降，β 继续增大，以致进动角速度大于 ω_2，此时陀螺 x 轴才开始向子午面运动。在 x 轴回到子午面内时，β 角达到最大值，重力矩和进动角速度也达到最大值，x 轴毫不停歇地继续向西进动。但此时陀螺仪 x 轴偏向子午面以西，β 角开始减小。当 β 小到再次使进动角速度等于 ω_2，此刻 x 轴与子午面相对静止，x 轴处于子午面偏西最远处。片刻后，陀螺进动角速度小于 ω_2，陀螺仪 x 轴开始向东旋转，逐渐向子午面靠近。当 $\beta=0$ 时，陀螺仪 x 轴平行地面，陀螺便没有进动力矩。但由于地平面西半部不断上升，β 角继续减小，使 x 轴正端低于水平面，重力矩出现负值，并且不断增大，从而加速了陀螺仪 x 轴向子午面方向运动。当陀螺仪 x 轴再次回到子午面时，位于最低点，β 为负值最大。由于最大负力矩的作用，x 轴又以最大的进动角速度向东运动而偏离子午面。之后反复在子午面东西两边来回摆动，所以陀螺转子轴在辅助天体面上的轨迹是个椭圆，如图 9.2 - 6 所示。

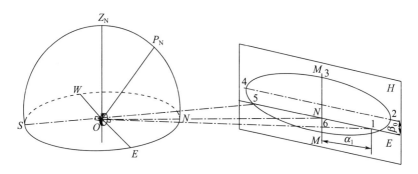

图 9.2 - 6　陀螺仪转子轴对子午面的相对运动示意图

M—M 是子午面 ESZ_NP_N 的竖直投影是椭圆的短轴，4—2 是水平面 $ESWN$ 的竖直投影是椭圆的长轴线。α_1 代表开始时，陀螺仪轴正端向东偏离子午面的角度，并位于水平面内，即 $\beta=0$。点 2 与点 4 称做陀螺仪转轴的逆转点，取东西逆转点的平均值，即可得出子午面的方向，这就是陀螺仪定向的基本特点。

　　由上可知，摆式陀螺在理想的无阻尼和无悬挂扭矩影响状态下，陀螺仪转子轴将以子午面为中心做无休止的方位运动，同时以水平面为中心做俯仰运动。针对运动轨迹的特性，若对敏感部施加速度阻尼，陀螺转子轴将逐渐向子午面收敛，最终稳定在子午面内。目前，众多陀螺经纬仪就是利用了阻尼跟踪定向这一原理，用伺服电机驱动精密回转平台跟随陀螺敏感部寻北运动，力矩器对陀螺施加阻尼力矩。此时回转平台跟随陀螺运动并逐渐稳定在北向基准位置，通过与其紧固连接的经纬仪可直接读出被测边的方位，即确定出目标真北方位角。

9.2.2.3　摆式陀螺的数学表达式

　　摆式陀螺的寻北原理如图 9.2 - 7 所示。

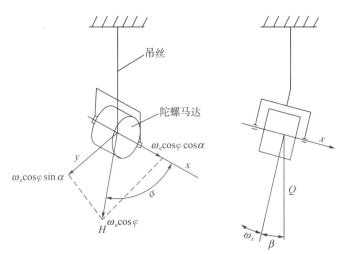

图 9.2 - 7　摆式陀螺寻北原理简图

　　当陀螺轴 x 轴不指北时，地球自转北向分量在 y 轴上的投影不为零

$$\omega_y = \omega_e \cos\varphi \sin\alpha \qquad (9.2-5)$$

则

$$\dot{\beta} = \omega_e \cos\varphi \sin\alpha \qquad (9.2-6)$$

于是陀螺 x 轴逐渐脱离水平，其角度为

$$\beta = \int \dot{\beta} dt = -\int \omega_e \cos\varphi \sin\alpha \, dt \qquad (9.2-7)$$

当摆长为 L，摆的质量为 Q，则由 β 角产生的力矩为

$$M = QL \sin\beta = -QL \sin \int \omega_e \cos\varphi \sin\alpha \, dt \qquad (9.2-8)$$

陀螺在力矩 M 的作用下，其 x 轴会向北进动，其进动角速度与力矩 M 成正比，与陀螺转轴动量矩 H 成反比

$$\dot{\alpha} = \frac{M}{H} = \frac{-QL \sin \int \omega_e \cos\varphi \sin\alpha \, dt}{H} \qquad (9.2-9)$$

$$\alpha = \alpha_0 - \int \dot{\alpha} dt = \alpha_0 - \int \frac{QL \sin \int \omega_e \cos\varphi \sin\alpha \, dt}{H} dt \qquad (9.2-10)$$

显然，这是一个二阶系统，陀螺 x 轴会在北方向两边振荡（摆动）。

9.2.3　解析式陀螺寻北仪

解析式寻北是寻北技术的新发展。摆式陀螺寻北仪虽然技术比较成熟、寻北精度也高，但操作较为复杂、不易实现自动化、造价昂贵，并且不易在行驶的车辆上应用，从而限制了它的应用。

解析式寻北仪抛弃了复杂的平台，以数学解算的方法为依托，用计算机（如单片机）软件实现寻北的功能，使寻北仪的成本大为降低，寻北时间得到缩短，可应用于机动行驶的车辆等。

9.2.3.1　解析式陀螺寻北的原理

图 9.2-8 是地球自转反映在陀螺两个敏感轴上的投影分量。利用陀螺测量到地球自转角速度在 x 轴、y 轴的分量不同，则

$$\frac{\omega_y}{\omega_x} = \frac{\omega_e \cos\varphi \sin\alpha}{\omega_e \cos\varphi \cos\alpha} = \tan\alpha \qquad (9.2-11)$$

$$\alpha = \arctan \frac{\omega_y}{\omega_x} \qquad (9.2-12)$$

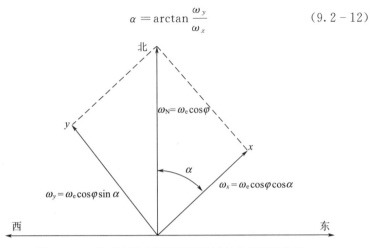

图 9.2-8　地球自转在陀螺两个敏感轴上的投影分量

考虑到陀螺轴向的倾角 θ、γ（θ 为俯仰角，水平面以上为正，以下为负；γ 为横滚角，左倾为正）对定向精度的影响，通过坐标变换可导出有姿态角 θ 和 γ 的寻北方程（推导过程略）

$$\alpha = \arctan \frac{\omega_y \cos\theta + \omega_e \sin\varphi \sin\gamma - \omega_x \sin\theta \sin\gamma}{\omega_x \cos\gamma - \omega_e \sin\varphi \sin\theta \cos\gamma} \qquad (9.2-13)$$

9.2.3.2　解析式陀螺寻北仪的组成

解析式陀螺寻北仪主要由 1 个高精度动力调谐陀螺和 2 个加速度计构成。利用陀螺敏感到的地球自转角速度在 x、y 轴的分量，得到参考轴的方位信息，再通过两轴向的加速度计，得到轴向的 θ、γ 倾角数据，对平台进行调校。原理结构图如图 9.2-9 所示。

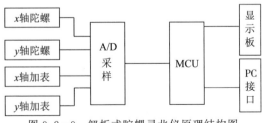

图 9.2-9　解析式陀螺寻北仪原理结构图

9.2.4　定向设备设计的基本原则

地面机动武器系统对定向设备的要求主要有：定向精度及反应时间，环境适应性，仪器常数稳定性及操作方便性。定向设备在设计时首先要考虑定向精度和反应时间，设计的基本原则是在满足精度要求的前提下，尽量缩短反应时间。高精度定向设备的设计重点是如何提高精度，而中、低精度定向设备的设计重点是如何缩短反应时间。

9.3　瞄准

导弹进行发射前，保证弹体指向规定的射向的全部工作称导弹瞄准。在瞄准过程中使用的光学仪器、光电仪器、陀螺仪表、电子仪器和弹上瞄准基面等组成瞄准系统。

瞄准的主要工作是将已确定的基准方向传递到弹上的瞄准基面。弹上的瞄准基面与弹上的陀螺仪或陀螺平台的方向敏感轴保持已知的固有关系。直角棱镜是应用较广泛的一种弹上瞄准基面。

地面瞄准系统对导弹射击精度有较大的影响，假设导弹射程为10 000 km，方位瞄准有 1′误差，则弹头落点横向偏差可达 1.8 km。

导弹武器系统对地面瞄准系统的要求主要有：

1）瞄准系统的总精度。一般分为高、中、低三档，高精度小于 20″，中精度为 20″～40″，低精度为 40″～60″。

2）瞄准时间。指瞄准工作占用的发射准备时间，它与发射方式、生存能力等有关。地面机动发射，则要求瞄准时间短，一般要小于 5 min，而对地下井发射可相应放宽瞄准时间。

3）射向变换范围。对于地面机动发射，一般要求 0°～180°。

4）环境适应能力。如温度、湿度、海拔高度、雾、雨、雪、风速等。

5）可靠性、安全性、方便性、工作寿命等。

6）弹上瞄准基面形式、尺寸、离地高度，规定风速下弹上瞄准基面的摆动量和频率，以及有关接口参数等。

弹道导弹武器系统主要采用导弹起竖成垂直后，用方位瞄准设备与弹上瞄准棱镜准直的方式来进行方位传递。也有导弹呈水平状态下进行方位瞄准，水平状态下进行瞄准的隐蔽性好。但由于弹体的变形，弹上瞄准基准面引出等因素，瞄准精度有所下降。瞄准方式分为有依托阵地的瞄准和无依托阵地的瞄准，如图 9.3-1 所示。

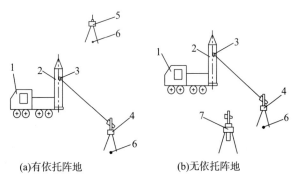

(a)有依托阵地　　　　　　　　(b)无依托阵地

图 9.3-1　瞄准原理示意图

1—导弹发射车；2—导弹；3—弹上棱镜；4—瞄准仪；

5—标杆仪；6—基点；7—陀螺经纬仪

9.3.1　有依托阵地的瞄准

在预设阵地场坪上设置发射点、瞄准点和基准点，预先已经测出瞄准点和基准点连线与大地正北的夹角，即大地基准方位角 α_j。在实战发射时，在基准点设置标杆仪，瞄准仪架设在瞄准点，对准标杆仪将大地基准方位角 α_j 引入，再通过瞄准仪与弹上瞄准基面直角棱镜准直，测出准直角 α_m 和俯仰角 θ。控制系统将准直时刻的惯性组合的不水平度 φ_0 存入计算机。惯性单元测试测出棱镜棱线与惯性组合安装基面的不平度 β（人面对棱镜时，棱线左高为正）和与方位敏感轴的夹角 α（瞬时针为正）。瞄准原理如图 9.3-2 所示。

导弹的初始方位角 α_0 为

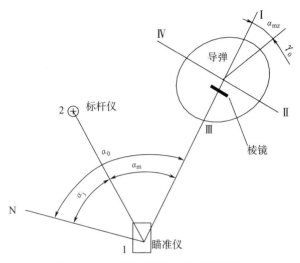

图 9.3 - 2　有依托阵地的瞄准原理图

$$\alpha_0 = \alpha_j + \alpha_m - (\beta + \varphi_0)\tan\theta - \alpha \qquad (9.3-1)$$

导弹滚动偏差角为

$$\gamma_0 = \alpha_{mz} - \alpha_0 \qquad (9.3-2)$$

9.3.2　无依托阵地的瞄准

在无依托阵地上（机动，任意点发射），由陀螺经纬仪快速确定正北方位角，光学瞄准仪与陀螺经纬仪对瞄，将基准方位传给光学瞄准仪，光学瞄准仪与弹上平台直角棱镜准直，从而确定导弹的初始方位角。瞄准原理如图 9.3 - 3 所示。

导弹初始方位角为

$$\alpha_0 = (\alpha_{jd} - k) + 180° - \alpha_{md} - (\beta + \varphi_0)\tan\theta - \alpha \qquad (9.3-3)$$

导弹滚动偏差角为

$$\gamma_0 = \alpha_{mz} - \alpha_0 \qquad (9.3-4)$$

式中　k——陀螺经纬仪仪器常数。

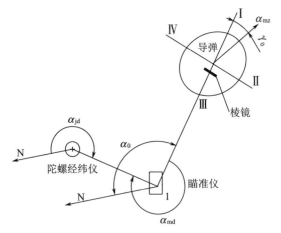

图 9.3 - 3　无依托阵地瞄准原理

9.3.3　方位瞄准仪的设计或选型

方位瞄准仪是瞄准系统中最重要的仪器，通过它将已确定的方位基准赋予弹上的瞄准基面，确保导弹获得正确的射向。

方位瞄准仪主要有光学经纬仪和电子经纬仪，分别如图 9.3 - 4、图 9.3 - 5 所示。两者相同之处是用来测量水平角和竖直角的仪器，构造及外观上相类似。不同之处是光学经纬仪采用读数光路来看到度盘上角度值，在仪器内部读数窗内的标尺上读数；电子经纬仪采用光敏元件来读取编码度盘上的角度值，并显示到屏幕上，是在仪器外表面上的液晶屏上读数的，液晶屏上直接显示度分秒。

光学经纬仪的基本构造如图 9.3 - 6 所示。

瞄准仪的设计或选型，要满足瞄准系统方案的要求。瞄准精度、瞄准距离、瞄准时间、穿雾能力、高温低温、越野振动等，是设计和选型的重要技术指标。GB - T3161—2003 对光学经纬仪产品系列的等级及基本参数、要求、试验方法、检验规则、标志、包装、运输及贮存等，都作了明确的规定。

图 9.3 - 4　光学经纬仪

图 9.3 - 5　电子经纬仪

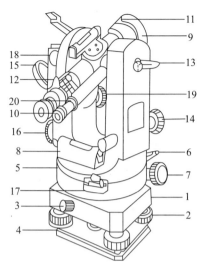

图 9.3 - 6　光学经纬仪结构简图

1—基座；2—脚螺栓；3—轴套制动螺栓；4—脚螺栓压板；5—水平度盘外罩；6—水平方向制动螺旋；7—水平方向微动螺旋；8—照准部水平管；9—物镜；10—目镜调焦螺旋；11—瞄准用的准星；12—物镜调焦螺旋；13—望远镜制动螺旋；14—望远镜微调螺旋；15—反光照明镜；16—度盘读数测微轮；17—复测机钮；18—竖直读盘水准管；19—竖直读数盘水准管微动螺旋；20—读盘读数显微镜

光学经纬仪产品系列的等级及基本参数执行表 9.3 - 1 规定。

表 9.3 - 1　光学经纬仪系列的等级及基本参数

参数名称		单位	等级				
			DJ_{07}	DJ_1	DJ_2	DJ_6	DJ_{30}
一次回水平方向标准偏差	室内	(″)	0.7	1.0	2.0	6.0	30.0
	室外		0.6	0.8	1.6	4.0	20.0
望远镜	放大率		30x 45x 55x	24x 30x 45x	28x	25x	18x
	物镜有效孔径	mm	65	60	40	35	25
	最短视距	m	3.5	3.0	2.0	2.0	1.0

续表

参数名称		单位	等级				
			DJ$_{07}$	DJ$_1$	DJ$_2$	DJ$_6$	DJ$_{30}$
水准泡角值	照准部	(″)/2 mm	4	6	20	30	60
	竖直度盘指示		10	10	20	30	—
	圆形	(″)/2 mm	8				
竖直度盘指标自动归零补偿器	补偿范围	(″)	—	—	±2	±2	—
水平度数最小值		(″)	0.2	0.2	1	60	120
仪器净重		kg	17	13	6	5	3
主要用途			国家一等三角测量	国家二等三角测量和精密工程测量	国家三四等三角测量和工程测量	地形测图的控制测量和一般工程测量	一般测量和矿山测量

标准还规定：

1）仪器应能在 $-25 \sim +45$ ℃ 的温度范围内正常工作；

2）安放在仪器箱内的仪器应能承受 $60 \sim 100$ 次/min、加速度 100 m/s^2、连续冲击 1 000 次的冲击试验；

3）仪器在运输包装条件下，应符合 JB‑T9326 的要求，其中高温试验选用 $+55$ ℃，低温试验选用 -40 ℃，自由跌落高度选用 250 mm 等项要求。

瞄准仪的工作原理和详细设计，可参阅相关论著。

参 考 文 献

［1］ 周载学．发射技术［M］．北京：宇航出版社，1987．

［2］ 姚昌仁，张波．火箭导弹发射装置设计［M］．北京：北京理工大学出版社，1998．

［3］ 李军．火箭发射系统设计［M］．北京：国防工业出版社，2008．

［4］ 薛成位．弹道导弹工程［M］．北京：宇航出版社，2002．

［5］ 薄玉成．武器系统设计理论［M］．北京：北京理工大学出版社，2010．

［6］ 顾诵芬．飞机总体设计［M］．北京：北京航空航天大学出版社，2001．

［7］ 李为吉．飞机总体设计［M］．西安：西北工业大学出版社，2004．

［8］ ［苏］В. Г. 马利科夫．导弹地面设备［M］．北京：国防工业出版社，1976．

［9］ 王林琛．弹道式导弹［M］．北京：宇航出版社，1987．

［10］ 卞学良．专用汽车结构与设计［M］．北京：机械工业出版社，2008．

［11］ 肖生发，赵树鹏．汽车构造［M］．北京：中国林业出版社，2006．

［12］ 陈家瑞，马天飞．汽车构造［M］．北京：人民交通出版社，2005，

［13］ 张文春．汽车理论［M］．北京：机械工业出版社，2005．

［14］ 刘涛．汽车设计［M］．北京：北京大学出版社，2005．

［15］ 张玉凯．机械优化设计入门［M］．天津：天津科学出版社，1985．

［16］ 张春林．机械创新设计［M］．北京：机械工业出版社，2007．

［17］ 李立斌．机械创新设计基础［M］．长沙：国防科技大学出版社，2002．

［18］ 芮延年．现在设计方法及其应用［M］．苏州：苏州大学出版社，2005．

［19］ 商大中．理论力学［M］．哈尔滨：哈尔滨工程大学出版社，2007．

［20］ 孙红旗，张朝霞．材料力学［M］．哈尔滨：哈尔滨工业大学出版社，2008．

［21］ 沈祖炎，陈扬骥，陈以．钢结构基本原理［M］．北京：中国建筑工业出版社，2000．

［22］ 徐克晋．金属结构［M］．北京：机械工业出版社，1982．

［23］　吴建有．钢结构设计原理［M］．中国建材工业出版社，2001．

［24］　陈位官．工程力学［M］．北京：高等教育出版社，2000．

［25］　李景悟．有限元法［M］．北京：北京邮电大学出版社，1999．

［26］　龙志飞，芩飞．有限元法新轮［M］．北京：中国水利水电出版社，2001．

［27］　邓凡平．ANSYS10.0有限元分析自学手册［M］．北京：人民教育出版社，2007．

［28］　苗瑞生．发射气体动力学［M］．北京：国防工业出版社，2006．

［29］　张福祥．火箭燃气射流动力学［M］．北京：哈尔滨工程大学出版社，2005．

［30］　袁曾凤．火箭导弹内弹道学［M］．北京：北京工业学院出版社，1987．

［31］　王泽山．火药装药设计原理［M］．北京：兵器工业出版社，1995．

［32］　黄人俊，等．火药与装药设计基础［M］．北京：国防工业出版社，1988．

［33］　冀宏．液压气压传动与控制［M］．武汉：华中科技大学出版社，2009．

［34］　许益民．电液比例控制系统分析与设计［M］．北京：机械工业出版社，2005．

［35］　卢长耿，李金良．液压控制系统的分析与设计［M］．北京：煤炭工业出版社，1991．

［36］　路甬祥，胡大纮．电液比例控制技术［M］．北京：机械工业出版社，1988．

［37］　路甬祥．液压气动技术手册［M］．北京：机械工业出版社，2003．

［38］　张利平．液压阀原理、使用与维护［M］．北京：化学工业出版社，2005．

［39］　张利平．现代液压技术应用220例［M］．北京：化学工业出版社，2004．

［40］　林建亚，何存兴．液压元件［M］．北京：机械工业出版社，1988．

［41］　李状云．液压元件与系统［M］．北京：机械工业出版社，1999．

［42］　王春行．液压控制系统［M］．北京：机械工业出版社，1999．

［43］　雷天觉．新编液压工程手册［M］．北京：北京理工大学出版社，1999．

［44］　余姚庆．现代机械动力学［M］．北京工业大学出版社，1998．

［45］　卢佑方．柔性多体系统动力学［M］．北京：高等教育出版社，1996．

［46］　傅德彬．数值仿真及其在航天发射技术中的应用［M］．北京：国防工业出版社，2011．

［47］ 姚东.MATLAB命令大全［M］.北京：人民邮电出版社，2000.

［48］ 郝红卫.MATLAB实例教程［M］.北京：中国电力出版社，2001.

［49］ 崔凤奎.UG机械设计［M］.北京：机械工业出版社，2004.

［50］ 耿鲁怡.UG结构分析培训教程［M］.北京：清华大学出版社，2005.

［51］ 李军.ADAMS实例教程［M］.北京：北京理工大学出版社，2002.

［52］ 郑建荣.ADAMS虚拟样机技术入门与提高［M］.北京：机械工业出版社，2002.

［53］ 李增刚.ADAMS入门详解与实例［M］.北京：国防工业出版社，2006.

［54］ 范建成，熊光明，周明飞.虚拟样机软件MSC.ADAMS应用与提高［M］.北京：机械工业出版社，2006.

［55］ 韩占忠，兰小平.FLUENT-流体工程仿真计算与应用［M］.北京：北京理工大学出版社，2010.

［56］ 姜毅，等.新型"引射同心筒"垂直发射装置及试验研究［J］.中国宇航学报，2008（1）.

［57］ ［日］中岛弘行.气动机构及回路设计［M］.王琦祥，译.北京：机械工业出版社，1997.